空间规划管制下群体福利均衡与农田生态补偿研究

蔡银莺　等著

科学出版社

北京

内 容 简 介

本书根据社会发展的现实需求,从农田生态补偿的研究进展及实践探索、相关利益群体福利非均衡的表现及诱因分析、农田生态补偿的理论基础及核算框架构建、农田生态环境补偿标准的确定、农田生态补偿方式的选择及运作、农田生态补偿发展权转移及资金分配、农田生态补偿政策的效应评估等内容具体展开,为推动我国农田生态补偿机制的构建提供参考借鉴。

本书可供各级农业及国土规划部门,土地资源管理、农村经济管理及环境资源经济、生态经济等相关领域的科研人员及高等学校相关专业师生参考。

图书在版编目(CIP)数据

空间规划管制下群体福利均衡与农田生态补偿研究/蔡银莺等著.—北京:科学出版社,2014

ISBN 978-7-03-041568-4

Ⅰ.①空… Ⅱ.①蔡… Ⅲ.①农业生态—生态环境—补偿机制—研究—中国 Ⅳ.①S181

中国版本图书馆 CIP 数据核字(2014)第 180682 号

责任编辑:王雨舸/责任校对:董艳辉
责任印制:彭　超/封面设计:苏　波

科 学 出 版 社 出版

北京东黄城根北街 16 号
邮政编码:100717
http://www.sciencep.com

武汉市首壹印务有限公司印刷
科学出版社发行　各地新华书店经销

*

开本:B5(720×1000)
2014 年 7 月第 一 版　印张:13 1/2
2014 年 7 月第一次印刷　字数:262 000
定价:58.00 元
(如有印装质量问题,我社负责调换)

前　言

我国人多地少、耕地资源稀缺的特殊国情决定农田承担重要且复杂多样的职能，不仅提供食物、纤维等实物产品，是国家生存安全的重要保障，还提供开敞空间、景观、文化服务等非实物型生态服务，是区域重要的生态屏障，在规划中扮演着愈来愈重要的生态及景观功能角色。20世纪90年代以来，国家实行严格的耕地保护政策，相续出台"基本农田保护区制度"、"基本农田保护条例"、"耕地总量动态平衡政策"、"耕地占补平衡制度"、"土地用途管制制度"等相关制度及措施强化对优质农田的管理及保护。然而，在实施严格的土地用途管制、分区规划政策及耕地保护制度的同时，却缺乏配套的补偿机制设计，或仅有间接的补偿政策，政策的不完全易造成社会不公或滋生寻租行为，带来相关群体利益分配关系的扭曲。规划管制给农田、森林、文化古迹、自然保护区、环境敏感地等土地发展受限地区相关权利群体所带来的福利损益效应，发达国家早在20世纪中期就有关注，认为规划管制会导致不同土地利用分区利益群体福利非均衡，给发展受限地区相关群体带来福利损失。为此，政策制定者逐渐对利益受损者采用市场和政府相结合的福利补偿及转移政策，制定与此相应的具有经济诱因和具有效率的制度安排和公共政策。代表性的政策工具当属土地发展权移转制度（Transferable Development Rights，TDR）和针对环境敏感区制定的农业环境资助政策（Agri-environmental Policies，AEP）。

实施生态补偿机制及分类管理区域政策既是全球性的新课题，是全面落实科学发展观，统筹城乡发展、统筹区域发展、统筹经济社会发展、统筹人与自然和谐发展的重要命题，2006年颁布的《中华人民共和国国民经济和社会发展第十一个五年规划纲要》明确提出，在"十一五"期间要"尽快建立生态补偿机制"，"推进形成主体功能区"，"实行分类管理的区域政策"。在主体功能区空间规划管制的背景下，农田生态补偿制度安排及政策设计是调整地区间利益再分配的有效措施，有利实现相关主体的利益均衡，是加快建设"资源节约型、环境友好型"社会的需要。探讨空间规划管制框架下农田生态补偿政策设计及制定问题，对于促进我国农地资源的持续利用，保障国家粮食安全、生态安全及农民基本权益等提供技术支撑，为推进全国主体功能区划编制工作及农田生态监管提供参考依据。实践表明：采取禁止性或限制性强的规划管制制度，严格限制或剥夺管制区域相关群体使用资源和空间的权利，如未提供相应的补偿和经济援助，将侵害生态建设区和保护区内群体利益，导致不同分区利益群体福利非均衡，违背环境公平。因而，推进形成主体功能区等空间规划,需要有配套的补偿政策和生态环境效益的移转机制,否则将可能导致区划政策失效。主体功能区空间规划是在生态功能区划的基础上兼顾自然环境对人类社会经济活动的约束和社会经济发展需求两方面的因素,兼顾经济效率和生态文明目标的空间安排,农田生态补偿共建共享机制设计可为主体功能分区管理政策的制定提供重要参考。此外,2001 年我国加入 WTO,从环境管理的角度来看,现行的一些农业环保政策仍存在与 WTO 原则及规定相矛盾之处,需要进行合理调整。WTO《农业协定》签订后,以价格支持政策为主的传统农业保护措施被列为削减对象。一些发达国家将受 WTO 约束和限制的"黄箱"政策支持内容逐渐转向"绿箱"政策,农业保护实现从价格支持向直接补贴方式转变。如何利用合理的环保政策、制度设计,减轻贸易发展对环境的不良影响,保护和促进我国贸易利益,是我国农业环境政策调整研究中需要重点关注的问题。

目前我国农田保护所处的政策背景与欧美等国在 20 世纪六七十年代农业结构调整时的环境相似。发达国家和地区基于土地用途管制采取的补偿移转政策工具已相对成熟,制度实施成效及不足凸显,如何结合我国政策背景和土地基本国情,借鉴国外成功经验,探索符合国情国力的农田生态补偿制度迫在眉睫。

本书在系统梳理农田生态补偿的研究进展、发展动态及实践探索的基础上,以土地利用规划、基本农田保护区规划及主体功能区划等典型空间规划管制制度为例证,分析规划管制可能给农民、地方政府等不同利益主体所产生的福利非均衡的表现、制度缺陷及经济诱因,分析规划管制实施对相关利益群体(农民、集体经济组织及地方政府)所带来的福利变化及影响,并以此作为确定补偿及补偿分配的重要依据。通过运用条件价值评估法(Contingent Valuation Method,CVM)和选择实验模型(Choice Experiments,CE)等评估技术,从实施保护性耕作、农田保护属性界定及外部效益内在化等多视角探索农田生态补偿标准的确定及测算,解决农田生态补偿机制构建研究的核心和难点。通过文献总结,比较权利取得(征收、协议赎买、土地储备、以地易地、设定地役权等)、权利移转(可转移发展权)及权利弥补(现金补贴、赋税减免、财政转移支付)等补偿方式的适用范围及差异性,以武汉"两型社会"试验区为例证,分析居民对农田生态补偿方式的选择及偏好程度,探索农田生态补偿方式的市场化运作。在补偿方式选择、确定的基础上,将可转移发展权制度引入生态补偿领域,拓宽应用范围,确定农田生态补偿的资金分配及总量。具体以武汉城市圈为例证,探索农田生态补偿的受偿区和支付区的划定,并运用生态服务价值和发展权模型测算武汉城市圈县域间支付区向受偿区移转的农田生态补偿资金量及县域内向农民及基层组织支付的农田生态补偿的资金分配量,探索实施农田生态补偿制度实施的可行性。以上海、江苏苏州等试行农田生态补偿政策的优化发展区为例证,对我国已开展农田生态补偿的试点区域进行实地调研,通过农户参与农田生态补偿及保护政策的响应状况及影响因素进行分析,评估农田生态补偿政策实施的初期效应。

　　本书是编者与华中农业大学公共管理学院张安录老师、四川大学公共管理学院马爱慧老师、华中农业大学土地管理学院杨欣、李海燕和曹瑞芬等研究生的共同努力下完成,属于研究团队的共同成果。其中,第一章和第八章由蔡银莺、张安录撰写完成;第二章的由蔡银莺、曹瑞芬共同完成;第三章由马爱慧、蔡银莺、张安录共同撰写完成;第四章分别由蔡银莺、马爱慧和张安录撰写完成;第五、六章由杨欣和蔡银莺撰写完成;第七章由李海燕和蔡银莺共同完成。对以上老师及研究生的贡献表示衷心的感谢!

蔡银莺

2013 年 6 月于武昌南湖

目　　录

第一章　规划管制下农田生态补偿研究进展及实践探索

第一节　农田生态补偿研究现状及发展动态

一、研究现状及发展动态

积极推进和完善生态补偿机制,实现社会经济的可持续发展是社会广泛关注的研究热点和紧迫任务。20 世纪 60 年代以来,国外研究人员集中在对不同领域、不同尺度可耗竭性资源开发(煤炭、石油等矿产资源开采、道路建设、未利用地开发、农地城市流转等永续性破坏活动)及可更新自然资源保护(物种、森林、农田、自然保护区及流域等)的生态系统服务价值测算与补偿额度的界定,相关利益群体(管理者、利益者、保护者等)参与生态补偿政策的程度分析,生态补偿政策实施绩效评价和生态补偿机理及运作模式等方面开展相关研究。实践探索方面,20 世纪 80 年代中期以来,农业环境政策已成为西方发达国家激励乡村适宜景观地保护的有效手段。通常这些手段本质上是自愿的,农民参与管理得到相应财政补贴和经济补偿。例如,在美国施行的环境质量激励项目(Environmental Quality Incentives Program)、湿地保护项目(Wetlands Reserve Program,WRP)和保护地计划(Conservation Reserve Program, CRP);美国和加拿大的北美野生动物管理计划(North American Wildlife Management Plan);欧盟执行的环境敏感地项目(Environmentally Sensitive Areas, ESAs)和硝酸盐敏感地项目(Nitrate Sensitive Areas, NSAs);以及英国的森林地保护计划(Farm Woodland Scheme)、特殊科研地保护(Sites of Special Scientific Interest, SSSI)和乡村资助计划(Countryside Stewardship Scheme, CSS)等。这些保护计划在补偿额度的确定上,有的通过农民个人参与协商谈判得到(SSSI),有的自由决定(CRP 和 CSS),有的基于既定的补偿标准(ESAs 和 NSAs)[1]。

20 世纪 80 年代以来,国内研究人员也初步对流域、森林、自然保护区、矿产资源开发等不同领域、不同尺度的生态补偿机制进行探究,开展大量基础性工作,包括:①开展系列关于生态系统服务功能价值测算和生态系统的综合评估工作,揭示传统经济核算体系所存在的缺陷和环境生态效应外部性造成的市场失灵,为生态补偿机制的建立和政策设计提供理论依据;②探讨生态补偿机制概念的内涵、外延和机理,设计我国生态补偿机制的战略与总体框架,为我国建立生态补偿机制与政策设计奠定初步基础和科学依据;③分别对流域、水源地、矿产资源、农业资源、森林、自然保护区等不同类型生态系统的补偿机制进行初步设计和探讨。实践尝试方面,各级政府积极试验示范,探索开展生态补偿的途径和措施:①以国家政策形式推行和实施的天然林保护工程、退耕还林还草工程、三江源生态保护工程、农田整理工程、基本农田保护示范区建设等的生态补偿;②浙江、广东、山西等地探索的基于市场的"水资源交易模式"、"异地开发"生态补偿、矿产开采权拍卖等自主性实践。整体而言,国内外关于生态补偿机制的理论研究及实践探索均已起步,但专门针对农田生态补偿机制设计的系统研究较少,相关研究主要集中在以下方面:

1. 农地保护的政策绩效评价

早期发达国家对农地保护主要采取农业资助和价格扶持的相关政策。然而,农业资助和价格扶持的效用虽然能够普遍深入,但会造成非农产业部门利益的减少,并促使稀缺的农地资源从不易于土壤侵蚀的用途流转为易于水土流失的其他用途,减少有效的土地面积,同时向后代转嫁当代政策的成本。因此,发达国家逐渐选择土地发展权移转制度(Transfer Development Rights,TDRs)和农业环境政策(AEPs)保护优质农地和景观地,并成为著名的、被广泛推行的农地保护政策工具。农地保护措施实施以来,经济学者们对这些公共政策保护农地的执行成效进行分析和评价。代表性文献,Gardner[2]质疑美国农地保护政策的公平性,指出农地发展受限对土地所有者产生"暴利"(windfall gains)和"暴损"(wipeout losses)的福利非均衡问题;一些研究也揭示,其他的土地利用方式也能够产生比农地资源更多的社会回报,尽管农地保护努力持续,农地流失依然持续[3];Phipps[4],Pitt、Phipps 和 Lessley[5]等研究表明,农地保护征购计划(PACE)在发展压力较小的地区执行成效较好,使用动产契约作为项目信息源,公众参与的积极性增强;20世纪90年代中后期,一些学者对美国保护地计划(CRP)的实施绩效加以肯定,认为CRP的实施有利于降低土地价值和减少耕作规模[6],促使地租与先前土地利用的机会成本相等[7];Adelaja、Friedman[8]和 Batie[9]的研究表明,农地保护征购计划(PACE)降低城郊农民进行法律诉讼的风险,并参与分享农地多功能的效益;Duke 和 Thomas[10]认为 PACE 通过内部化农地保护的外部性增强社会效应。国内有的学者[11-14]分别从不同的侧面和角度也对我国现行农地保护政策进行评价,认为现行制度剥夺农民分享土地增值收益的权利,耕地保护制度缺乏激励效应,土地收益分配机制设计不合理。

2. 发展受限制地区实施生态补偿制度的机理

广泛地认同,造成发展受限制地区或自然保护区制度失效或利用受损的主要原因在于市场失灵,且缺乏对受限地区相关利益群体提供给社会的外部效益进行量化和补偿[15]。一些学者认为不完全或缺乏市场、政府管制失灵及财产权界定不明晰是造成自然资源滥用和价值低估的主要原因。有的学者则认为产权安排不合理导致制度弱化才是造成自然资源保护区或资源丰裕地区经济发展受到阻碍,致使相关利益群体经济福利受损的根源[16-17]。Olson、Lyson[18]和 Innes[19]认为对农地受限得到"暴利"(windfall gains)的利益群体政府应该采取税收政策税去增殖部分,对保护农地遭受"暴损"(wipeout losses)的农户政府应该给予福利补偿。整体而言,认为纠正管制失效、创建当地和全球环境市场和执行地区财政转移是应对的关键措施。欧洲和美国都重视和增加对农民提供环境景观的补偿[20],理论根据是市场失灵,认为提供这些非市场服务意味着农民被剥夺其能够随意支配的资源最佳经济用途,因此将需要得到补偿。公众对农地保护偏好和参与也是推动农地保护进程的重要条件。20 世纪 80 年代之前,美国农业环境政策重点关注土壤流失的预防措施。随后,关注焦点拓宽到包括减少农业水源污染,以及确保耕作不适造成对湿地破坏及生物栖息地的丧失。英格兰建立于 1991 年的乡村资助计划(CSS)也趋向保护有价值的农业景观和栖息地,提升公众对乡村的喜爱[21]。欧盟的公众认为农业环境服务是由农民提供的,补偿其供应是合法的。因此,在欧洲农业环境补偿已成为公众支持项目,认为环境服务需要价值量化,适当对农民提供环境公共物品的行为给予补偿支持。Eurobarometer 实证调研表明[22],欧洲公众对农民保存农地景观有较高的评价和认同;Hackl 和 Pruckner[23]研究表明,澳大利亚乡村旅游者对农地有强烈的支付意愿,甚至支付意愿(willingness to pay, WTP)超出当地农业环境补贴。

3. 农地外部效益及补偿标准的测度

补偿标准的确定是决定补偿制度可行性和有效性的关键,理论源于外部成本内部化原理和公共物品理论。农地是生态系统服务的主要载体,是稀缺自然资源和不可替代的生产要素,提供食物、纤维等实物型产品,以及开敞空间、景观、文化服务等非实物型生态服务,为人类带来巨大的社会福利。早期实证分析证实,农地能够产生重要的公共利益和外部效应,甚至农地提供的开敞空间、景观等非实物型生态服务较其提供的粮食、纤维等实物产品具有更高的社会价值。20 世纪 80 年代以来,国内外关于农地外部效益及生态系统服务价值的研究较多,揭示出农业景观给消费者带来的社会福利,为有效解决农业生态补偿机制设计,确定农业生态补偿标准,规范人类活动的性质和干扰程度,优化农业景观格局,促进和引导农地持续利用提供帮助。例如,Drake[24]应用 CVM 评估瑞典农地景观的非市场价值,评估出农地景观每年的非市场价值在 975 克朗/hm²;Pruckner[25]的调查表明,游客对农地景观的最高支付意愿均值和中值分别为 9.20 先令/天和 3.50 先令/天;谢高地等[26]估算出我国农田生态系统具有 19 509.1×10⁸ 元的价值,其中农田生态系统自然过程提供和产生的价值占 41.9%,人类种植业活动过程产生的价值占 58.1%;

蔡运龙、霍雅勤[27]的研究表明我国耕地生态服务价值所占比重表现出东低西高的区域特点;蔡银莺、张安录等[28-29]应用 CVM 和 HPM 等评估技术,就不同典型区域、不同类型农地的生态系统服务价值及休闲农业景观游憩价值进行货币化计量,建立互动关系模型定量分析主导生态因子对农地价值的贡献度,归纳出农地质量和价值变化的关系规律。农地价值的测度为农地生态补偿机制研究奠定基础,但基于生态服务价值量化的补偿标准存在基于效益补偿还是基于价值补偿的争论,且价值"无形"使实现困难,难以满足现实需要。生态补偿是经济利益的再分配,涉及众多主体的利益调整及福利均衡,需要利益相关主体参与补偿标准的界定,考虑利益相关方的福利效应,尤其弱势群体的意愿应得到充分反映,弱势群体的生存和发展权利应得到尊重,注重社区参与与生态补偿标准制定的结合。

4. 农地管制损失补偿及外部效益产权界定的探讨

随着对农地价值及外部效益认识的深化,研究人员及决策者的研究重心逐渐转向对农地管制损失补偿及外部效益财产权界定的关注上,开始考虑产权代表之间的相互作用或个体和群体之间的相互作用,对利益受损者采用市场和政府相结合的福利补偿及与此相应的具有经济诱因和具有效率的制度安排和政策研究。这些制度安排和政策工具有代表的当属土地发展权移转制度和对限制发展区的规划管制及补偿。TDRs 自 20 世纪 60 年代推行以来,引发许多研究对美国实施 TDRs 的方方面面予以介绍[30]。TDRs 实施成效概括起来体现在以下方面:①创建较为公平的利益分享机制,规避规划管制滋生的寻租行为[31-32];②较其他政策工具相比,管理和执行成本较低[33];③以市场为基础,具有制度弹性的益处,有助减少农地细碎化、抑制城市增长和保护开敞空间及历史古迹。也有学者质疑 TDRs 的公平和有效性,认为 TDRs 不易于管理,发展权购买需求不足,市场交易不活跃,仅有少数发展权被移转[34]。总体而言,美国自 1961 年 TDRs 推行以来,已经历三代的成长。第一个发展权移转制度实施以后,学者们试图通过对第一代 TDRs 的实证研究,检验其有效性并提出相关改进建议;TDRs 的第二股浪潮兴起于 20 世纪 80年代,包括在蒙哥马利、马里兰、新泽西等地推行,强调在制度设计和执行过程中不同利益群体及相关成员的重要性;后期研究表明发展权移转制度将由相关利益群体发起,制度参与者及其倾向被执行进所谓的第三代 TDRs[35]。补偿机制的效率主要体现在降低行政执行成本及外部效益内在化,并非单纯估计土地相关权利的损失便可得到。为此,Glickfeld[36]认为可引入市场机制,使限制发展地区土地权利人透过部分财产权交易,达到补偿目的及效率;Roth[37]和 Bastian[38]认为土地使用者的经济目标和兴趣未能得到充分考虑,缺乏相应补偿制度支持的环境规划将难以达到预计效果;Claassen 等[39]对美国农业环境补偿项目的成本效益研究表明,补偿标准并不一定单一地依赖环境目标,农业环境政策的制定也需要考虑农民的经济福利和非经济福利,此外生产者之间的公平性也是主要问题。

　　国内关于农地管制所带来的福利损失及受限补偿始于台湾地区。台湾于20世纪90年代末修订的"国土综合开发规划"将土地经营管理区分为"限制发展地区"和"可发展地区",期望通过对"限制发展地区"的建设,将重要资源用地及极易因开发而产生灾害损失的环境敏感地区适当地保护起来。20世纪90年代为缓解台湾当局征购公共设施用地的财政压力,还借鉴美国保护历史文化古迹、自然保护区及优质农地的成功经验,将发展权移转制度应用到城市公共基础设施用地的取得,以缓解地方建设的财政困难,并颁布"古迹土地容积移转办法"(1998年颁布)、"都市计划容积移转实施办法"(1999年颁布,2004年修正)。然而,制度施行虽缓解地方主管机关加强公共基础设施建设的经济压力,促进公共设施用地的取得,但也引发相关学者[40]对该项制度的公平性和合理性的质疑,认为容积转移制度的引入,无疑增加城市的整体容积,制度对城市空间结构及规划管制也会产生负面影响。土地分区规划也引发许多学者的讨论和质疑。林国庆[41]及冯君君、卓佳慧[42]认为,限制发展地区以管制方式等强制手段加以管理,限制某些地区的某些开发利用行为,造成土地所有权人(或关系人)福利损失,存在着缺失公平的争议;边泰明[43]认为对于已开发土地应赋予财产法则保障,而不能开发的土地变更使用时,则应赋予责任法则才能将土地开发的外部效果内在化;毛育刚[44]探讨用途管制的损失,认为实施土地利用分区管制对保护农地有正效应,但管制会造成土地财产价值的差异,从而造成社会分配的不公平;张泰煌[45]和陈明灿[46]等认为农地财产权受限制所受到的损失应给予适当补偿;陈瑞主和吴佩瑛[47~48]认为应透过法律创设农地外部效益产权,并对该产权予以明确界定与保障,进而制定相关的"补偿"措施,或允许产权交易。这些研究已考虑到农地产权及外部性问题的重要性,基本认同农地生态补偿的必要性,但并没进一步探讨农地外部效益财产权的本质,以及采取何种方式实现补偿。

5. 生态补偿制度实施绩效及福利效应

　　农地生态补偿制度的实施成效及制度实施后对不同群体的福利效应是近年研究热点之一。20世纪80年代以来,欧美发达国家通过经济补偿激励农民签订契约保护农地景观,创造公共物品"准市场"。但农户参与保护的契约设计由于是农户与政府之间的委托代理关系,存在信息不对称问题,受到道德风险和逆向选择因素的困扰。早期研究人员和政策制定者试图评估农业环境政策的经济效应,例如MAFF委托的关于英国ESAs的系列研究[49-50],应用监测和评估技术定义政策改善效应。近期较多研究[1]应用委托代理理论研究农业环境政策因信息不对称所带来的问题,认为监控体系不完善、信息不对称是制度弱化的潜在因素。由于管理机构没有掌握完善的技术信息和有效引导农民参与管理,致使信息不对称问题产生。农户有一定信息优势,在此形式下他们得到溢额补偿。虽然此类案例数量较少,但在ESAs计划实施初期就已经引起争议,有明显证据表明契约设计的无效性,契约义务和责任关系不对等,引发道德风险,诱惑农民不遵守保护契约。据 Choe 和 Fraser[51] 的报道,1996—1997 年参与 ESAs 计划的案例中,分别有 6％和 11％的农户存在违约和欺诈行为;Giannakas 和 Kaplan[52] 引用美国统计数据表明,1997 年有 750 000 户农民接受保护补偿,其中 50 000 户被核查,发现有 2000 户并未积极执行保护计划;Anjou[53] 也报道瑞典农业环境保护计划中有 5％的地区接受检查,4％的检查地区发现有欺骗行为;Land Use Consultants[54] 的调查发现,英国参与 CSS 计划的农户中,有 24％在执行保护协议时存在不同程度的折扣。因此,决策者认识到需要设立完善的督管体系抗击欺诈行为和保护公共资金,公众的参与能够削弱信息不对称。成功的自然资源保护制度,不能单靠政府部门的管制,农户、社区、权益相关主体与地方政府的共同参与是成功的重要因素。

  欧洲和美国都重视和增强对农民提供农业环境景观的补偿资助,但由于政策背景和出发点不同,对生态补偿制度实施后期的溢出效应的关注点也有所差异。整体而言,国外对农业环境政策实施成效的研究视角较多地集中在补偿政策对弱势群体福利效应的影响及消除贫困的作用。Baldocket 等[55] 研究认为,实现土地休耕的保护地计划(CRP)及湿地保护计划（WRP）,经费的 90％返给农民,有利于增进农民的福利;Pagiola[56] 认为生态补偿作为一项激励措施可为贫困的土地所有者提供额外的收入来源,改善生计;按照 Grieg-Gran 等学者[57] 的观点,关于贫困和 PES(Paymet for Environmental Services,生态服务付费)之间联系的研究主要集中在三个领域的评价:一是分散的小农户相对经济境况较好的大股东出售环境服务的能力评价;二是 PES 对直接涉及其中的穷人的生计影响;三是 PES 对不直接涉及其中的穷人生活的影响。在哥斯达黎加,各种实证研究分析环境服务支付项目的环境及社会效应关系及与土地所有者的分享[58]。此外,生态补偿在消除贫困方面的作用是有争议的,有的学者认为生态补偿作为一项制度安排提高自然资源管理的效率,而非作为消除贫困的机制。Landell-Mills and Porras 警告通过增加边际土地的价值,生态补偿将提高权力群体的控制倾向;Kerr 关注没有土地的穷人——妇女和牧民,认为他们是 PES 的非参与人,通常依靠搜集森林的非木材产品为生,可能会因 PES 限制利用森林而受到伤害[59]。然而,多数研究人员认为 PES 对消除贫困有积极作用。Chomitz 等认为当地一些非政府机构在减少交易成本和提供技术支持方面起到重要作用,可对穷人和缺乏教育申请者提供有益帮助[60]。Bruno Locatelli 等[58] 关注哥斯达黎加北部 PSA 的实施效果,研究表明 PSA 的整体效果是积极的,负面的经济效果被积极的制度和文化效果所平衡;相对境况较好的土地所有者,补偿机制对贫穷的土地所有者的负面和正面效果更强烈;当地政府的支持提高 PSA 的效果。一些研究还认为实施农地生态补偿机制,尤其在低收入地区,是实现经济发展和环境保护协调发展的有效方式[61]。Sullivan 等估计 CRP 计划结束,仅有 10％的土地将返回作为耕地,增加的生产将会对农产品价格产生直接影响；Kirwin 等估计 10%～40%的 CRP 补偿超出生产者的接受意愿[39]。

二、主要结论及相关评述

我国特殊的土地基本国情决定了农田承担着重要且复杂的职能及功能，需要实施世界上最严厉的保护制度。然而对农田实施严格的保护制度及管制措施，一定程度上使保护区内农民、集体经济组织及地方政府等相关主体土地的发展权利受到一定限制，如未提供相应的补偿或经济援助，将侵害农田保护区内群体的发展机会及利益，导致不同利益群体福利非均衡，违背环境公平。在国家实施生态补偿机制及分类管理区域政策，推进主体功能区划形成与落实等相关政策契机下，如何在主体功能区划框架下设计激励相容的农田生态补偿机制及政策，通过制度优化提高政府规划管制效率，实现相关主体的利益均衡，是加快建设"资源节约型、环境友好型"社会的需要。本书从农田保护的政策绩效评价、发展受限制地区实施农田生态补偿制度的机理、农田外部效益及补偿标准的测度、农田管制损失补偿及外部效益产权界定，农田生态补偿制度实施绩效及福利效应等方面梳理总结了国内外关于规划管制下农田生态补偿的相关研究进展及发展动态，以此提供参考及借鉴。规划管制下农田生态补偿机制研究的主要进展及发展动态如下：

（1）研究视角从土地用途管制及分区规划所带来的不同权利主体利益非均衡的经济诱因及政策缺陷分析，转向如何设计可操作、符合利益相关主体需求的农田生态或环境补偿移转机制、实现权利主体利益均衡的探讨。从农地保护的政策绩效分析可见，发达国家农地保护政策实现从农业资助和价格扶持方式向直接补贴和环境补偿方式的转变，弱化了农业生产与农民收入之间的关系，采取减少直接价格扶持和增强农业环境补偿移转支付，从而达到实现环境保护目标的新政策倾向。我国现行的农田保护制度存在剥夺农民分享土地选择价值和发展权利、参与土地增值收益分配等不足，难以真正调动农民参与农田保护的积极性，从农田生态补偿或环境补贴角度弥补规划管制政策的不足，有利于激励农民提供环境友好、生态文明的农田生态服务及产品。且从环境管理的角度看，我国现行的一些农业环保政策存在与 WTO 原则及规定相矛盾之处，需要进行合理调整。如何利用合理的农田环保政策、制度设计，减轻贸易发展对环境的不良影响，构建和完善农田生态补偿制度及政策，是 WTO 农业协定下绿箱政策的要求。

（2）研究内容及研究重点从规划管制下发展受限地区实施生态补偿制度的机理讨论，逐渐转向对农地外部效益及补偿标准的测算，尤其对农地管制所带来的福利损失补偿及外部效益财产权界定的关注，开始考虑产权代表之间的相互作用或个体和群体之间的相互作用，对利益受损者采用市场和政府相结合的福利补偿及与此相应的具有经济诱因和具有效率的制度安排和政策研究。从研究可见，管制政策失效、市场失灵及产权安排不合理是农田生态补偿制度实施的理论依据,而农地巨大的外部效益和非市场价值,及农地管制所带来的相关主体福利损失和发展权利的受限,更是推动农田生态补偿制度创建的现实需要。

(3) 从研究难点及欧美国家实施农田生态补偿制度的成效分析,补偿政策对弱势群体福利均衡及消除贫困有积极作用,但监控体系不完善、信息不对称是制度实施弱化的潜在因素,契约设计受道德风险和逆向选择困扰,设立完善的监管体系以及鼓励农户、社区、权益相关主体与地方政府的共同参与是制度成功的关键。生态补偿作为经济利益的再分配,涉及众多主体的利益调整及福利均衡,在制度设计上如何克服制度弱化因素,融合利益相关方的需求,尤其尊重弱势群体的生存和发展权利,注重社区参与,制度安排前对实施绩效的预测及对不同群体的福利影响做事先估算,是研究的难题。

(4) 从现实需求看,发达国家和地区基于规划管制采取的农业环境补偿政策有多年的历史,为我国农田生态补偿机制的构建提供宝贵经验借鉴。当前我国农地保护所处的政策背景与欧美等国在 20 世纪 60 年代时所处的环境极其相似,如何结合我国政策背景和土地资源基本国情探索兼顾公平和效率的农田生态补偿机制迫在眉睫。

同时,农田生态补偿研究在补偿范围、补偿额度、补偿方式及补偿实现等方面仍缺乏可行的制度框架。表现为:①国内研究多集中于补偿机理或必要性分析等定性的辨识,缺乏定量的判定。例如,保护者的受偿标准,破坏者的支付额度,非公共利益流转的土地发展权补偿等,不仅仅是权能的界定与分割,还涉及投入结构与福利贡献、产权权能等尚待研究的问题。②我国施行的与农田生态补偿直接或间接相关的政策有基本农田保护区规划、粮食主产区基本农田土地整理工程、高产农田建设、基本农田保护示范区建设、退耕还林、退耕还草工程、粮食直贴等财政转移支付或赋税减免政策,但现有补偿政策存在着结构性的政策缺位,缺失能够有效调整利益主体分配关系,达到激励保护行为的补偿机制设计。且参与主体的利益分配及责任分担机制不明晰,缺乏权、责、利的制度设计。③农地生态补偿政策在地方政府发展经济和环境保护双重委托目标的框架下,存在激励不相容的问题。如何通过经济、政策和市场手段,解决经济社会发展中农地存量、增量及改善区域间的非均衡发展,有效实现生态补偿的区域公平、区际补偿和主体权责有待探讨。④国内现有研究多停留在对流域、森林、矿产资源等领域生态补偿机制的设计上,关于农地生态补偿机制设计的研究报道较少,且忽略在补偿机制设计前对规划管制给不同区域、不同群体的福利影响作事前测度,以便为生态补偿移转方案的确定提供依据。虽然欧美等地农业生态补偿相关政策和制度已实施 20 多年,并侧重关注补偿制度实施成效及其对穷人、农民、妇女等弱势群体的福利效应,或生态补偿制度对当地社会经济文化的溢出效应,但均缺乏在制度安排前对某项制度实施的预计绩效及对不同群体的福利影响做事先估算。

第二节　农田生态补偿国内外的实践探索

一、美国农田生态补偿的实践探索

美国对农地生态环境服务的付费已有一段长期的历史。20世纪30年代,干旱、沙尘暴、经济萧条等唤醒美国土壤保护的意识,美国政府开始依赖自愿的支付项目,鼓励农民对土壤保护。其中,休耕(land retirement)是当时美国农业环境的主要政策,农民可以自愿提出申请与政府签订长期合同,将那些易发生水土流失或者生态脆弱的耕地转为草地、林地或停止耕作。据统计,1936年的农业修正法案每年鼓励大约1620万公顷的耕地休耕;1956~1972年的土地银行政策,鼓励农场主短期或长期退耕一部分土地,"存入"土壤银行,银行对按照计划退耕的农场主支付一定的价格补贴;The Conservation Reserve Program(CRP)——第三次土地休耕开始于1985年农业经济大萧条,这时期很多土地登记注册,此时关注目标已不是传统的土壤侵蚀和土壤生产力状况,项目工程范围更广泛[39]。

随后,美国不断拓宽耕地补偿的领域及范畴。20世纪80年代中期,其农业环境政策从防止地表土壤的损失,逐渐扩展到农业用水的污染、湿地的保护、野生动物栖息地的丧失。美国政府利用政策管理手段促进环境目标的实现,联邦政府在1972年出台杀虫剂、杀菌剂法案,禁止农业杀虫剂、农药的过度滥用;1973年的危险物种法案关注关键物种栖息地保护;1990年补偿引入到湿地保护计划(WRP)中;最近野生动物栖息地激励计划(Wildlife Habitat Incentives Program,WHIP)的出台,它作为濒临危险物种法案的一种补充受到重视。政府为推进计划或者项目的实施,对由此给当地居民造成的损失提供可能的经济补偿。补偿的力度关系到制度的激励效果,也是政策得以达到预期目的的基本条件。在2002年的农业法案中,政府提议将更多资金投入到环境保护政策中,每1美元拿出90美分投入到农民身上,同时为了提高保护计划的基金,建议将每年20亿美元巨额资金,由商品计划投入到保护计划中。对农地的保护,美国联邦政府和州政府也通过土地利用控制分区和税收政策控制城市发展过程中对乡村土地的占用,政府推行土地发展权购买制度(Purchase of Development Rights,PDRs)和土地发展权转移制度(TDRs),以此来限制农地的城市流转。

二、欧盟农田生态补偿的实践探索

1986年英国建立ESAs(Environmentally Sensitive Areas)项目,这是第一个欧共体(欧盟前身)农业的环境项目,目标是保护景观价值和栖息地,以此提高乡村公共优美的环境。随着发展,ESAs 项目增加到 43 个,其中 22 个在英格兰,10 个在苏格兰,所有的 ESAs 项目中约有 14％的土地是农业用地[62]。ESAs 项目中所有补偿资金来源英国和欧盟各国政府的纳税。在 2003 年,英格兰参与者签订的协议已经增加到 12 445 份,覆盖土地面积达到 64 万公顷,合同期限是 10 年,每年支付一次补偿。其中,2003 年给予农民补偿金额达到 5300 万美元。环境敏感地区的40％～90％的土地注册到 ESAs 项目中,而农业发展条件较好,环境质量较高地区的注册率较低,仅有 24％。欧盟每个会员国确定本国最低良好耕作实践水平(Good Farming Practice,GFP)[63],获得第一阶段的政府补助,包括农业补贴和价格支持,如果农民通过不断努力 GFP 超过基线水平,则相应能获得较多补贴支持。欧盟耕地生态补偿额与耕地质量呈较强相关,耕地质量越高则获得补偿额越高,该政策鼓励农民提高耕地的地力,保护耕地资源。

在 20 世纪 90 年代,瑞士对农业政策进行了改革并制定新的环境目标(制止农业生物多样性的丧失和濒危物种的蔓延),在利用农业区(The Utilised Agricultural Area,UAA)建立生态补偿区域计划(Ecological Compensation Areas,ECA)[64]。在欧洲山区的农村如奥地利、瑞士(北方)和意大利(南部)、德国等城市居民在此度过他们的假期,需要支付其享用的农业景观服务,充分体现休闲农业的景观游憩价值[65]。

三、我国农田生态补偿的实践探索

农田生态系统具有复合和多功能性,不仅提供食物、纤维等实物产品,是国家生存安全和社会稳定的基石,还提供开敞空间、景观、文化服务等非实物型生态服务,是构建国家生态安全屏障的重要组成。因而,农田生态补偿与流域、森林、自然保护区及矿产开发等领域的生态补偿相比具有特殊和复杂性:①农田兼具突出的生产功能和重要的生态功能,是稀缺的自然资源和不可替代的生产要素。我国由于人多地少、耕地资源稀缺的基本国情,耕地保护是国家长期坚守的一项基本国策。长期以来,国家为了保障农田的经济产出功能和维持农田的生态景观功能,往往通过制定各项法规和政策确保农田资源数量和质量的稳定,限制农田转化为其他类型的土地利用方式,一定程度限制了农田所在区域及所有权人的土地发展权。②农田虽具有明确的土地产权关系,所有权人对农田的经济产出功能享有明确的所有权和排他性使用权,但其提供的调节气体、净化空气、休闲娱乐、环境美学等巨大的间接使用价值及非使用价值具有明显的准公共物品性质,为社会公众带来不可忽视的外部效益,且基本没有得到相应的补偿。农田在我国具有不可替代的多功能性质和突出作用,国家对耕地和基本农田实行严格的保护政策,继续出台"基本农田保护区制度"、"基本农田保护条例"、"耕地总量动态平衡政策"、"耕地占补平衡制度"、"土地用途管制制度"等管制制度及措施不断强化对优质农田的保护及管理。然而,在实施严格的土地用途管制、分区规划政策及耕地保护制度的同时,却缺乏配套的补偿机制设计,或仅有间接的补偿政策,政策的不完全造成社会不公或滋生寻租行为,带来相关群体利益分配关系的扭曲。设计激励相容农田生态补偿机制和移转制度,内在化农田生态景观功能的外部性,有助于通过提高政府规划管制的效率,激励相关主体参与农田保护、提供生态景观服务的积极性。为此,近年来国家及相关政府部门积极探索农田生态补偿制度的构建,高度重视农田的数量管控、质量管理和生态管护工作,管理和保护农田资源也从过去单纯强化耕地的数量管控正逐渐向质量管理和生态管护更高层保护阶段转变。

生态补偿是调节相关方的利益关系,弥补生态系统服务生产、消费和价值实现过程中的制度缺位、降低交易成本,以可持续利用生态系统服务的一种手段或制度安排[66]。20 世纪 80 年代以来,我国环保等相关部门颁布了一系列相关政策积极地推动流域、森林等重点类型生态补偿政策的实施,并被列入国家"十一五"期间的工作重点。在此契机下,农田作为我国最重要且具有特殊性质的生态系统之一,也逐渐地被相关部门纳入"生态补偿"的范畴及领域。在我国"十一五"规划期间,农田生态补偿制度的构建具有开拓意义和突破性,国家的一些重要文件相继提出建立耕地及基本农田保护的补偿机制,一些发达地区也积极探索农田保护补偿或生态补偿的实践模式。例如,2008 年 10 月,中共十七届三中全会通过《关于推进农村改革发展若干重大问题的决定》,明确提出"划定永久基本农田,建立保护补偿机制,确保基本农田总量不减少、用途不改变、质量有提高";2009 年中央 1 号文件进一步明确基本农田必须落实到地块、标注在土地承包经营权登记证书上,并设立统一的永久基本农田保护标志;2010 年中央 1 号文件提出"坚决守住耕地保护红线,建立保护补偿机制,加快划定基本农田,实行永久保护";2012 年中央 1 号文件提出"加快永久基本农田划定工作,启动耕地保护补偿试点"。实践上,一些地区积极试验示范、探索建立耕地及基本农田保护的补偿制度及财政移转支付模式,提高地方政府、农村基层组织及农民等直接利益主体参与耕地及基本农田保护的积极性。四川省成都市自 2008 年起在全国率先提出建立了耕地保护基金,对承担耕地保护责任的农民给予养老保险补贴;广东省东莞市从 2008 年 1 月 1 日起对全市基本农田和林地面积较大、经济发展较为薄弱的村统一实施财政补助;广东省佛山市 2009 年在南海区试点的基础上,2010 年 4 月 1 日起在全市范围对基本农田进行补贴;上海市 2009 年 10 月 9 日印发《上海市人民政府关于本市建立健全生态补偿机制的若干意见》,将基本农田、公益林、水源地等列入生态补偿财政转移支付范围,在浦东新区、闵行区和松江区等市县进行试点,建立基本农田的生态补偿机制,对农民和农村集体管护、利用基本农田给予补贴和奖励;江苏省苏州市等地 2010 出台《关于建立生态补偿机制的意见(试行)》,把基本农田纳入生态补偿重点范围,要求通过政府财政转移支付方式,对因保护资源而在经济发展上受到限制的地区及个人给予一定的补偿;浙江省临海市、海宁市、慈溪市等三个国家级基本农田保护示范区和桐庐县等8个省级基本农田保护示范区也已经开展了基本农田保护补偿试点工作。

(一) 典型市县农田生态补偿的实践探索

1. 成都耕地保护基金的实践探索及做法

2008年1月,作为统筹城乡综合配套改革试验区的四川省成都市出台了《关于加强耕地保护,进一步改革完善农村土地和房屋产权制度的意见》,提出"每年从土地有偿使用费留地方部分和市、区(市)县两级人民政府的国有土地出让收益以及集体建设用地出让收益中提取一定比例资金,设立耕地保护基金,用于提高耕地生产能力和对承担耕地保护责任的农民养老保险补贴",在全国率先试点设立耕地保护基金,建立耕地保护补偿机制。2008年7月10日正式下发的《耕地保护基金筹集与使用管理实施细则(试行)》,提出为承担耕地保护的农户提供养老保险补贴,建立完善耕地保护补偿机制,提高农民保护耕地的主动性和积极性。补偿对象主要是在成都市范围内拥有土地承包经营权并承担耕地保护责任的农户,以及承担未承包到户耕地保护责任的村组集体经济组织,补偿对象不因承包地流转而发生变化。补偿客体为所有种植农作物的土地,包括水田、旱地、菜地及可调整园地等,养殖水面在补偿之列。补贴标准按基本农田和一般耕地分为400元/(亩·年)和300元/(亩·年),并规定有相应增长机制。补偿方式是通过财政转移支付方式,主要用于耕地流转担保、农业保险补贴、承担耕地保护责任农户养老保险补贴和承担耕地保护责任集体经济组织现金补贴。补偿的附带条件为农户及村集体承担保护耕地不受破坏、不得弃耕抛荒、不得用于非农业用途的义务。据统计,成都全市共有19个区(市、县)2661个村183万农户,涉及耕(园)地面积约760万亩。按照基本农田400元/(亩·年)、一般耕地300元/(亩·年)的补贴标准,全市每年需发放的耕保基金规模大约在28亿元,其中市级、区(市、县)各筹集14亿元。

2. 上海基本农田生态补偿的实践探索及做法

上海市2009年通过了《关于本市建立健全生态补偿机制的若干意见》和《生态补偿转移支付办法》等相关政策,将基本农田、公益林、水源地等列入生态补偿财政转移支付范围,鼓励有条件的区县探索建立基本农田保护基金,对农民和农村集体管护、利用基本农田给予补贴和奖励。每年全市生态补偿转移支付资金根据纳入生态补偿的面积和补偿重点进行动态调整,补偿资金由区县根据实际情况自行确定。建立健全生态补偿机制的目的在于调整经济发展和生态建设相关各方利益关系,保障生态保护地区的公平发展权;通过建立和完善生态补偿转移支付的办法,形成导向明确、公平合理的激励机制,提高区县进一步开展生态建设和保护工作的积极性,进一步优化上海市生态环境。例如,上海闵行区从建立生态补偿机制出发,于 2008 年 7 月印发《闵行区人民政府关于建立生态补偿机制、重点扶持经济薄弱村发展的实施意见》(闵府发[2008]17 号),建立专项扶持资金,对全区规划落地的基本农田和以土地租赁方式建设的涵养林、片林进行生态补贴,对经济薄弱村进行重点扶持。从 2008 年至 2011 年,基本农田保护补偿标准逐年提高,分别为 300 元/(亩·年)、450 元/(亩·年)、600 元/(亩·年)和 800 元/(亩·年)。其中,2011 年全区发放基本农田生态补偿补贴总资金 3933.98 万元,涉及浦江、马桥、华漕、梅陇、吴泾 5 个镇的 67 个行政村,基本农田总面积 49 174.81 亩。基本农田生态补偿标准 800 元/亩中,300 元/亩补贴给村用于村社区公共服务支出,500 元/亩全部直接补贴给农民。上海浦东新区 2010 年 3 月印发《浦东新区 2010 年基本农田保护和扶持村级组织专项资金使用管理办法》,提出 2010 年新区设立 3.5 亿元"专项资金",对基本农田、村级组织、一事一议进行补贴,其中对基本农田的政策性补贴为 1.35 亿元,补贴对象为土地管理部门核定的基本农田及已落实第二轮农村土地承包关系的"耕地";补贴标准为耕地 300 元/(亩·年)、其他农用地 150 元/(亩·年),专项资金由村按队(组)落实到履行土地承包义务的农户。

3. 苏州市基本农田生态补偿的实践探索及做法

2010 年 7 月苏州市印发《关于建立生态补偿机制的意见(试行)》,将基本农田与水源地、生态湿地、生态公益林等一起纳入生态补偿的范畴,建立耕地保护专项资金对直接承担生态保护责任的乡镇政府(含涉农街道,以下简称乡镇)、村委会(含涉农社区,以下简称村)、农户进行补偿。目的在于通过生态补偿机制使因保护生态环境,经济发展受到限制的区域得到经济补偿,增强其保护生态环境、发展社会公益事业的能力,保障生态保护地区公平发展权,使地区间得到平衡发展。补偿标准:根据耕地面积,按不低于 400 元/亩的标准予以生态补偿。同时,对水稻主产区,连片 1000~10 000 亩的水稻田,按 200 元/亩予以生态补偿;连片 10 000 亩以上的水稻田,按 400 元/亩予以生态补偿。补偿资金来源:补偿资金的承担。根据现行财政体制,各区生态补偿资金由市、区两级财政共同承担,其中:水稻主产区、水源地及太湖、阳澄湖水面所在的村,市级以上生态公益林的生态补偿资金,由市、区两级财政各承担 50%。

4. 佛山市基本农田保护补偿的实践探索及做法

广东省在广州、佛山、东莞、汕头、云浮、汕尾、顺德区、惠州市大亚湾区等地先行试验示范基本农田保护补偿相关政策的基础上,在全国率先要求在全省范围内建立和实施基本农田保护经济补偿制度。2010 年 3 月,佛山市向各区印发了《佛山市基本农田保护补贴实施办法》,目的是对承担基本农田保护任务的农村集体经济组织或其他责任单位进行经济补贴,缩小基本农田与建设用地的利益差距,增加农保区农民收入,调动农民保护基本农田的积极性,保护基本农田,保障粮食安全,维护佛山生态环境,促进社会经济又好又快发展。补偿范围包括《佛山市土地利用总体规划》划定的基本农田保护区内的基本农田。补偿对象是拥有基本农田土地所有权并依法签订基本农田保护责任书的农村集体经济组织或其他责任单位。补偿标准为禅城、南海、顺德三区不低于 500 元/(亩·年),三水、高明两区不低于 200 元/(亩·年),拟 3 年调整一次。资金筹集以区镇为主(初定 80% 的比例)、市级补贴为辅(初定 20% 的比例),通过市、区两级财政筹集基本农田补贴资金。资金的筹集不以各区承担基本农田任务为依据,而以各区一般财政预算收入在全市所占比重为依据。资金使用:补贴资金中直补给农民集体或其他责任单位的资金比例为 80%,用于基础设施建设和维修的资金比例为 20%。

5. 东莞市基本农田保护补偿的实践探索及做法

东莞市将基本农田纳入城市建设规划的"生态绿线",实行基本农田保护红线和生态绿线"双线管制"。市财政对基本农田保护任务超全市平均水平的村组按超划基本农田面积实行 500 元/(亩·年)补助;市、镇两级投入 3 亿元用于农业产业园和现代化标准农田建设。东莞市近年来始终坚守最严格的耕地保护制度,特别是耕地保护补偿机制建设成效明显。从 2008 年起,由市财政对基本农田保护区面积超出平均分摊比例的村,按超出面积补助 500 元/(亩·年),专项用于农田建设、农业开发和公共管理支出。2010 年起,市财政对基本农田的补助范围从原来超出平均分摊比例的基本农田扩大到全市 42 万亩基本农田。目前全市已累计补助金额 7 亿元,不仅减轻了落后镇村负担,也提高了农户保护好基本农田的积极性。

6. 广州市基本农田保护补偿的实践探索及做法

广州市 2011 年出台《广州市基本农田保护补贴资金管理试行办法》,建立基本农田保护补贴制度,补偿对象为广州市范围内承担基本农田保护任务的农户和村集体,其中已承包到户的基本农田,补贴对象为本村土地承包户;未承包到户的基本农田补贴对象为村集体。补贴资金实行差别化的补偿标准,老城区(越秀、海珠、荔湾、天河、白云、黄埔)500 元/(亩·年)、新城区(番禺、花都、萝岗、南沙)300 元/(亩·年)、县级市(增城、从化)200 元/(亩·年)。补贴资金的筹措办法。补贴资金筹措与土地出让金的管理方式挂钩,即取得土地出让金收入的区和县级市(番禺、花都、萝岗、南沙、增城、从化)负责辖区内基本农田补贴资金的筹措,没有土地出让金的区(越秀、海珠、荔湾、天河、白云、黄埔),其辖区内基本农田补贴资金由市本级统筹解决。资金筹措安排随土地出让金管理方式调整而调整。补贴资金的使用和管理。补贴资金应当首先用于补贴农户和村集体的农民(含农转居人员)参加社会养老保险、支出农村合作医疗制度的费用,在这两项已有落实的情况下,可以将补贴资金用于其他用途。补贴资金分别由市本级和相应区(县级市)的财政预算专项安排,实行统筹使用、专户管理、专款专用,每年发放一次。支付到农户和村集体的补贴资金情况应纳入村务公开事项。补贴实施情况的监督。国土资源管理部门建立基本农田保护举报制度,设立举报信箱和开通举报电话,依照"保证基本农田数量不减少、质量稳定"的标准,每年12月对基本农田保护情况进行监督检查。

(二)补偿实践的特点、成效及存在问题

1. 特点

(1)我国建立和试行耕地及基本农田保护补偿机制的区域多为地方经济发达、财政收入富余、耕地及基本农田保护胁迫性严峻的沿海发达市县或改革试验区。短期内,基本农田生态补偿或经济补偿的实践要在全国各省市推广仍存在一定的资金限制。例如,广东省佛山市、上海市、江苏省苏州市采取的是一般财政预算保障模式,资金来源于市、区镇一般财政收入,受土地出让制约少,资金来源有保障,但对地方财力要求较高,适合经济发展水平较高、税收增量较多、地方政府财力雄厚的地方。

(2)受基本农田规划管制政策复杂性的影响,当前各市县对于耕地及基本农田保护补偿机制的命名尚没有形成统一的叫法,有的称为"保护基金"、有的称为"经济补偿",有的称为"生态补偿"。目前仅有上海和苏州市在相关政策办法是直接将基本农田纳入区域生态补偿的范畴,按照生态补偿的定义界定基本农田生态补偿的原则,将基本农田保护的基层组织及农户列入补偿的对象。同时,与其他试点区域相比,也突出强调通过补偿机制保障生态保护地区公平发展权,促进地区间得到平衡发展。

(3)我国的基本国情决定农田承担的经济功能及社会功能远大于生态产出功能。在国家粮食安全及社会稳定现实状况下,各市县普遍强调通过补偿制度激励权利主体的保护积极性及内在动力,一定时期内仍强调在坚守基本农田数量红线的基础上稳定提高生产力和保护农田生态环境。因此,政策实施及实践探索中与国外的农业环境政策相比有一定的差异性。补偿政策实施的主要目的体现在以下方面:①确保耕地及基本农田保护责任的实现,如确保农田数量不减少、农田质量不受破坏,符合相关政策法规要求限制农田用途的转变。②对直接承担生态保护责任的乡镇政府(含涉农街道,以下简称乡镇)、村委会(含涉农社区,以下简称村)、农户等保护主体进行补偿,调动他们参与耕地及基本农田保护的积极性及形成保护的内在动力。③通过财政转移支付手段使经济发展受到限制的区域进行经济补偿,增强其保护生态环境、发展社会公益事业的能力,保障生态保护地区公平发展权,促进地区间得到平衡发展。④吸引农村基层组织及农民等弱势群体的参与,直接提高了农民的经济收入,改善了农民的福利。这与一些发达国家农业环境政策相似。例如,美国和欧盟通过农业环境政策将收入向农民转移,鼓励农民留在土地上,甚至是在没有产出的情况下[63]。

2. 成效

(1) 有效地提升了耕地及基本农田保护的管理效率。耕地及基本农田补偿机制内含的经济激励约束机制使农民有了保护耕地的内在动力,改变了以往耕地保护以行政监管为主、基层组织及农民缺少规划知情权被动参与的尴尬状况。利用经济手段和激励机制充分调动耕地及基本农田保护基层组织及农户的参与性,让他们主动地成为农田数量、质量监管及生态环境管护的主要力量。在试验区域,农田生态补偿或经济补偿制度取得一定的实施效力。例如,截止到 2011 年底东莞市耕地保有量为 57.3 万亩,基本农田 42.462 万亩,超额完成广东省下达的指标任务。

(2) 增强了地方政府、农村基层组织及农民等权利主体保护耕地及基本农田的内在动力及意识观念。各地试行耕地及基本农田补偿机制的首要目的在于针对长期以来地方政府等保护主体内在动力不足、积极性不高的问题。例如,浙江省临海市对以农业为主的乡镇,取消对 GDP 等经济发展的指标考核,主要考核基本农田保护和耕地保护责任的落实情况,调动政府官员保护耕地积极性;浙江省海宁市、广东省佛山市等地农民由原来不愿意把自己的地划为基本农田,转变为主动要求将自己的土地划为基本农田,以获得更高的补偿;成都市自补偿方案实施以来,农户普遍对自身拥有的耕地资源更加爱惜,且已有多起违法占用耕地搞非农建设的案件被农民举报。

(3) 实现农田保护外部效益的内在化,通过财政资金移转方式促进区域均衡发展,增进粮食主产区地方经济发展与保护责任的协调。同时,直接增加务农农民等弱势群体的经济收入,稳定农民保护农田的积极性,促进社会资源及收入分配的相对公平性。例如,上海、苏州的基本农田生态补偿相关政策及文件中均明确地提出通过财政转移支付保障生态保护地区的土地发展权,实现区域的均衡发展;佛山市基本农田保护补贴办法提出目的在于缩小基本农田与建设用地的利益差距,增加农保区农民收入,调动农民保护基本农田的积极性,促进地区社会经济协调发展。

3. 问题

(1) 资金渠道较窄。目前基本农田保护的补偿资金主要来源土地出让收入或地方财政收入,存在土地出让收入支持与一般财政预算保障两种模式。四川省成都市、上海市松江区、浙江省杭州等地采用土地出让收入支持模式,资金来源于新增建设用地有偿使用费,不足时再由土地出让金提成专项资金补足。广东省佛山市、上海市、江苏省苏州市采取的是一般财政预算保障模式,资金来源于市、区镇一般财政收入。

(2) 补偿方式单一。开展补偿的试点市县除成都市将补偿资金用于农民养老保险补贴和农业保险补贴之外,其他的市县均采用直接货币补偿的方式。一亩农田的补偿标准在 200～500 元之间,对于上海、江苏、广东等土地流转频繁、农民以非农收入为主要来源的在城郊结合部等经济发达的地方,难以形成预期的保护激励作用,且存在资金会转化为新的征地成本,增加今后的征地交易成本和工作难度的问题。

(3)实施期不明确。目前试点市县对于基本农田生态补偿的期限存在不确定性,补偿政策实施前期政府虽与农村基层组织和农民均签证了相关的保护合同,并列入地方政府官员及基层管理人员的考核责任目标。但在保护契约及相关的政策办法中,均未明确提及补偿的实施期限,随时可能因为地方财政困难中断补偿,补偿政策存在诸多不确定性的干扰因素。

(4)补偿目标待明晰。受我国土地资源基本国情的局限,目前我国农田生态补偿的保护目标与欧美国家强调农田生态环境的保护,仍有较大的差异及不同,侧重于对耕地保护数量和土地发展受限权利的补偿。目前在我国上海、江苏、成都等已试行探索耕地保护经济补偿或生态补偿的地区中,补偿目标基本多强调农田用途的不转换、数量的不减少,以满足《中华人民共和国土地管理法》及《基本农田保护条例》的相关要求,或有的地区兼带提及对农田集中、连片所产生的环境效益的补偿,补偿政策对农田生态环境效益的监管及量化仍有待进一步明晰和具体化。

参 考 文 献

[1] Ozanne A, Hogan T, Colman D. Moral hazard, risk aversion and compliance monitoring in agri-environmental policy[J]. European Review of Agricultural Economics, 2001,28(3): 329-347.

[2] Gardner B D. The economics of agricultural land preservation[J]. American Journal of Agricultural Economics,1977,59(6):1027-1036.

[3] Thompson D D. An externality from governmentally owned property may be a nuisance or even a taking[C]//Hagman D G, Misczynski D J. Windfall for Wipeouts: Land Value Capture and Compensation. Washington DC: Planner Press,1987:203-221.

[4] Phipps T. Landowner incentives to participate in a purchase of development rights program with application to Maryland[J]. Journal of the Northeastern Agricultural Economics Council, 1983,12(1):61-65.

[5] Pitt D G, Phipps T, Lessley B V. Participation in Maryland's agricultural land preservation program: the adoption of innovative agricultural land policy[J]. Landscape Journal, 1986,7 (1):15-30.

[6] Konyar K, Osborn C T. A national-level economic analysis of conservation reserve program participation: a discrete choice approach[J]. Journal of Agricultural Economic Research,

1990,42(1):5-12.

[7] McLean-Meyinsse P E, Hui J, Joseph R R J. An empirical analysis of louisiana small farmers involvement in the conservation reserve program[J]. Journal of Agricultural and Applied Economics,1994,26(2):379-385.

[8] Adelaja A, Friedman K. The political economy of the right to farm[J]. Journal of Agricultural and Applied Economic,1999,31(3):565-579.

[9] Batie S S. The multifunctional attributes of North-eastern agriculture: a research agenda[J]. Agricultural and Resource Economics Review,2003,32(1):1-8.

[10] Duke J M, Thomas W. A conjoint analysis of public preferences for agricultural land preservation[J]. Agricultural and Resource Economics Review, 2004,33(2):209-219.

[11] 黄贤金,濮励杰,周峰,等.长江三角洲地区耕地总量动态平衡政策目标实现的可能性分析[J].自然资源学报,2002,17(6):670-676.

[12] 钱忠好.中国农地保护理论与政策分析[J].管理世界,2003,10:60-70.

[13] 臧俊梅,王万茂,李边疆.我国基本农田保护制度的政策评价与完善研究[J].中国人口·资源与环境,2007,17(2):105-110.

[14] 罗丹,严瑞珍,陈洁.不同农村土地非农化模式的利益分配机制比较研究[J].管理世界,2004,9:87-96,116.

[15] Enrique Ibarra Gené. The profitability of forest protection versus logging and the role of payments for environmental services（PES）in the Reserva Forestal Golfo Dulce,Costa Rica[J]. Forest Policy and Economics, 2007,10(1):7-13.

[16] Sonin K. Why the rich may favor poor protection of property rights[J]. The Journal of Comparative Economics,2003,31(4):715-731.

[17] Sala-i-Martin Xavier, Arvind Subramanian. Addressing the natural resource curse: an illustration from Nigeria[R]. IMF Working Paper,2003:1-46.

[18] Olson R K, Lyson T A. Under the Blade: the Conversion of Agricultural Landscape[M]. Boulder,Colo: Westview Press,1999.

[19] Innes R. The economics of takings and compensation when land and its public use value are in private lands[J]. Land Economics,2000,76(2):195-212.

[20] Ilbery B, Bowler I. From agricultural productivism to post-productivism//Ilbery B. The Geography of Rural Change[M]. London:Addison Wesley Longman Ltd, 1998:57-84.

[21] Thomas L D, Pretty J. Case study of agri-environmental payments: the United Kingdom [J]. Ecological Economics, 2008,65(4):765-775.

[22] EC. Agriculture and the environment[R]. DG Agriculture, European Commission, Brussels. 2004.

[23] Hackl F, Pruckner G J. Towards more efficient compensation programs for tourists benefits from agriculture in europe[J]. Environment and Resource Economics, 1997,10 (2):189-205.

[24] Drake L. The non-market value of Swedish agricultural landscape[J]. European Review of

Agricultural Economics，1992,19(3):351-364

[25] Pruckner J G. Agricultural landscape cultivation in Austria：an application of the CVM[J]. European Review of Agricultural Economics,1995,22(2):173-190

[26] 谢高地,肖玉,甄霖,等. 我国粮食生产的生态服务价值研究[J]. 中国生态农业学报,2005, 13(3):10-13.

[27] 蔡运龙,霍雅勤. 中国耕地价值重建方法与案例研究[J].地理学报,2006,61(10): 1084-1092.

[28] 蔡银莺,李晓云,张安录.湖北省农地资源价值研究[J].自然资源学报,2007,22(1): 121-130.

[29] 蔡银莺,张安录. 武汉市农地非市场价值评估[J].生态学报,2007,27(2):763-773.

[30] Miller A J. Transferable development rights in the constitutional landscape：has Penn Central failed to weather the storm？ [J]. Natural Resources Journal，1999,39(3): 459-516.

[31] Mills D E. Transferable development rights markets[J]. Journal of Urban Economics, 1980,7(1):63-74.

[32] Mills D E. Is zoning a negative sum game？ [J].Land Economics,1989,65(1):1-12.

[33] Thorsnes P, Simon Gerald P W. Letting the market preserve land：the case for a market-driven transfer of development rights program[J]. Contemporary Economic Policy, 1999, 17(2):256-266.

[34] Kopits E, McConnell V, Walls M. Making markets for development rights work：what determines demand？ [J]. Land Economics,2008,84(1):1-16.

[35] Kaplowitz M，Machemer P, Pruetz R. Planners' experiences in managing growth using transferable development rights (TDR) in the United States[J]. Land Use Policy,2008,25 (3): 378-387.

[36] Glickfeld M. Wipeout mitigation：Palnning prevention[C]//Joseph Dimento. Wipeouts and Their Mitigation. Cambridge,MA：Lincoln Land Institute,1990:61-85.

[37] Roth D. Agrarraumnutzungs-und pflegepläne-ein instrument zur landschaftsplan-Umsetzung[J]. Naturschutz und Landschaftsplanung, 1996,28(8):237-242.

[38] Bastian O. Landschaftsplanung-Wegweiser für eine ökologisch orientierte Raumentwicklung[J]. Erdkundeunterricht，1997,49(1):9-13.

[39] Claassen R, Cattaneo A, Johansson R. Cost effective design of agri-environmental payment programs：U.S. experience in theory and practice[J]. Ecological Economics,2008,65(4): 737-752.

[40] 谢琦强,庄翰华.台湾容积移转制度的潜在开发区位特性——台中市个案研究[J].华冈地理学报,2006,19:39-57.

[41] 林国庆. 农业区划分与财产权损失赔偿之分析[J].台湾土地金融季刊,1992,29(2):21-36.

[42] 冯君君,卓佳慧.限制发展地区土地利用受限补偿课题之研究[J].台湾土地研究,1992,2: 41-71.

[43] 边泰明. 土地使用变更与财产权配置[J].土地经济年刊,1994,5:189-212.

[44] 毛育刚. 台湾农地变更使用政策之回顾与展望[J].农业与经济,1998,21:1-29.

[45] 张泰煌. 从美国法律征收论财产权之保障[J]. 东吴大学法律学报,1998,11(1):11-157.

[46] 陈明灿. 水源保护与农地使用受限损失补偿之研究[J].农业与经济,1998,21:71-111.

[47] 陈瑞主,吴佩瑛.农地管制下对农地财产权之保障与侵权[J].经济社会法制论丛,2004,3:225-268.

[48] 陈瑞主,吴佩瑛.市场机制下农地与农地外部效益财产权之界定与保障[J].经济社会法制论丛,2005,35:285-317

[49] MAFF. The broads: environmentally sensitive areas report of monitoring (1991) [R]. London: HMSO,1992.

[50] MAFF. England rural development program 2000-2006 [R]. London: Ministry of Agriculture, Fisheries and Food,2002.

[51] Choe C, Fraser I. Compliance monitoring and agri-environmental policy[J]. Journal of Agricultural Economics, 1999,50(3):468-487.

[52] Giannakas K, Kaplan J. (Non)Compliance with agricultural conservation programs: theory and evidency [R]. CAFIO Working Paper. Lincoln,NE:University of Nebraska,2001.

[53] Anjou A. Personal Communication[M]. Uppsala: Uppsala County Council.2004.

[54] Land Use Consultants. Countryside stewardship monitoring and evaluation [R]. Third Interim Report to the Countryside Commission, London.1995.

[55] Baldock D, Beaufroy G, Brouwer F, et al. Farming at the margins: abandonment or redeployment of agricultural land in Europe [R]. Institute for European Environmental Policy (IEEP), London, and Agricultural Economics Research Institute (LEI-KLO), The Haguel. 1996.

[56] Pagiola S. Paying for water services in Central America: learning from Costa Rica [C]// Pagiola S, Bishop J, Landell-Mills N. Selling Forest Environmental Services: Market-based Mechanisms for Conservation and Development. London,UK: Earthscan. 2002: 37-62.

[57] Grieg-Gran M, Porras I T, Wunder S. How can market mechanisms for forest environmental services help the poor? Preliminary lessons from Latin America[J]. World Development, 2005,33(9):1511-1527.

[58] Bruno L, Rojas V, Salinas Z. Impacts of payments for environmental services on local development in northern Costa Rica: a fuzzy multi-criteria analysis[J]. Forest Policy and Economics,2008,10(5):275-285.

[59] Pagiola S, Arcenas A, Platais G. Can payments for environmental services help reduce poverty? an exploration of the issues and the evidence to date from Latin America[J]. World Development,2005,33(2): 237-253.

[60] Chomitz K M, Brenes E, Constantino L. Financing environmental services: the Costa Rican experience and its implications[J]. The Science of the Total Environment, 1999,240

(18):157-169.

[61] Tschakert P. Environmental services and poverty reduction: options for smallholders in the Sahel[J]. Agricultural Systems, 2007, 94(1):75-86.

[62] Dobbs T L, Pretty J. Case study of agri-environmental payments: the United Kingdom[J]. Ecological Economics, 2008, 65(4):765-775.

[63] Baylis K, Peplow S, Rausser G, Simon L. Agri-environmental policies in the EU and United States: a comparison[J]. Ecological Economics, 2008, 65(4):753-764.

[64] Herzog F, Dreier S, Hofer G, Marfurt C, Schupbach B, Spiess M, Walter T. Effect of ecological compensation areas on floristic and breeding bird diversity in Swiss agricultural landscapes[J]. Agriculture Ecosystems and Environment, 2005, 108(3):189-204.

[65] Hackl F, Halla M, Pruckner G J. Local compensation payments for agri-environmental externalities: a panel data analysis of bargaining outcomes [J]. European Review of Agricultural Economics, 2007, 34(3):295-320.

[66] 中国 21 世纪议程管理中心.生态补偿的国际比较:模式与机制[M].北京:社会科学文献出版社,2012.

第二章 规划管制下相关利益群体福利非均衡的制度缺陷及经济诱因分析

第一节 土地用途管制下相关利益群体福利非均衡的理论分析及表现

一、土地用途管制的发展背景

1. 土地用途管制的内涵

土地用途管制制度是社会经济发展到一定阶段保护和合理利用土地资源的必然抉择。1998年我国《土地管理法》进行了重新修订,正式确立以土地用途管制为核心的新型土地管理制度。但对土地用途管制的界定,却存在不同的观点。其中,陆红生教授根据学术界达成的基本认识,在《土地管理学总论》中对土地用途管制的概念界定为"国家为了保证土地资源的合理利用,通过编制土地利用规划、依法划定土地用途分区,确定土地使用限制条件,实行用途变更许可的一项强制性管制制度"[1],从宏观层面概括出土地用途管制的目的、实施途径。一些学者从特定角度丰富了土地用途管制内涵及概念界定。例如,罗舒雯从经济学角度和管理学角度阐述了土地用途管制的内涵,认为土地用途管制是政府为纠正"市场失灵"而对公共性活动实施的"规制"[2];穆松林等从法学角度定义土地用途管制是国家为了对土地利用实行严格控制的一项具有财产所有权性质的法律制度[3];欧名豪从土地用途管制的来源上阐述了该制度的核心地位,指出土地用途的控制是土地利用控制的核心内容,其内涵是通过法律规章和规划对土地的用途及与其相关的土地使用条件、土地使用强度及使用权的移转等加以规定和限制[4];袁枫朝等指出我国土地用途管制主要由土地利用规划、土地利用计划和土地用途变更管制组成[5];李俊梅等认为土地用途管制是借助相关规划手段,依据土地类型、用途或功能,划分土地利用类型区、实行分区管制的政策[6];秦嗣彦等将土地用途管制分为农业用地区管制、建设用地区管制和未利用土地区管制三类[7]。

2. 我国土地用途管制制度的发展背景

(1)土地基本国情和经济转型期用地需求决定。

我国土地的基本国情是人均土地资源占有量少,耕地资源稀缺,且土地实行公有制。20世纪90年代以来,我国处于城乡经济快速转型期,社会经济发展迅速,用地需求大幅度增加,土地利用变化频繁,如果对土地使用用途不加以管制,生存和发展将受到严重威胁。此外,我国的耕地资源尤其优质耕地十分贫乏,然而城乡经济转型及快速城市化进程中优质耕地面积大量减少,土地利用粗放而不经济的现象突出。近30年在经济飞速发展的同时,出现城市规模的盲目蔓延扩张、优质耕地资源大量减少的严峻形势。为保护有限的土地资源,保证社会经济的可持续发展,建立土地用途管制制度显得必要和迫切。

（2）地方政府在土地财政等利益驱动下非法批地、用地。

土地资源的稀缺性势必造成各产业活动之间用地竞争的产生。就土地利用比较利益而言,农地改作非农业使用后的收益能力远大于农业收益能力。根据竞争使用原则,任何优良农地都可能改变为非农使用。因此,部分地方政府在经济利益的驱动下,用"化整为零"或"下放土地审批权"等办法非法批地和用地[8],导致农用地,特别是耕地大量转变为建设用地,耕地保护形势日趋严峻,分级限额审批用地制度已不能适应新形势下土地管理的要求。为此,1998年《土地管理法》进行了重新修订,显著特征是确立了土地用途管制制度。与经济政策、投资等调控手段相比,该制度具有强制性、严肃性、直接性、权威性等特点,其基本目标是实现土地利用整体效益最大化;保护耕地;消除土地利用中不利的外部性影响,保护环境。其中,保护耕地是核心目标。

（3）国外土地用途管制制度的经验借鉴及影响。

土地用途管制是世界上一些国家和地区广泛采用的土地管理制度,在优化土地资源配置、提高土地利用率、有效保护耕地和自然生态环境、控制城市规模扩张等方面成效明显。例如,英国为加强对土地利用的中央集权化管理,从1968年开始就对农业用地向非农用地转化进行必要的限制,将城镇建设、工矿建设及其他占用涉及国家整体和长远利益的用地项目的审查、批准权收归国家控制[8]。然而,英国的土地用途管制主要不是通过规划限制而是通过是否授予土地发展权来进行管制[9]。20世纪初以来,美国采用土地使用分区管制制度来规范土地的使用与开发,管制城市建设的密度与容积[10]。主要包括两个方面的内容:第一,以控制土地使用密度与容积为核心的土地用途管制;第二,以控制城市规模的不断扩大、保护农地为核心的土地用途管制。通过土地发展权的转让,在土地受限制区和可开发区之间架起了调节这两类地区因土地用途管制而产生的利益不均衡的市场协调机制[11]。

综上可知,我国土地用途管制制度的产生是在内部压力和外部环境的共同作用下产生的。其中内部压力来自土地基本国情和日益增长的土地需求等,外部环境主要是国外土地用途管制的成功经验。

二、土地用途管制下相关利益群体非均衡的理论基础

1. 区域发展理论

主体功能区是我国区域发展理论的创新,其突破了传统的以行政区或空间区位为地域单元谋发展的理念,确定了区域的主体功能是社会的、经济的、还是生态的,从而有利于区域因地制宜地发展。然而,在限制开发和禁止开发管制区域内实行了严格的土地利用限制政策,强化管制区域增强农业综合生产能力、保护和修复生态环境的职能和定位。因而,受限区域因无偿承担保证国家粮食安全和保护生态环境的重任而丧失了地区经济发展的机会,土地资源得不到最大程度的开发利用,与优化、重点开发区的工业化程度、城市化水平、产业结构状况、人均经济收入状况以及财政状况都有很大的差异,一定程度弱化了受限区土地用途管制制度的实施效果。

2. 外部性理论

外部性理论是经济学术语。外部性亦称外部成本、外部效应或溢出效应。我国在限制开发区和禁止开发区内实行了严格的土地用途管制政策。土地用途管制的实施,确保了生态环境的可持续利用和经济的可持续发展,对区域外产生了正的外部性,获益的是区域内外的所有个体。然而,区域内的成员因无偿承担保证国家粮食安全和保护生态环境的重任而丧失了地区经济发展的机会,土地资源得不到最大程度的开发利用,与优化、重点开发区的工业化程度、城市化水平、产业结构状况、人均经济收入状况以及财政状况都有很大的差异,削弱了受限区土地用途管制制度的实施效果。

3. 福利非均衡理论

土地用途管制在一定程度上解决了土地利用粗放、不经济、耕地面积大量减少等状况。然而,规划管制给农田、森林、文化古迹、自然保护区、环境敏感地等土地的发展带来的限制也不容忽视,并由此造成该地区相关权利群体的福利损益。这种现象,发达国家早在20世纪中期就有关注,认为规划管制会导致不同土地利用分区利益群体福利的非均衡,给发展受限地区相关群体带来福利损失及发展机会的限制。代表性的观点,诸如农业经济学家Gardner质疑美国农地保护政策的有效性,指出农地保护会对土地所有者产生"暴利"和"暴损"的福利非均衡问题[12];Thompson指出,政府部门对于限制发展地区财产权进行的管制政策,会出现限制发展地区相关群体利益"暴损",以及非受限土地的"暴利"现象[13]。

4. 土地发展权理论

土地发展权最早源于采矿权,可与土地所有权分离而单独出售,指对土地在利

用上进行再发展的权利,包括在空间上向纵深方向发展,在使用时变更土地用途之权[14]。在我国土地用途管制背景下,限制开发区和禁止开发区的土地利用方式会受到一定程度的限制,土地发展权得不到完全实现,其虽然能给社会的生态环境带来效益,但却使管制地区丧失了一些经济发展机会,给地方政府、基层经济组织、企业及农民等相关权利主体带来不同程度的经济损失及发展受限。此外,传统的分区管制制度下,一方面,被限制发展地区的权利人因为政府行使"警察权"而得不到补偿,遭受了巨大的损失;另一方面,被规划为可发展地区的主体,因为高密度的发展而获得巨大收益,造就了暴利和暴损的不公平局面。

三、发展受限下相关利益主体福利非均衡的表现分析

1. 发展受限下地方政府福利非均衡的表现分析

（1）无偿地承担粮食安全和生态保护的责任。

在限制开发区和禁止开发区内实行严格的土地用途管制政策,从国家宏观层面上来说,有效地阻滞了建设占用耕地的速度,对于缓解人地矛盾,保证粮食安全,有积极作用。如张全景等[15]以农业大省山东省为例,对土地用途管制在耕地保护中的绩效进行定量研究,表明实施土地用途管制后,山东省 1998～2002 年共节约建设占用耕地 80 430.48 hm²。此外,郭琳等[16]通过分析 1998～2005 年建设占用耕地面积和城市发展水平之间的关系,发现基本农田保护和土地用途管制已逐渐显出积极效果。然而,从地方政府的层面来说,更多的是考虑局部利益及短期利益,保护耕地不利于地方经济的发展。

此外,我国一方面要求严格保护耕地资源,但另一方面,对实行严格耕地保护的地方,缺乏应有的激励政策或措施;相反,一些地方由于过多占用耕地发展经济,提高了 GDP 和社会就业水平,官员可能被提拔重用[17]。因此,从实践奖励方式来看,对严格执行土地用途管制以保护耕地的官员实行的是负激励,而对未严格执行用途管制政策的官员实行的是正激励。地方政府的福利损失势必会影响其执行的积极性,最终削弱土地用途管制所能带来的成效。

（2）土地用途变更受限,丧失地方经济发展的机会。

2010 年 6 月 8 日发布的《全国主体功能区规划》按开发方式,将国土空间划分为优化开发、重点开发、限制开发和禁止开发区域。其中,在限制开发区和禁止开发区内实行了严格的土地用途管制政策,规定其为限制进行大规模、高强度、工业化、城镇化开发的农产品主产区或重点生态功能区。由于受限地区的土地利用方式受到了一定的限制,因而,会丧失一些经济发展机会,但却能给社会的生态环境带来正的外部性。综上所述,农地保护难以实现经济效益,农业市县往往是贫困市县,保护农地意味着放弃发展机会的现实窘境,促使一些地方政府和利益集团在信

息不对称条件下规避农地保护责任,追逐短期经济效益。

2. 发展受限下农户福利非均衡的表现分析

土地规划和用途管制以限定农业经营者的土地利用方向、牺牲农业经营者的利益为代价[18]。土地用途管制在保护耕地方面起到积极的作用,农民作为耕地的使用和保护的直接主体,在土地利用方式及发展权利上受到一定限制,具体表现如下:

(1) 无偿负担资源环境保护的成本。

20 世纪 90 年代以来,针对城市化进程及耕地资源流失速度加快问题,我国政府采用土地用途管制及分区规划等相关制度措施强化对耕地资源的保护。但在管制制度执行的同时,却缺乏考虑相应的补偿制度,或仅有间接的补偿政策(例如,对粮食主产区及环境敏感地区因保护农地生态环境而牺牲的发展机会成本,或承受历史遗留的生态环境问题的成本间接给予一定的经济补偿或财政转移政策倾斜等),政策的不完全造成社会不公或滋生寻租行为。然而,我国现行的农地保护制度多作为行政任务执行,农田保护给社会带来的粮食安全、环境保护效益为周边地区乃至全社会共享,保护的成本却由行为者承担,保护者或保护地区未得到相应的补偿,缺乏应有的激励机制或作用,存在"搭便车"和"政策失效"的现实困境。尤其,农地保护的利益分配机制存在缺陷,保护权责利关系不等,致使经济发展地区和粮食主产区、环境敏感地区之间面临着生态环境与经济利益分配关系的扭曲,制约着农地保护的进程及地区间的和谐发展。

在人口尚不能完全自由转移的时期,限制开发区和禁止开发区的发展受到限制,不仅不能充分享受发展带来的收益,反而要负担资源环境保护的成本,而环境保护地区之外享用环境资源保护利益却不必付出费用,免费享受环境资源保护的外部效益,有违社会公平与正义。因此,为了提高分区效率,避免土地持有者抗争,应对由于使用限制而导致土地价值减少的区域进行补偿[19]。

(2) 依靠农地获得的收益较少。

根据竞争原则,比较经济效益低的土地用途必然存在向经济效益比较高的土地用途转化的内在冲动。土地是社会经济活动的重要载体,社会经济的发展离不开对土地的开发利用,由于工业、商业用地的经济效益远高于其他类型土地,若采用效率优先的原则,必然会引起农地、生态用地等大规模地转化为工、商业用地;然而,土地用途管制下,发展受限地区的土地利用方式受到限制,不能按照最优利用方式开发土地。因此,农地保护难以实现经济效益,农业市县往往是贫困市县,保护农地意味着放弃发展机会。

(3) 丧失了农地的发展权。

国际上关于土地发展权的定义比较统一,是指对土地在利用上进行再发展的权利,包括在空间上向纵深方向发展、在使用时变更土地用途之权[20];农地发展权是土地发展权的重要组成,国内研究多数将农地转为非农建设用地的增值部分作为农地发展权价值[21]。例如,任艳胜等[22]对湖北省宜昌、仙桃部分地区的农地发展权价值进行测算,得出结果 1526 亿元,约占农地总价值(1927 亿元)的 79.2%,远大于农地农业用途总价值 400.6 亿元。然而,主体功能分区采取生态环境保护政策,将部分生态用地、基本农田等划入保护范围,限制转移了不符合各区主体功能要求的土地开发,必然导致保护区域内农地开发价值减少,丧失农地的发展权,影响当地农民的福利。

第二节　基本农田规划管制下农民的土地发展权受限表现分析
——以江夏区五里界镇为实证

　　规划管制是政府干预资源配置的重要手段和政策工具,从公共利益均衡和提高社会福利水平的角度弥补市场失灵及其缺陷。20 世纪 60 年代以来,欧美等发达国家关注土地用途管制及分区规划等规制政策给土地发展受限地区相关群体带来的福利损益效应,重视规划管制对居民健康、财产价格及开敞空间产生的溢出效应及影响[23-24]。相关研究认为规划管制具有矫正外部性、提供公共财物、公开资讯和降低土地开发交易成本等基本功能,但同时也存在失灵和低效率的争议,存在土地发展受限时如果没有得到相应补偿,会激发土地所有者的寻租行为及不正当动机的产生,造成土地利用的低效[25-27]。实践方面,在一些发达国家土地发展受限得到相应经济补偿已成明文规定及不争事实。例如,英国通过土地补偿法案直接对财产所有者的规制损失进行补偿,荷兰也明确规定补偿规划给居民土地财产权带来的负外部性及经济损失。20 世纪 90 年代以来,针对耕地资源流失速度加快的基本形势,我国实施土地利用总体规划、土地用途管制及基本农田保护区规划等严厉的管制制度及措施不断强化对优质农田的保护及管理[28]。然而,采取禁止性或限制性强的规划管制制度,严格限制或剥夺管制区域内相关群体使用资源和空间的权利,会对发展受限地区农民等权利主体的土地发展权限产生影响,并带来机会及利益的损失[29-32]。基本农田保护具有显著的正外部性,其产生的粮食安全、环境效益为周边地区乃至全社会共享,保护成本却由保护地区或保护者承担且未得到相应的补偿,缺乏应有的激励机制或作用,存在"搭便车"和"政策失效"的现实困境。同时,基本农田实行严格的管制政策及保护措施,保护区的设立在一定程度上使得区域内土地发展权利受到限制,给管制区域农民、农村集体经济组织等相关群体带来机会及利益损失。因此,如何设计激励相容的基本农田经济补偿机制和移转制度,通过制度优化提高政府规划管制效率,是政府亟待解决、学术界关注的重要课题。近期一些研究也尝试从理论上、经济机理上探索基本农田保护补偿机制的构建[28,33-34]，认为补偿机制的建立有助于弥补基本农田规制政策失效及减轻规划管制对农民土地发展权的影响。同时，一些发达地区及城市（如四川省成都市、上海市闵行区、广东省佛山市南海区、浙江省海宁市及江苏省苏州市等），也相继以经济补偿或生态补偿的形式直接对农民保护基本农田提供 3000～7500 元/（hm² · a）不等的直接补贴，在激励调动农民、农村集体经济组织保护基本农田的积极性方面取得一定成效。本节从规划管制带来土地发展权限制性损失的研究视角出发，以武汉市城乡交错区五里界镇基本农田保护区为例证，实地调研分析了管制区域农民对于基本农田规划管制下土地发展权受限的认知、态度及差异，运用期望值函数测算出规划管制给区域内农民土地发展权限带来的影响及损失，为政府设计激励相容的基本农田补偿机制和移转制度，通过制度优化提高规划管制效率提供参考依据及政策建议。

一、数据来源及样本特征

1. 研究区域

五里界镇位于江夏区东部，东与华中 55 万伏超高压变电站毗邻，紧邻宜（宜）—黄（石）高速公路，南同湖北省唯一无污染淡水湖梁子湖相连，京珠、沪蓉高速公路及武汉市南环公路纵贯东西，北与武汉市东湖新技术开发区接壤，西沿纸五公路距江夏区纸坊街 11 公里。土地面积 224.21 平方公里，总人口 4.3 万人。2010年 5 月 28 日，武汉市东湖新技术开发区与江夏区签订区域托管协议，五里界街蔡王、吴泗、方咀、檀树岭、联益、张湾、大屋陈、星火、罗立、白湖、牛山、何头咀、青山13 个行政村，及大屋陈社区、大屋陈茶场、凤凰山五十万伏变电站、大坝养殖场、沙咀湖养殖场、箔咀湖、牛山湖、豹澥后湖纳入托管区域。调研涉及五里界镇的 36 个村庄，其中东湖街村、唐涂村、肖榨坊村、檀树岭村等 33 个行政村有征地活动发生，仅张家湾、联益和中洲 3 个行政村没有发生征地活动，征地活动基本覆盖全镇，正处于高速开发阶段，土地开发利用活动剧烈。征地后土地开发用途多样，主要转用类型为交通用地、生态旅游用地、工业用地和居住用地。从户均征地面积和频数来看，45.98％的农户被征地面积超过 1 亩，10.92％的农户累计征地面积超过 10 亩，29.88％的被征地农民面临多次征地，征地活动频繁。五里界镇作为武汉市土地征收活动较为频繁的城乡结合部，大量优质高产耕地及基本农田被转用为非农建设用地，农田保护与经济发展的矛盾突出。在基本农田保护区规划制度框架下，土地开发活动对农田保护带来冲击和影响，为此选择城乡交错区研究基本农田规划管制对农民土地发展权及利益影响有一定的代表性。本节在实地调研获取数据的基础上，详细了解基本农田保护区内农民的收入来源、资源禀赋、种植结构及收入状况,分析农民对基本农田保护规划对其土地发展权限影响的认知及潜在影响,测算规划管制下禁止农田建房、建坟、发展林果业、挖塘养鱼及闲置等土地用途管制对农民土地发展权带来的受限损失。

2. 抽样调查

2010 年 7 月至 8 月课题组采取全面调查与随机抽样相结合的方法在武汉市江夏区五里界镇进行实地问卷调研,涉及该镇的 36 个行政村。样本抽取时结合农户的性别、年龄、文化程度、家庭收入、种植面积、兼业类型等基本特征,采取面对面访谈的方式随机抽取,调研设计问卷 200 份,回收有效问卷 174 份,有效率 87%。有效农户样本中有 11 户农民所在的村庄已基本没有农田,51 户农民所在村庄仍有少量农田,112 户农民所在村庄仍有较多农田,占样本的 64.37%。调查内容主要包括:①受访农民的基本社会经济特征。包括受访农民的年龄、性别、文化程度、家庭收入、农业耕种、农业补偿等基本情况。②受访农民对基本农田保护政策及规划管制影响的认知。具体涉及受访农民对基本农田保护政策的认识程度、规划的知情权及参与程度的分析,土地用途管制给土地发展权及家庭收入带来影响的认识,以及农民对土地发展权受限的态度三方面的问题。③规划管制给农民带来的可能限制性损失分析。调研基本农田保护区内土地用途管制给农民家庭收入带来的影响及预期的损失额度,分项测算出禁止农田建房、建坟、挖砂、采石、采矿、取土、堆放固体废弃物、发展林果业、挖塘养鱼和闲置荒芜等活动给家庭收入带来的影响及预期损失,以及在缺乏管制时农民开展相应活动的可能性。

3. 样本特征

受访农民的样本特征见表 2-1,以男性略多,占样本的 66.09%;40~60 岁的农民为主,占 55.74%;文化程度多在小学及初中,占 71.84%;87.36% 为普通农民,从未担任过村干部;户均拥有水田 2.45 亩,旱地 2.3 亩。受访农民中有 122 户土地被征收过,占样本的 70.11%;征地年份从 1976 年以来便有,其中 2005 年以来征收活动较为频繁,占被征地农民样本的 68.85%;土地征收后,有 17 户农民完全失去土地,占被征地农户样本的 13.93%,绝大多数的农民属于部分失地。

表 2-1 江夏区五里界镇受访农民的基本特征分析

变量	频数	比例/%	变量	频数	比例/%
①性别	174	100	40~60 岁	97	55.74
男	115	66.09	>60 岁	38	21.84
女	59	33.91	③文化程度	174	100.00
②年龄	174	100.00	小学及以下	80	45.98
<40 岁	39	22.41	初中	68	39.08

续表

变量	频数	比例/%	变量	频数	比例/%
高中及以上	26	14.94	1～3 亩	47	32.41
④村干部	174	100.00	3～5 亩	42	28.97
是	22	12.65	5～7 亩	21	14.48
否	152	87.36	7～9 亩	8	5.52
⑤土地面积	174	100	≥9 亩	12	8.28
≤1 亩	31	17.82	⑦旱地面积	135	100
1～5 亩	43	24.71	≤1 亩	12	8.89
5～9 亩	37	21.26	1～3 亩	46	34.07
9～13 亩	35	20.11	3～5 亩	34	25.19
≥13 亩	28	16.09	5～7 亩	20	14.81
⑥水田面积	145	100	7～9 亩	12	8.89
≤1 亩	15	10.34	≥9 亩	11	8.15

二、规划管制下农民对土地发展权受限的认知分析

1. 受访农民的基本农田保护区规划政策及知情权的熟悉程度分析

从农民对基本农田保护政策和规划知情权的熟悉程度分析表明,尽管基本农田保护制度在我国已实施多年,但制度缺乏成效的主要原因在于农民对基本农田保护区规划的基本常识及知情权仍较低,规划的参与力度不足,制度多停留在政策层面,存在农户不知情被动参与、缺乏经济激励机制的现实状况。调查表明,174位受访农民仅有60人听说过基本农田,38人知道国家实行基本农田保护制度,分别占样本的34.48%和21.84%;且仅有16.09%的农民知道国务院对基本农田有征收权限,有18.97%的农民不知道自家农田是否纳入基本农田保护区,说明农民对基本农田规划的知情权不清;有66.67%的农民完全不知道《基本农田保护条例》,有28.16%表示听说过一些,但不了解,4.60%表示了解一些,仅有0.57%表示熟悉。有21.84%的农民知道村里的农田是否划入基本农田保护区,10.34%的农民在村庄农田边看见过基本农田保护的标志牌,7.47%的农民表示知道村集体或村委员会签订过基本农田保护责任书,仅有3.45%的农民签订过基本农田保护责任书。研究表明,尽管基本农田保护制度在我国已实施多年,且有法律保证和实施效力,但绝大多数的农民作为基本农田的直接保护主体仍毫不知情,说明当前保护制度缺乏农民的直接参与,制度的执行多停留在政策层面上。同时,从受访农民的性别、年龄、文化程度及村干部等社会经济特征分析,男性农民对基本农田保护的认

识及参与热情明显高于女性农民的认识程度,分别有 40.87％和 26.96％的男性农民表示听说过基本农田的概念和知道国家实行基本农田保护制度,均明显高于女性农民的相应比例;年龄在 40 岁以下的农民、文化程度在高中以上或担任过村干部的受访农民中,分别有 46.15％、42.31％和 45％的样本听说过基本农田,30％以上的样本知道国家实施基本农田保护制度,表明有一定文化素质和社会经历的农民,尤其青年农民对基本农田保护的认识程度较高。

2. 受访农民参与基本农田保护区规划的态度及原因分析

调研表明,27.65％的受访农民愿意自家的耕地被划入基本农田保护区,20.59％的农民不愿意及 51.76％的农民表示无所谓。其中,愿意自家耕地划入基本农田的受访农民中,有 42.55％是因为"可以较为稳定地从事农业生产",19.15％的农民因为"不容易被政府征收或压占",10.64％出于"能得到一定的补偿",4.26％的农民是因"土地越来越稀少,以后的用途很大"或"保证基本温饱,一辈子不愁"等原因,19.15％的受访农民综合以上多项原因愿意将农田纳入保护区。而不愿意自家耕地划入基本农田的受访者中,有 51.43％因为"耕地被划入基本农田后,种植作物的种类选择范围变小,不能改塘或发展果林",17.14％因为"土地难以被征收,能以获得征收补偿",11.43％因"获得的实际收入比划入基本农田之前降低",8.57％的农民因"基本农田补贴发放到农民手中,但限制较多"等其他原因。研究表明,受访农民愿意将自家承包地划入基本农田保护区的主要原因更多地在希望农田能长期得到稳定种植,农民保有农田浅显的道理中包含了对基本农田存在价值及未来选择价值保护的考虑;同时,禁止挖塘养殖、发展林果业等土地用途管制给农民带来的土地机会收入的损失,也在一定程度上影响到农民参与农田规划、保护基本农田的积极性。

3. 受访农民对土地发展权受限及收入影响的认识分析

长期以来,我国《土地管理法》及《基本农田保护条例》等法律、法规对基本农田实施严格的保护措施,禁止占用基本农田建窑、建房、建坟、挖砂、采石、采矿、取土、堆放固体废弃物或者从事其他活动破坏基本农田。然而,如图 2-1 所示,调查表明江夏区五里界镇在过去及近期仍存在占用农田建房、建坟、取土、堆放固体废弃物等破坏基本农田的活动,存在农业结构调整过程中农户擅自将农田改为鱼塘、果园,以及闲置、荒芜基本农田的现象。在非农建设破坏农田的现象中,当地除挖砂、采石和采矿不存在外,受访农民认为所在村庄农田其他限制活动在过去和近期均有不同程度的发生。其中,分别有 5.78％的受访农户认为近期存在占用农田建房和建坟。同时,29.48％和 32.37％的受访农民认为近期存在村民在农业结构调整过程中擅自将农田改为园地及挖为鱼塘的现象;因农业种植效率较低、家庭劳动力外出务工及老年农业劳动力耕作能力有限等原因,有 55.49％的受访农户认为近期

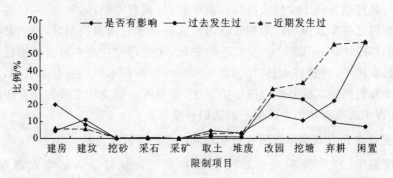

图 2-1　受访农民对基本农田规划管制的影响及实际发生程度的认知分析

所在村庄农田存在闲置的情况。在基本农田用途管制或禁止限制可能会给农民带来的损失方面,除认为当地农田不适合挖砂、采石、采矿、不会带来任何经济损失外,部分农民认为禁止占用基本农田建房、建坟、改园、取土、挖塘、闲置等用途管制上会给家庭收入带来相应的经济损失。尤其在农田闲置、建房、改园和挖塘等方面分别有占样本 10.56%～22.14% 的农民认为会带来一定的经济损失。研究表明,尽管绝大多数的农民不清楚或认为基本农田保护区规划及土地用途管制不会给家庭的经济收入带来影响,但仍有一定比例的农民认为土地用途管制及禁止农田发展林果业、挖塘养鱼及闲置荒芜会给家庭收入带来影响,且在过去及近期的实际工作中存在有农民因农业种植效益较低等原因将农田建房、改园、改塘等土地违法行为。在国家实施严格的基本农田规划管制制度及耕地保护政策的同时,却缺乏配套的补偿机制设计,或仅有间接的补偿政策,政策的不完全造成社会不公或滋生寻租行为,带来相关群体利益分配关系的扭曲。因此,在国家及地方财政资金相对充足的前期下,构建基本农田保护的补偿机制有助于纠正基本农田规制政策失效问题,有利于弥补规划管制对农民土地发展权带来的影响及损失,激励农民主动参与农田保护的积极性。

三、规划管制下农民土地发展权的受限程度分析

1. 测算方法及过程

在《基本农田保护条例》及相关规定中,多次明确规定禁止在基本农田内开展建房、建窑、建坟、挖砂、采矿、取土、堆放固体废弃物、发展林果业、挖塘养鱼及闲置荒芜等活动。基于实地调研,获取样本农民对基本农田规划管制在限制活动上给家庭收入可能带来的损失数额及未限制下农民将农田转用的发生概率数据,结合数学期望值的概念,构建出基本农田规划管制下农民土地发展权的受限损失测算方法。计算过程如下:

（1）计算规划管制下限制农民开展相关活动的潜在机会损失。

首先，设计相关调研问题，分别从基本农田保护区内限制农田开展建房、建窑、建坟、挖砂、采矿、取土、堆放固体废弃物、发展林果业、挖塘养鱼及闲置荒芜等管制活动出发，询问出每位受访样本农民在未考虑规划管制限制情况下开展相关活动可能获取的潜在收益 A_{ij}。然后，根据受访农民的有效样本数量分别计算出未受限制条件下，研究区受访农民在基本农田保护区内开展第 i 项活动将会获得的平均收益，以此替代规划管制下限制农民开展相关活动的潜在机会损失。

$$R_i = \sum_{j=1}^{n} E(A_{ij}) \tag{1}$$

式中，R_i 为受访农民在农田内开展第 i 项活动将会获得的平均收益；$E(A_{ij})$ 为未受限制条件下第 i 项活动中第 j 个受访农民的土地收益期望值；n 为受访农民的有效样本数量。

（2）计算未限制条件下农民开展各项活动的可能性。

$$P_i = \sum_{j=1}^{n} E(P_{ij}) \tag{2}$$

式中，P_i 为未限制条件下受访农民在基本农田内开展第 i 项活动的概率或可能性；$E(P_{ij})$ 为未受限制条件下第 i 项活动中第 j 个受访农民将农田转用的可能性或期望发生概率；n 为受访农民的有效样本数量。

（3）计算规划管制下农民开展各项活动的机会损失额度。

根据受访农民在基本农田保护区内开展 i 项活动将会获得的平均收益 R_i 及未限制条件下农民将农田转用的发生概率，应用数学期望公式计算规划限制下农民的机会损失额度，并作为规划管制下农民期望获得的土地发展权受限的损失补偿。期望值函数是在经济分析中常见、较符合实际情况、简单而又可行的一种科学计算方法。

$$\overline{R_i} = \sum_{i=1}^{m} R_i P_i = E(\mathrm{WTA}_i > 0) \tag{3}$$

式中，$\overline{R_i}$ 为受访农民在农田内将发生概率开展第 i 项活动将会获得的平均收益，以此替代规划管制下禁止农民开展该项活动的机会损失；i 项活动的受访农民数量；$E(\mathrm{WTA}_i)$ 为规划管制下农民对第 i 项土地用途限制所期望的最低受偿意愿。

（4）计算规划管制下土地发展权的平均损失额度

$$S_a = \frac{1}{n} \sum_{i=1}^{n} \overline{R_i} = E(\mathrm{WTA}_a > 0) \tag{4}$$

式中，S_a 为未限制条件下农民将基本农田转用能获得的平均土地收益，作为基本农田规划管制下土地发展权受限的平均机会损失额度;$E(\mathrm{WTA}_a)$为规划管制下农民对土地用途限制期望的平均最低受偿意愿。

2. 规划限制下农民的土地发展权受限损失测算

根据测算方法,调研设计中进一步选取了认为基本农田规划管制活动会对家庭收入产生影响的受访农民,通过构建假想市场询问其在未限制条件下将基本农田转用、开展各项活动可能获取的期望收益或预期收益,以及未限制条件下受访农民期望将基本农田用于建房、建坟、取土、堆放固体废弃物、发展林果业、挖塘养鱼及闲置荒芜的可能性程度及实际发生概率,测算出土地用途管制活动可能给家庭收入带来的损失额度,并作为基本农田保护经济补偿的参考依据。调查表明,除挖砂、采石和采矿在当地不存在外,受访农民中认为禁止基本农田内建房、建坟、取土、堆放固体废弃物会给家庭收入带来一定影响的,分别占样本的 20.23%、8.19%、4.62% 和 3.47%;分别有 14.46%、10.56% 和 22.14% 的受访农民认为禁止自家承包的基本农田用于发展林果业、挖塘养鱼及闲置荒芜会对家庭收入造成影响。基本农田保护政策通过土地用途管制一定程度上禁止和限制了农田用于建房、建坟、取土、堆放固体废弃物、发展林果业、挖塘养鱼及闲置荒芜等活动的发生,对强化农田的数量和质量的保护具有明显的效果和影响。通过构建假想市场调研表明,受访农民认为当不存在《基本农田保护条例》等基本农田保护规划管制政策时,其有将农田用于建房、建坟、取土、堆放固体废弃物、发展林果业、挖塘养鱼及闲置荒芜的可能性,以获取潜在的土地收益。根据样本农民回答的未限制条件下开展各项活动可获取的土地收益及基本农田转用可能性的数据,计算出规划管制下禁止基本农田建房、建坟、取土、堆放固体废弃物、发展林果业、挖塘养鱼及闲置荒芜等规划管制活动可能带来的潜在机会损失及基本农田转用的发生概率,具体见表 2-2。调研数据表明,未受《基本农田保护条例》等规划管制政策限制时,受访农民会将自家的农田用于建房的可能性高达 39.82%,将农田改园、发展林果业的可能性为 44.33%,将农田挖塘养鱼的概率为 35.49%。同时,规划管制下禁止农民将农田用于建房、建坟、取土、堆放固体废弃物、发展林果业、挖塘养鱼及闲置荒芜所带来的土地潜在机会损失为 9308.82～277 071.40 元/hm²,潜在的平均机会损失为 52 390 元/hm²。通过期望值函数的计算过程,分别测算出禁止占用基本农田建房、建坟、改园、取土、挖塘、闲置等用途管制给农民土地发展权带来的平均机会损失额度在 20 680 元/hm²。目前五里界镇基本农田保护区内有 90% 以上受访农民年均农业补贴仅在 1058 元/hm²,远低于基本农田用途管制等限制性活动给农民土地发展权带来的机会损失额度,给管制区域内农民土地发展权带来影响。

表 2-2　规划管制下基本农田保护各项限制活动给农民带来的可能性损失额度

限制项目	潜在机会损失 /[元/(hm² · a)]	实施的可能性 /%	机会损失额度 /[元/(hm² · a)]
建房	277 071.40	39.82	110 329.80
建坟	34 821.43	37	12 883.93
取土	10 031.25	33.16	3 326.36
堆放固体废弃物	9 308.82	45.97	4 279.27
发展林果业	12 241.07	44.33	5 426.47
挖塘养鱼	13 390.63	35.49	4 752.33
闲置荒芜	9 867.19	38.14	3 763.35
均值	52 390	39.13	20 680

相关研究表明,土地用途管制限制了基本农田生产的机会成本,基本农田经济价值损失可以运用政府管制措施纠正市场配置的失灵,并通过经济补偿予以实现,补偿额下限为基本农田利用的机会成本损失[33]。因此,测算出的规划管制下土地发展权受限的机会损失额度,可直接为基本农田保护经济补偿提供参考依据。实地调研数据表明,农田用于建房在非农建设活动中的期望效益最高,以其作为规划管制下农民土地发展权受限机会损失的最高值度量。规划管制下禁止农田建房给农民土地发展权带来的机会损失额度在 110 329.80 元/ hm²。农业结构调整过程中擅自将农田改为园地、挖为鱼塘、闲置荒芜的现象在当地农村近期及过去均存在,是土地用途管制活动中发生频率相对较多的活动,对于反映规划管制下当前农民土地发展权的受限损失及程度有代表性。且实地调研表明,多数农民赞同禁止基本农田建房、建坟、挖砂、取土、采石、采矿、取土或堆放固体废弃物等破坏土壤结构的行为发生,但认为可以将农田改植果树、经济林木、挖塘养鱼或闲置荒芜,说明在基本农田保护现实状况中多数农民并未意识到农田改植果树、经济林木、挖塘养鱼或闲置荒芜管制的存在。因此,在当前以农民认识相对淡薄、日常管制工作中发生频率较高的限制农田发展林果业、挖塘养鱼及闲置荒芜,作为规划管制土地发展权受限的测算依据是较为合适的。以农业结构调整中农田用于发展林果业的限制性损失作为测算依据,基本农田存在禁止农田用于发展林果业、挖塘养鱼及闲置荒芜等土地用途管制时,平均每年给农民造成的经济损失为 3763.35~5426.47 元/ hm²,可作为该地区基本农田保护经济补偿的参考范围。该机会损失额度与我国近年一些发达地区和城市提供的基本农田保护的直接补贴(3000~7500 元/hm²)接近,一定程度上说明测算结果符合实际、具有执行操作可能性,有一定现实依据和参考价值。

四、主要结论

在我国基本农田承担着重要且复杂多样的职能，不仅提供食物、纤维等实物产品，是"口粮田"、"保命田"，还提供开敞空间、景观、文化服务等非实物型生态服务，是区域重要的生态屏障。然而，对基本农田实行严格的管制措施，基本农田保护区的设立在一定程度上使区域内土地的发展权利受到限制，给管制区域农民等相关群体带来机会及利益损失。以武汉市城乡交错区五里界镇基本农田保护区为例证，从规划管制带来土地发展权限制性损失的研究视角出发，实地调研分析了管制区域农民对于基本农田规划管制下土地发展权受限的认知、态度及差异，运用期望值函数测算出规划管制下禁止农田建房、建坟、发展林果业、挖塘养鱼及闲置等土地用途管制对农民土地发展权所带来的受限损失，探讨基本农田保护区规划对于管制区域内农民土地发展权限带来的影响。研究表明：①基本农田规划管制对保护区内农民的土地发展权带来的限制性影响主要体现在土地用途管制和生产自主性的限制上，尽管我国《基本农田保护条例》等相关制度已实施多年，但绝大多数的农民作为基本农田的直接保护主体对基本农田保护及相关政策的了解不多，对基本农田保护区规划的知情权及参与程度不足，基本农田保护政策仍多停留在制度层面；从受访农民对于基本农田规划管制下土地发展权受限的认识方面，虽然大多数农民不了解或不知道基本农田保护相关的政策，但是绝大部分农民知道不可以在自家承包或租种的农田内进行建房、建窑、建坟、挖砂、采矿、取土、堆放固体废弃物等一系列破坏耕地的活动，但对于禁止将基本农田用于发展林果业、渔业或任意闲置、荒芜的认识仍较薄弱；虽然目前仅有少数受访农民认为自家承包的耕地被划入基本农田保护区后土地耕种会受到限制及影响，但仍有一定比例的农民认为土地用途管制及禁止农田发展林果业、挖塘养鱼及闲置荒芜会给家庭收入带来影响，且在过去及近期的实际工作中也存在有农民因农业种植效益较低等原因将农田建房、改园、改塘等土地违法行为。构建基本农田保护的经济补偿机制有助于弥补基本农田规制政策失效，及减轻规划管制对农民土地发展权带来的影响及损失，对激励农民参与农田保护的积极性显得必要。②基本农田区相对于一般农田区土地用途受到严格的限制及管制，从禁止基本农田建房、建坟、取土、堆放固体废弃物、发展林果业、挖塘养鱼及闲置荒芜等规划管制活动出发，给农民可能带来的平均损失额度在 20 680 元/hm²；将基本农田用于发展林果业、挖塘养鱼和闲置荒芜是农户认识相对淡薄、日常管制工作中发生频率较高的土地违法行为，以其发生频率及潜在机会损失作为测算依据，农民土地发展权的年均机会损失额为 3763.35～5426.47 元/hm²。基本农田保护的严格保护在一定程度上侵害或转移农地发展权，给发展受限地区相关群体带来机会及利益损失。因此，借鉴发达国家和地区保护优质农田的成功经验，从制度层面上探究和构建基本农田保护的补偿机制，提出基本农田保护的适宜经济补偿标准,切实维护农民基本权益,建立可操作的量化模式,对于加强基本农田保护工作、促进土地资源可持续管理至关重要。

第三节　基于社会经济与政策耦合视角的土地用途管制绩效评价

一、土地用途管制绩效分析说明

1. 相关利益群体经济福利状况分析

土地用途管制作为实现社会整体利益的宏观措施,是中央政府采取的一项强制性制度安排,其实施成效如何在很大程度上依赖于多数地方政府、利益集团与农民群体的策略行为[35]。因此,地方政府、利益集团和农民是土地用途管制制度实施成败的主要影响因素。如何进行恰当的政策引导和合适的制度供给是促进政策有效实施的重要举措。此外,由于我国处于社会主义初级阶段,因而促进经济发展仍然是重中之重,相关利益群体的经济福利状况是决定其行为的首要因素。

(1) 政府经济福利状况分析。

政府经济福利状况的分析主要用地方政府的财政收入来衡量,我国 1996～2010 年的地方政府财政收入变化情况具体见表 2-3,其中为了消除价格影响,将地方政府的财政收入根据消费者价格指数折算为 1978 年可比。

表 2-3　我国 1996～2010 年地方政府财政收入变化情况

年份	地方财政收入/亿元	居民消费价格指数(1978 年＝100)	修正后地方财政收入/亿元
1996	3 746.92	429.9	871.58
1997	4 424.22	441.9	1 001.18
1998	4 983.95	438.4	1 136.85
1999	5 594.87	432.2	1 294.51
2000	6 406.06	434	1 476.05
2001	7 803.30	437	1 785.65
2002	8 515.00	433.5	1 964.24
2003	9 849.98	438.7	2 245.27
2004	11 893.37	455.8	2 609.34
2005	15 100.76	464	3 254.47
2006	18 303.58	471	3 886.11

年份	地方财政收入/亿元	居民消费价格指数（1978年=100）	修正后地方财政收入/亿元
2007	23 572.62	493.6	4 775.65
2008	28 649.79	522.7	5 481.12
2009	32 602.59	519	6 281.81
2010	40 613.04	536.1	7 575.65

由修正后的地方政府财政收入可知,土地用途管制实施以来,我国地方政府的财政收入持续上升,2010年我国地方政府财政收入达到7575.65亿元,约为1996年财政收入的9倍,财政收入的提高是政府执行政策的直接动力。

此外,结合我国粮食分区,分析我国31个省1996～2010年的财政收入及其变化情况,具体见表2-4。

表2-4　中国各粮食分区的政府财政收入变化情况

粮食分区	省份	地方政府财政收入/万元		
		1996年财政状况	2010年财政状况	财政收入增长%
主产区	河北、内蒙古、辽宁、吉林、黑龙江、江苏、安徽、江西、山东、河南、湖北、湖南、四川	4 434 675.04	36 480 693.90	722.62
主销区	北京、天津、上海、浙江、福建、广东、海南	3 029 337.75	27 689 442.27	814.04
产销平衡区	山西、广东、重庆、贵州、云南、西藏、陕西、甘肃、青海、宁夏、新疆	1 389 726.22	11 586 345.83	733.71

粮食主产区、主销区和产销平衡区的地方政府财政收入均有大幅度提高,增长幅度均达到700%以上。然而,不同粮食分区的收入增长幅度存在较大差异,其中主销区的增幅最大,其次为产销平衡区,主产区的增幅相对来说最小。因而,从政府角度来说,实施土地用途管制不利于政府财政收入的增长,其积极性也会相应地削弱。

(2)农民经济福利状况分析。

作为理性经济人,我国农户粮食生产经营决策以追求效益最大化为目标。但是,由于经营规模小、经营范围分散、专业化不强,因此也具有发展中国家农户的一般特征,即经营行为的二元性。农户既是一个经营组织,又是一个消费单位,在市场不完备情况下,消费决策会影响到农户决策行为。由于农户消费具有"短视性"和"平滑性",而收入具有风险性和不确定性,对高收入的追求和收入的过分波动会影响消费和生产决策,不利于农地的保护和有效的农地农用。因此,保障农民收入的稳定增长是土地用途管制有效实施的保证。近年来我国农户的人均年纯收入情况具体见表 2-5,同样对农户的人均年纯收入进行修正。

表 2-5　我国农户的人均年纯收入变化情况

年份	人均年纯收入/元	人均纯收入指数(1978＝100)	修正后人均年纯收入/元
1996	1926.10	418.10	460.68
1997	2090.10	437.30	477.96
1998	2162.00	456.10	474.02
1999	2210.30	473.50	466.80
2000	2253.40	483.40	466.16
2001	2366.40	503.70	469.80
2002	2475.60	527.90	468.95
2003	2622.20	550.60	476.24
2004	2936.40	588.00	499.39
2005	3254.93	624.50	521.21
2006	3587.00	670.70	534.81
2007	4140.40	734.40	563.78
2008	4760.62	793.15	600.22
2009	5153.17	860.57	598.81
2010	5919.01	954.37	620.20

根据修正后的结果可知,农户的人均年纯收入在波动中上涨。土地用途管制实施以来,农户的人均纯收入整体趋势是逐步增长,但是增长过程是波动的,说明农户的收入仍具有风险性和不确定性,这不利于土地用途管制的实施。

此外,结合我国粮食分区,分析 31 个省 1996～2010 年的农户人均纯收入及其变化情况,具体见表 2-6。

表 2-6　中国各粮食分区修正后的农户人均年纯收入变化情况

粮食分区	省份	农户人均年纯收入/元		
		1996 年收入状况	2010 年收入状况	收入增长%
主产区	河北、内蒙古、辽宁、吉林、黑龙江、江苏、安徽、江西、山东、河南、湖北、湖南、四川	4866.84	8392.00	72.43

粮食分区	省份	农户人均年纯收入/元		
		1996 年收入状况	2010 年收入状况	收入增长%
主销区	北京、天津、上海、浙江、福建、广东、海南	4570.53	7251.92	58.67
产销平衡区	山西、广东、重庆、贵州、云南、西藏、陕西、甘肃、青海、宁夏、新疆	3014.53	4906.78	62.77

主产区、主销区和产销平衡区的农户人均纯收入均有增长趋势,15 年间分别增长了 72.43%、58.67% 和 62.77%。其中,主产区的增幅最大,增幅最小的是主销区,产销平衡区介于两者之间。说明实施土地用途管制并没有对粮食主销区的农户收入发挥太大作用,因为主销区的农户已经基本上不再依赖农业收入,土地用途管制的实施在一定程度上可能会减少农户的经济收入。而粮食主产区农户的收入主要依靠农业,在土地用途管制下,农业得到大力扶持,农业收入明显增长,从而增加了农户的经济收入。

2. 管制依据——土地利用总体规划的实施状况

土地利用总体规划是土地用途管制的前提和依据,规划的实施效果直接影响土地用途管制制度的绩效。我国土地利用总体规划的目的是实现耕地总量动态平衡,衡量的主要指标是,规划期内的建设新占耕地面积、补充耕地面积和净增耕地面积[35]。鉴于此,本节选用耕地和建设占用耕地两个指标来反映土地利用总体规划的实施情况,具体指标值见表 2-7。

表 2-7 我国近年来的耕地面积及建设占用耕地变化情况

年份	耕地面积/千公顷	年增长/%	建设占用耕地/千公顷	建设占用/%
1997	129 903.10		192.30	0.148 0
1998	129 642.10	0.200 9	176.20	0.135 9
1999	129 205.50	0.336 8	205.26	0.158 9
2000	128 243.10	0.744 9	163.26	0.127 3
2001	127 615.80	0.489 1	163.65	0.128 2
2002	125 929.60	1.321 3	196.50	0.156 0
2003	123 392.20	2.014 9	229.11	0.185 7
2004	122 444.30	0.768 2	292.80	0.239 1
2005	122 066.70	0.308 4	212.11	0.173 8
2006	121 775.90	0.238 2	258.54	0.212 3

年份	耕地面积/千公顷	年增长/%	建设占用耕地/千公顷	建设占用/%
2007	121 735.20	0.033 4	188.29	0.154 7
2008	121 715.90	0.015 9	191.57	0.157 4

由表 2-7 可知,耕地面积逐年减少的趋势没有改变,由 1997 年的 129 903.1 千公顷减少到 2008 年的 121 715.9 千公顷,年均减少 744.29 千公顷。然而,耕地面积减少的速度有所不同,其中,1997～2004 年为耕地加速减少期,6 年间耕地面积减少 7197.8 千公顷,年均减少 1199.633 千公顷;2005～2010 年为耕地缓慢减少期,6 年间耕地面积减少 711 千公顷,年均减少仅为 118.5 千公顷,说明土地利用总体规划在保护耕地方面发挥了一定的作用。从建设占用耕地的情况来看,近年来的建设占用耕地情况没有得到改善,其中 2004 年的建设占用耕地面积占耕地总面积的 0.2391%。

同样,结合我国粮食分区,分析 31 个省的耕地面积及建设占用耕地变化情况,具体见表 2-8。

表 2-8　耕地及建设占用耕地面积变化情况

粮食分区	省份	耕地、建设占用耕地(千公顷)及其变化		
		1999 年	2008 年	增长%
主产区	河北、内蒙古、辽宁、吉林、黑龙江、江苏、安徽、江西、山东、河南、湖北、湖南、四川	75 151.08 120.54	78 451.91 110.07	4.39 −8.69
主销区	北京、天津、上海、浙江、福建、广东、海南	8 445.48 31.70	7 687.02 44.14	−8.98 39.23
产销平衡区	山西、广东、重庆、贵州、云南、西藏、陕西、甘肃、青海、宁夏、新疆	38 998.74 53.01	35 897.43 37.36	−7.95 −29.53

由表 2-8 可知,只有粮食主产区的耕地面积增长了 4.39%,主销区和产销平衡区的耕地均有减少趋势,其中,主产区的减少幅度较大,为 8.98%。建设占用耕地方面,只有主销区的占用面积增长了 39.23%,主产区和产销平衡区的占用面积均有减少趋势,分别减少 8.69% 和 29.53%。粮食主销区大多为中国的经济中心城市和沿海发达城市,土地利用效率最高,占用耕地的驱动力最大。粮食产销平衡区多为经济相对落后的西部地区以及农业生产条件较为恶劣或有特殊饮食习惯的地区,土地利用较为粗放,建设占用的驱动力最小。粮食主产区大多农业生产条件较为优越,农业生产水平较高,然而近年来,经济发展速度较快,土地竞用越来越激烈,建设占用驱动力居中。

3. 管制目标——耕地保护效果分析

从基本态势看,由表 2-7 可知,我国耕地面积逐年减少的趋势没有改变,但耕地面积减少的速度有减缓趋势。我国近几年来日益重视耕地保护,加上土地用途管制的实施,使耕地占用成本进一步上升,单位国民经济产值的耕地占用数量不断减少,对耕地资源保护产生了一定的积极效应。但从总体上看,国内生产总值和固定资产投资额的增长必然使耕地面积减少。然而,从空间上看,不同地区的耕地面积变化情况有所差别,其中粮食主产区的耕地面积有增长趋势,由 1999 年的75 151.08 千公顷上升到 2008 年的 78 451.91 千公顷,增长了 4.39%,与此同时,主销区和产销平衡区的耕地面积均有减少趋势。

从耕地减少的结构看,土地用途管制对建设占用控制作用不够明显。近年来的建设占用耕地情况没有得到改善,其中 2004 年的建设占用耕地面积达到耕地总面积的 0.2391%。同样,从空间看,主销区的建设占用情况非常严重,增长了39.23%,另外两个区的建设占用耕地情况均得到明显改善。

二、基于社会经济与政策耦合视角的土地用途管制绩效评价

土地用途管制的核心是保护耕地,根据我国 1996~2010 年耕地面积变化情况(表 2-9)可以将该时间段划分为三个阶段。

可以看出,1996~2010 年规划期间的耕地变化趋势是分阶段的,其中 1996~1998 年为一个阶段(耕地缓慢减少期),期间耕地面积减少 397.1 千公顷,年均减少约 198.55 千公顷;1999~2004 年为一个阶段(耕地加速减少期),6 年间耕地面积减少 7197.8 千公顷,年均减少 1199.633 千公顷;2005~2010 年为一个阶段(耕地缓慢减少期),6 年间耕地面积减少 711 千公顷,年均减少 118.5 千公顷。在此基础上,分别选择各阶段指标的年均水平作为指标分值,进行绩效评价。

表 2-9   我国 1996~2010 年耕地面积变化情况

年份	耕地面积/千公顷	年增长/%	年份	耕地面积/千公顷	年增长/%
1996	130 039.2		2004	122 444.3	0.768 2
1997	129 903.1	0.104 7	2005	122 066.7	0.308 4
1998	129 642.1	0.200 9	2006	121 775.9	0.238 2
1999	129 205.5	0.336 8	2007	121 735.2	0.033 4
2000	128 243.1	0.744 9	2008	121 715.9	0.015 9
2001	127 615.8	0.489 1	2009	120 498.7	−0.007 2
2002	125 929.6	1.321 3	2010	119 354	−0.007 1
2003	123 392.2	2.014 9			

（一）城市经济社会与政策发展耦合机制研究

1. 评价指标体系确定

评价土地用途管制制度绩效不同于评价政府行政绩效，应该更多地从客观尺度方面来衡量，从目前条件而言，我们客观分析的基础主要是官方公布的数字。根据已有理论[36-39]，结合目前我国省（自治区、直辖市）数据的可得性，选取能够综合反映地方社会经济及政策实施情况的指标，其中，由于土地用途管制的核心内容是保护耕地，因此政策方面的指标选取耕地面积，耕地年均减少量及建设占用耕地面积等。

初步筛选出人均 GDP（x_1）、地均 GDP（x_2）、房地产开发投资（x_3）、商品房价水平（x_4）、人口密度（x_5）、二、三产业产值占 GDP 比重（x_6）、政府财政收入（x_7）、农户人均纯收入（x_8）、恩格尔系数（x_9）、失业率（x_{10}）、城乡消费水平对比（x_{11}）、耕地面积（x_{12}）、耕地占总土地的比重（x_{13}）、各省（自治区、直辖市）耕地在全国耕地中所占比重（x_{14}）、耕地年均变化量（x_{15}）、建设占用耕地面积（x_{16}），这 16 项指标作为土地用途管制制度绩效评价的底层指标。其中，第一阶段的建设占用耕地面积数据缺失，故未考虑指标 x_{16}。

2. 数据处理和因子分析

（1）数据处理。

本节根据历年中国统计年鉴、历年各省统计年鉴、中国城市建设统计年报、国研网统计数据库、中国国土资源年鉴、中国劳动统计年鉴、中国农村统计年鉴等，查得 1996～2010 年全国 31 个省（自治区、直辖市）的指标数据。首先将原始数据进行同趋势化（恩格尔系数，失业率，城乡消费水平对比、耕地年均变化量和建设占用耕地面积为逆向指标）和标准化处理，以消除指标之间变化趋势、量纲不一致及数量级的差异现象，并建立变量的相关系数矩阵 R。

（2）因子分析。

因子分析是一种常用的多元统计方法，一般而言，在有多个指标的许多问题中，用因子分析法可以寻找出支配多个指标的少数几个公因子或共性因子，这些公因子彼此独立。在所研究的问题中，以公因子代替原指标作为研究的对象，可以在不损失或者很少损失原指标所包含信息的情况下，达到"降维"的作用，从而简化计算与研究[40]。

① 因子载荷。运用 SAS 软件，计算出相关系数矩阵 R 的特征值、贡献率和累计贡献率。由于第 1 和第 2 这 2 个公因子的特征值大于 1，且 3 个阶段的累计贡献率分别达到 66.09%、64.65%、61.78%，即这两个成分所包括的信息基本可以反应原始变量所包含的总信息，因此可以提取前两个成分作为公因子。

　　根据各原始变量旋转后的公因子载荷矩阵可以看出,人均GDP、地均GDP、房地产开发投资、商品房价水平、人口密度、政府财政收入、农户人均纯收入、恩格尔系数、失业率及城乡消费水平对比在第1公因子的载荷系数较大,这些指标主要反映的是社会经济的发展状况,因此可以用第1公因子代表社会经济子系统;耕地面积、耕地占总土地的比重及各省(自治区、直辖市)耕地在全国耕地中所占比重、耕地年均变化量和建设占用耕地面积在第2公因子的载荷系数较大,这些指标反映的是耕地状况,即土地用途管制的执行情况,因此可以用第2公因子代表政策制度子系统。

　　② 因子得分。为了对3个阶段的样本分别进行综合分析和评价,应给出3个阶段各样本归一化后的两因子得分矩阵,具体见表2-10。

表 2-10　1996～2010 年 31 个省(自治区、直辖市)归一化后两因子得分矩阵

编码	地区	1996～1998 年		1999～2004 年		2005～2010 年	
		1	2	1	2	1	2
1	北京	0.7336	0.0044	0.8989	0.4382	0.9799	0.1921
2	天津	0.5186	0.1740	0.5370	0.3310	0.6194	0.3416
3	河北	0.4360	0.8646	0.3439	0.8612	0.3617	0.6836
4	山西	0.2876	0.5828	0.2622	0.7206	0.3385	0.5241
5	内蒙古	0.2292	0.7537	0.1657	0.7961	0.2901	0.5612
6	辽宁	0.4068	0.6148	0.3833	0.7010	0.4647	0.5707
7	吉林	0.2719	0.4840	0.2272	0.7237	0.3203	0.6071
8	黑龙江	0.3526	0.9940	0.2480	0.9965	0.3225	0.8993
9	上海	0.9985	0.2287	0.9923	0.4646	0.9746	0.3145
10	江苏	0.5825	0.7714	0.5441	0.8355	0.7186	0.6733
11	浙江	0.4545	0.3435	0.5516	0.6243	0.6893	0.4282
12	安徽	0.3366	0.7855	0.2568	0.7914	0.3101	0.6579
13	福建	0.3762	0.1910	0.4060	0.4886	0.4065	0.3309
14	江西	0.2305	0.3785	0.2180	0.5827	0.2557	0.4545
15	山东	0.4474	0.9467	0.4146	0.9483	0.5275	0.7477
16	河南	0.3733	0.9646	0.2753	0.9014	0.3388	0.9935
17	湖北	0.3176	0.6309	0.2375	0.7305	0.2913	0.5303
18	湖南	0.2470	0.5011	0.2120	0.6402	0.2390	0.4894
19	广东	0.6394	0.6076	0.6081	0.7065	0.6030	0.4404
20	广西	0.2153	0.5348	0.1558	0.6505	0.1858	0.4646
21	海南	0.2078	0.1100	0.1447	0.0429	0.1453	0.1848

续表

编码	地区	1996~1998 年		1999~2004 年		2005~2010 年	
		1	2	1	2	1	2
22	重庆	0.2218	0.3945	0.2078	0.6204	0.2592	0.4086
23	四川	0.2537	0.7529	0.1777	0.7884	0.2499	0.5706
24	贵州	0.1324	0.5939	0.0991	0.6992	0.1183	0.5114
25	云南	0.2379	0.7249	0.1535	0.7656	0.1527	0.5733
26	西藏	0.0038	0.0512	0.0011	0.0157	0.0186	0.0174
27	陕西	0.2734	0.7344	0.2428	0.7280	0.2545	0.5766
28	甘肃	0.1526	0.5421	0.1528	0.6527	0.1241	0.4776
29	青海	0.1215	0.0512	0.1688	0.3363	0.1611	0.2076
30	宁夏	0.1846	0.2188	0.1984	0.5251	0.2024	0.3084
31	新疆	0.2535	0.4125	0.1593	0.6202	0.1481	0.4423

3. 结果分析

（1）社会经济与政策耦合机制的度量标准。

参考经济与环境耦合机制评价的度量标准[41]，将社会经济与政策耦合机制评价的度量标准分为发展类别标准和发展模式标准，具体见表 2-11 和表 2-12。

表 2-11　社会经济与政策耦合机制的发展类别标准

低级发展类（Ⅰ）	初级发展类（Ⅱ）	中级发展类（Ⅲ）	高级发展类（Ⅴ）
$0 \leqslant x < 0.25$	$0.25 \leqslant x < 0.5$	$0.5 \leqslant x < 0.75$	$0.75 \leqslant x \leqslant 1$
$0 \leqslant y < 0.25$	$0.25 \leqslant y < 0.5$	$0.5 \leqslant y < 0.75$	$0.75 \leqslant y \leqslant 1$

表 2-12　社会经济与政策耦合机制的发展模式标准

协调模式	政策滞后模式		经济滞后模式	
	强政策滞后模式	弱政策滞后模式	弱经济滞后模式	强经济滞后模式
$x = y$	$0 < x < 1$	$0 < x < 1$	$0 < x < 1$	$0 < x < 1$
	$\sqrt{x} < y < 1$	$x < y < \sqrt{x}$	$x^2 < y < x$	$0 < y < x^2$

（2）发展战略确定。

依据度量标准，进行社会经济与政策发展耦合机制的评价，我国 31 个省（自治区、直辖市）的发展战略在 3 个阶段具有不同的类型（见表 2-13）。

表 2-13　我国 31 个省(自治区、直辖市)三个阶段的发展战略类型

发展战略类型		1996~1998 年	1999~2004 年	2005~2010 年
低级发展类	弱经济滞后模式	26,30	26	21,29
	弱政策滞后模式	21,29	21	26
初级发展类	强经济滞后模式	18		18,20,28,31
	弱经济滞后模式	7,14,22,31	13,29	14,22,30
	弱政策滞后模式	11,13		13
中级发展类	强政策滞后模式	1,2		2,11
	弱政策滞后模式	19	2	10,19
	强经济滞后模式	4,5,17,20,23,24,25,27,28	4,6,7,14,17,18,20,22,24,27,28,30,31	3,5,7,12,15,23,24,25,27
	弱经济滞后模式	6	11,19	4,6,17
高级发展类	强政策滞后模式	9	1,9	1,9
	强经济滞后模式	3,8,10,12,15,16	3,5,8,10,12,15,16,23,25	8,16

(3) 结果分析。

① 时间维度分析。从宏观和微观角度,对我国 31 个省(自治区、直辖市)三个阶段的发展战略类型进行比较分析,得出以下结论:

a. 三个阶段中,强经济滞后模式的省(自治区、直辖市)个数都居于首位,其中第一阶段有 16 个,第二阶段有 22 个,第三阶段有 15 个,分别占全国(不包括港、澳、台)的 52%,71%,48%。此外,第一阶段与第三阶段相比,强经济滞后模式中高级发展类的个数多于第三阶段,而初级发展类的个数低于第三阶段,第二阶段中22 个省全部集中在高级发展类和中级发展类。我国是农业大国,大部分省属于粮食主产区或者产销平衡区,加之土地用途管制等政策的实施,使得社会经济发展远远落后于政策的执行效果,出现政策执行过度的现象,不利于我国现代化的发展。

b. 相对于第一阶段和第三阶段,第二阶段的发展战略类型较少,且主要集中在中级发展类和高级发展类的强经济滞后模式,政策滞后模式的省(自治区、直辖市)大幅度减少。这与第二阶段刚刚实施土地用途管制制度有着密切的关系,1999年我国正式实施土地用途管制制度,随后的 6 年间,耕地保护政策执行力度加大,各省(自治区、直辖市)政府在中央的号召下,采取各种措施保护耕地,在一定程度上取得了显著的成效。相对而言,第三阶段与第一阶段的差别不大,说明政策实施效果开始减弱。2005 年以后我国耕地面积开始缓慢减少,并有回升的迹象,政策的监管也随之减弱,地方政府在经济利益的驱动下,想方设法占用耕地,政策执行

效果逐渐退化。

c. 北京(除第一阶段)、上海一直都是高级发展类的强政策滞后模式。北京、上海作为我国的经济、政治与文化中心,经济发展迅速,社会各项发展指标均位居全国之首,虽然近年来在耕地保护方面做出了一定的成就,然而其效果远远落后于社会经济的发展速度,因此属于强政策滞后模式;西藏、海南在三个阶段都是低级发展类,不同的是,西藏在 15 年间,逐渐由弱经济滞后变为弱政策滞后,海南则由弱政策滞后逐渐变为弱经济滞后;此外,粮食主产区江苏省逐渐由强经济滞后模式变为弱政策滞后模式,而湖北省也由强经济滞后模式逐渐变为弱经济滞后模式,这与曲福田[42]提出的江苏省和湖北省的粮食主产区功能不复存在的观点不谋而合。

② 空间维度分析。结合我国粮食分区状况,分别对 31 个省(自治区、直辖市)的发展战略类型进行归纳分析,可以得出如下三个结论:

a. 强经济滞后模式的省(自治区、直辖市)大部分属于粮食主产区,河北、黑龙江、安徽、山东、河南等粮食主产区都是强经济滞后模式。一方面,大多数粮食主产区的农业生产条件优越,农业生产水平较高;另一方面,被划为粮食主产区的省(自治区、直辖市)肩负着我国粮食生产的责任,因而在由产区耕地向非农产业转移上受到一定程度的限制[42],鉴于此,我国大部分粮食主产区属于中级发展和高级发展的强经济滞后模式,耕地减少速度缓慢,政策执行效果较好,远远超出社会经济的发展。

b. 政策滞后模式的省(自治区、直辖市)基本上都是主销区。其中北京、天津和上海属于强政策滞后模式;福建、广东、浙江和海南属于弱政策滞后模式。这些城市大多为我国的经济中心城市和沿海发达城市,城市化水平高,耕地占用效率高,土地产出效率高,因而,保护耕地的机会成本大,耕地非农化的驱动力更为强大。

c. 低级发展类和初级的发展类的省(自治区、直辖市)主要是西藏、宁夏和青海等产销平衡区。这些省(自治区、直辖市)的农业生产条件恶劣,土地利用比较粗放,大部分位于经济相对落后的西部地区,因而,社会经济水平和政策执行效果均处于较低水平。

(二) 基于协调度模型的区域划分

为了更精确地反映我国 31 个省(自治区、直辖市)三个阶段的协调度,利用协调度函数(见式(1)),计算 31 个省(自治区、直辖市)的社会经济与政策制度的协调度,并根据 Jenks 自然最佳断裂点分级方法对 31 个省(自治区、直辖市)分区,确定协调度等级。

$$C_i = \frac{C_i^A + C_i^B}{\sqrt{C_i^{A\,2} + C_i^{B\,2}}} \tag{1}$$

式中:C_i 为第 i 个省(自治区、直辖市)的协调度指数;C_i^A,C_i^B 分别为第 i 个省(自治区、直辖市)的两个公因子得分。

此外,为更直观地从时间和空间上反映出社会经济与政策制度的协调度,对协调度采用效用值来表征其高低水平,并规定效用值的取值范围为[0,100],即最高的效用值为100,最低的效用值为0,结果见表2-14。

表2-14 我国31个省(自治区、直辖市)三个阶段的协调度与效用值

编号	地区	1996~1998 年		1999~2004 年		2005~2010 年	
		协调度	效用值	协调度	效用值	协调度	效用值
1	北京	1.0059	0.00	1.3371	78.42	1.1737	0.00
2	天津	1.2662	63.81	1.3760	89.71	1.3586	77.12
3	河北	1.3432	82.69	1.2995	67.55	1.3516	74.19
4	山西	1.3393	81.74	1.2817	62.38	1.3826	87.12
5	内蒙古	1.2477	59.28	1.1828	33.72	1.3475	72.50
6	辽宁	1.3858	93.14	1.3572	84.26	1.4069	97.25
7	吉林	1.3616	87.22	1.2536	54.24	1.3511	73.99
8	黑龙江	1.2768	66.41	1.2119	42.17	1.2789	43.88
9	上海	1.1980	47.10	1.3297	76.29	1.2588	35.50
10	江苏	1.4006	96.79	1.3837	91.94	1.4135	100.00
11	浙江	1.4007	96.81	1.4115	100.00	1.3771	84.85
12	安徽	1.3131	75.31	1.2599	56.06	1.3309	65.57
13	福建	1.3443	82.98	1.4082	99.05	1.4068	97.24
14	江西	1.3742	90.31	1.2870	63.91	1.3619	78.48
15	山东	1.3314	79.81	1.3168	72.56	1.3936	91.71
16	河南	1.2935	70.51	1.2485	52.76	1.2693	39.87
17	湖北	1.3428	82.61	1.2602	56.15	1.3579	76.84
18	湖南	1.3391	81.69	1.2637	57.17	1.3374	68.26
19	广东	1.4138	100.00	1.4103	99.64	1.3973	93.28
20	广西	1.3011	72.38	1.2054	40.27	1.2998	52.59
21	海南	1.3517	84.78	1.2431	51.20	1.4042	96.12
22	重庆	1.3617	87.24	1.2658	57.78	1.3801	86.10
23	四川	1.2670	64.01	1.1954	37.38	1.3172	59.84
24	贵州	1.1936	46.02	1.1305	18.56	1.1997	10.85
25	云南	1.2619	62.78	1.1770	32.06	1.2237	20.85
26	西藏	1.0709	15.92	1.0664	0.00	1.4134	99.99

编号	地区	1996~1998 年		1999~2004 年		2005~2010 年	
		协调度	效用值	协调度	效用值	协调度	效用值
27	陕西	1.2861	68.69	1.2650	57.56	1.3186	60.45
28	甘肃	1.2335	55.80	1.2016	39.19	1.2193	19.02
29	青海	1.3096	74.46	1.3423	79.95	1.4031	95.67
30	宁夏	1.4092	98.87	1.2889	64.48	1.3847	88.00
31	新疆	1.3756	90.64	1.2173	43.74	1.2657	38.39

根据三个阶段的协调度效用值散点图分布特征及其回归方程,具体如下:

$$y_1 = 110.19803 - 5.49839x + 0.38614x^2 - 0.00996x^3$$
$$y_2 = 113.33821 - 6.9423x + 0.34324x^2 - 0.00726x^3$$
$$y_3 = 103.91723 - 2.15185x + 0.09019x^2 - 0.0041x^3$$

分别取 $x_1 = 5$, $x_2 = 10$, $x_3 = 15$, $x_4 = 20$, $x_5 = 25$, 可得 $y_{11} = 91.11$, $y_{12} = 83.87$, $y_{13} = 80.99$, $y_{14} = 75.01$, $y_{15} = 58.45$; $y_{21} = 86.3$, $y_{22} = 70.98$, $y_{23} = 61.93$, $y_{24} = 53.71$, $y_{25} = 40.87$; $y_{31} = 94.9$, $y_{32} = 87.32$, $y_{33} = 78.09$, $y_{34} = 64.16$, $y_{35} = 42.43$. 然后, 根据 Jenks 自然最佳断裂点分级方法分别确定三个阶段的区间分级标准, 最后根据 31 个省(自治区、直辖市)在各阶段的效用值进行分区, 确定协调度等级(见表 2-15)。

表 2-15　我国 31 个省(自治区、直辖市)三个阶段的协调度等级划分

协调等级	1996~1998 年	1999~2004 年	2005~2010 年
高级协调	6, 7, 10, 11, 14, 19, 22, 30, 31	2, 6, 10, 11, 13, 19	6, 10, 13, 21, 26, 29, 4, 11, 15, 19, 22, 30
次协调	3, 4, 13, 15, 17, 18, 21	1, 3, 4, 9, 14, 15, 29, 30	2, 3, 5, 7, 14, 17, 18, 20,
基本协调	2, 5, 8, 12, 16, 20, 23, 25, 27, 29	7, 12, 16, 17, 18, 21, 22, 27	12, 23, 27
较不协调	1, 9, 24, 26, 28	5, 8, 20, 23, 24, 25, 26, 28, 31	1, 8, 9, 16, 24, 25, 28, 31

从时间维度看,第二阶段的协调度普遍比另外两个阶段低,一方面,少数经济发达的城市,如北京、上海,在土地用途管制制度的强化执行下,政策制度的实施取得显著成效,缩短了与社会经济因素的差距,协调性显著提高;另一方面,大量的经济滞后省(自治区、直辖市),在政策执行力度加大的情况下,出现执行过度的现象,社会经济发展严重落后于政策类因子,协调度指数大幅度下降。这与第二部分的

研究结论相互验证。

从空间维度看,处于高协调度的江苏、浙江、广东等的经济水平较发达,政策执行效果也较好。近年来,随着经济的高速发展,土地竞用程度相当激烈,地处东部沿海的江苏省的粮食主产区功能慢慢退化,而浙江、广东作为主销区,耕地面积相对较少,但与其他主销区相比,建设占用耕地速度较缓慢,社会经济发展与政策制度执行效果高度协调。相反,处于较低协调度的黑龙江、河南、内蒙古等大部分是粮食大省(除北京、上海外),这除了与当地的自然地理因素和社会因素有关外,还与其肩负着粮食安全的责任有关,因而,一定程度上制约了经济发展水平,造成社会经济的发展与政策执行效果严重失调。

(三) 主要结论与政策建议

1. 主要结论

(1) 从时间维度看,我国土地用途管制制度绩效在短期内效果显著,长期内效果逐渐减弱。我国是农业大国,实行了最严格的耕地保护政策,且执行效果显著,三个阶段中强经济滞后模式的个数最多,其个数均接近或超过总数的 50%;此外,第二阶段的发展战略类型较少,政策执行效果最好,第一和第三阶段差别不大,说明政策执行效果逐渐退化,如北京在第一和第三阶段的协调度效用值均为 0,而在第二阶段的协调度效用值为 78.42。

(2) 结合我国粮食分区状况,从空间维度看,我国土地用途管制制度绩效在空间上存在差异。其中,政策绩效评价好的强经济滞后模式的省(自治区、直辖市)大部分属于粮食主产区,而政策执行效果相对较差的政策滞后模式的省(自治区、直辖市)基本上都属于粮食主销区;此外,低级和初级发展类的省(自治区、直辖市)则主要是西藏、青海等产销平衡区。

(3) 从协调度的角度看,大量经济滞后的省(自治区、直辖市)在政策执行力度加大的情况下,出现执行过度的现象,社会经济发展明显落后于政策制度,协调度指数大幅下降;而经济发达地区,在强化政策实施的情况下,大部分达到了高度协调水平。如经济高度发达的北京和上海在 1999～2004 年阶段的协调度效用值分别为 78.42 和 76.29,而作为粮食大省的黑龙江在该阶段的协调度效用值仅为 42.17。

2. 政策建议

根据研究结果和结论,笔者提出以下可供参考的政策建议:

(1) 积极采取措施保证土地用途管制制度持续有效。我国政策执行的一个突出特点是,随着时间的推移,政策执行力度越来越弱,执行效果也随之减弱。自

1999 年实施土地用途管制制度的起初 6 年间,耕地占用速度大幅度减少,各省(自治区、直辖市)政府在中央的号召下,积极采取措施,加大督查力度,保护耕地,并取得很大的成效。然而,一方面,随着耕地减少速度得到有效的控制,政府部门对耕地保护的意识逐渐减弱;另一方面,监管成本较高,在地方经济利益的驱动下,占用耕地行为日渐频繁。鉴于此,应采用措施保证政策执行的持续有效性,如每隔几年出台一些辅助土地用途管制制度实施的措施,加强地方政府保护耕地的意识;此外,改革地方政府的考核机制,将政策执行效果作为评判的标准之一,使得保护耕地成为一个长久的目标。

(2)粮食主产区因肩负国家粮食安全的重任,实施了更为严格的管制制度,应给予补偿,提高其执行政策的积极性。我国大部分粮食主产区属于强经济滞后模式,政策执行效果远远大于社会经济的发展,而粮食主销区因地均 GDP、耕地占用效率等较高,所以占用耕地的驱动力较大,耕地流失现象严重。对粮食主产区实施更为严格的管制制度,实际上剥夺了其部分的发展权,是不公平的,应建立相应的补偿机制,运用经济手段提高其政策执行的积极性[42]。此外,粮食主销区作为受益方理应担负相应的责任,给予主产区科学的补偿,实现全国范围的经济一体化。

(3)结合土地利用效率和粮食分区,从协调度的角度来说,应适当减小土地利用效率高的粮食主产区的政策执行力度,并加大土地利用效率低的主销区的政策执行力度,提高社会经济与政策制度的协调度。近年来,我国经济高速发展,综合国力不断提升,然而,经济的发展主要是靠少数经济高度发达的省(自治区、直辖市)来带动的,如北京、上海、广东等。大部分省(自治区、直辖市),尤其是粮食生产大省的经济发展并不突出,严格的土地用途管制制度在一定程度上制约了社会经济的发展,政策制度执行水平远远超过社会经济的发展,二者严重失衡。鉴于此,一方面,应在保证国家粮食安全的基础上,适当减小土地利用效率高的粮食主产区的政策执行力度,并充分利用当地资源,大力发展经济,摆脱社会经济明显滞后的状态,协调社会经济与政策制度的发展;另一方面,应在保证社会经济发展的基础上,适当加大土地利用效率不高的主销区的政策执行力度,提高社会经济与政策制度的协调度。

第四节　规划管制相关利益群体福利非均衡的制度缺陷与经济诱因分析

1. 土地用途管制下相关利益群体经济福利非均衡

土地用途管制的实施成效如何在很大程度上依赖于相关利益群体的策略行

为,而相关利益群体的行为主要由其福利状况决定。此外,由于我国处于社会主义初级阶段,因而促进经济发展仍然是重中之重,相关利益群体的经济福利状况成为决定其行为的首要因素。地方政府和农民是土地用途管制制度实施中的主要行为人,如何调动政府和农户的积极性成为促进政策有效实施的重要举措。然而,在现有的土地用途管制下,政府和农户的经济福利受损,不利于土地用途管制的实施,具体表现如下:

(1) 政府经济福利状况分析。

土地用途管制下,政府的福利受损,主要是无偿地承担粮食安全和生态保护的责任、土地用途变更受限、丧失经济发展的机会。现有的考核机制下,不利于受管制区政府的升迁。总体来看,土地用途管制实施以来,我国地方政府的财政收入持续上升,2010 年我国地方政府财政收入达到 7575.65 亿元,约为 1996 年财政收入的 9 倍,财政收入的提高是政府执行政策的直接动力。然而从空间来看,不同区域的财政收入增长幅度存在较大差异,其中主销区的增幅最大,其次为产销平衡区,主产区的增幅相对来说最小。因而,从政府角度来说,实施土地用途管制不利于政府财政收入的增长,其积极性也会相应地削弱。

(2) 农户经济福利状况分析。

土地用途管制下,农户的福利也同样受损,具体表现在无偿负担资源环境保护的成本;获得的收益相对较少;丧失了农地的发展权。因此,保障农民收入的稳定增长是土地用途管制有效实施的保证。

2. 管制依据——土地利用总体规划的作用没有充分发挥

土地利用总体规划的实施历来是“老大难”问题[43]。土地利用总体规划实施不了,土地用途管制的作用就无法体现。通过分析土地用途管制实施以来的耕地面积和建设占用耕地情况,发现我国土地利用总体规划的作用没有充分发挥。其中,虽然耕地面积减少的速度有改善趋势,但耕地面积逐年减少的趋势没有改变,说明土地利用总体规划在保护耕地方面的作用没有充分发挥,有待改进。从建设占用耕地的情况来看,近年来的建设占用耕地情况没有得到改善,其中 2004 年的建设占用耕地面积达到耕地总面积的 0.2391%。

结合粮食分区,从空间角度看,不同区域的土地利用总体规划实施效果差异很大,如只有粮食主产区的耕地面积有增长趋势,增长了 4.39%。建设占用耕地方面,只有主销区的占用面积增长了 39.23%,主产区和产销平衡区的占用面积均有减少趋势,分别减少 8.69% 和 29.53%。粮食主销区大多为中国的经济中心城市和沿海发达城市,土地利用效率最高,占用耕地的驱动力最大,因此应加大粮食主销区政策执行的力度,强化监管机制,保证土地利用总体规划的顺利实施。

3. 土地用途管制制度的后期执行及监管力度不够

根据上述分析可知,我国土地用途管制制度绩效在短期内效果显著,长期内效果逐渐减弱。这与土地用途管制制度的后期监控力度不够密切相关。从时间序列的角度看,1999～2004年间的发展战略类型较少,政策执行效果最好,2005～2010年间的政策执行效果与土地用途管制实施前差别不大,说明土地用途管制制度的执行效果逐渐退化。我国政策执行的一个突出特点是,随着时间的推移,政策执行力度越来越弱,执行效果也随之减弱。自1999年实施土地用途管制制度的起初6年间,耕地占用速度大幅度减少,各省(自治区、直辖市)政府在中央的号召下,积极采取措施,加大督查力度,保护耕地,并取得了很大的成效。然而,一方面,随着耕地减少速度得到有效的控制,政府部门对耕地保护的意识逐渐减弱;另一方面,监管成本较高,因此在地方经济利益的驱动下,占用耕地行为日渐频繁。鉴于此,应采用措施保证政策执行的持续有效性,如每隔几年出台一些辅助土地用途管制制度实施的措施,加强地方政府保护耕地的意识;此外,改革地方政府的考核机制,将政策执行效果作为评判的标准之一,使得保护耕地成为一个长久的目标。

4. 土地用途管制制度的补偿机制不健全

结合我国粮食分区状况,从空间维度看,我国土地用途管制制度绩效在空间上存在差异。其中,政策绩效评价好的强经济滞后模式的省(自治区、直辖市)大部分属于粮食主产区,而政策执行效果相对较差的政策滞后模式的省(自治区、直辖市)基本上都属于粮食主销。众所周知,粮食主销区内的大部分省(自治区、直辖市)社会经济水平远远高于粮食主产区,因而,削弱了主产区实施土地用途管制,并保护耕地的积极性。

为此粮食主销区作为受益方理应担负相应的责任,给予主产区科学的补偿,实现全国范围的经济一体化。

5. 土地用途管制制度的实施未因地制宜

我国土地用途管制制度的实施采用"一刀切"的方式,未考虑区域内各省(自治区、直辖市)的自然条件和社会经济状况,不利于当地社会经济的发展,因而,实施效果也会大打折扣。由协调度分析来看,大量经济滞后的省(自治区、直辖市),在政策执行力度加大的情况下,出现执行过度的现象,社会经济发展明显落后于政策制度,协调度指数大幅下降;而经济发达地区,在强化政策实施的情况下,大部分达到了高度协调水平。如经济高度发达的北京和上海在1999～2004年阶段的协调度效用值分别为78.42和76.29,而作为粮食大省的黑龙江在该阶段的协调度效用值仅为42.17。

结合土地利用效率和粮食分区,从协调度的角度来说,应适当减小土地利用效率高的粮食大省(自治区、直辖市)的政策执行力度,并加大土地利用效率低的主销区内省(自治区、直辖市)的政策执行力度,提高社会经济与政策制度的协调度。近年来,我国经济高速发展,综合国力不断提升,然而,经济的发展主要是靠少数经济高度发达的省(自治区、直辖市)来带动的,如北京、上海、广东等。大部分省(自治区、直辖市),尤其是粮食生产大省的经济发展并不突出,严格的土地用途管制制度在一定程度上制约了社会经济的发展,政策制度执行水平远远超过社会经济的发展,二者严重失衡。鉴于此,应因地制宜,一方面,在保证国家粮食安全的基础上,适当减小土地利用效率高的粮食大省(自治区、直辖市)的政策执行力度,并充分利用当地资源,大力发展经济,摆脱社会经济明显滞后的状态,协调社会经济与政策制度的发展。另一方面,在保证社会经济发展的基础上,适当加大土地利用效率不高的主销区内省(自治区、直辖市)的政策执行力度,提高社会经济与政策制度的协调度。

参 考 文 献

[1] 陆红生.土地管理学总论[M].北京:中国农业出版社,2002:191-207.

[2] 罗舒雯.土地用途管制及其效益分析——以浙江省龙泉市为例[J].中国土地,2009,(6):58.

[3] 穆松林,高建华,毋晓蕾,等.土地发展权及其与土地用途管制的关系[J].农村经济,2009,(11):26-28.

[4] 欧名豪.论土地利用规划控制的内容与特性[J].南京农业大学学报(社会科学版),2001,1(3):59-64.

[5] 袁枫朝,严金明,燕新程.管理视角下我国土地用途管制缺陷及对策[J].广西社会科学,2008,(11):58-61.

[6] 李俊梅,王万茂.实施土地用途管制制度的规划思考[J].国土经济,1999,(6):19-21.

[7] 秦嗣彦,秦泗瑜.土地用途管制浅议[J].中国土地,1995,5:24-25.

[8] 程久苗.试论土地用途管制[J].中国农村经济,2000,(7):22-25.

[9] 陈利根.国外(地区)土地用途管制特点及对我国的启示[J].现代经济探讨,2002,(3):67-70.

[10] 高洁,廖长林.英、美、法土地发展权制度对我国土地管理制度改革的启示[J].经济社会体制比较,2011,(4):56-59.

[11] 孙姗姗,朱传耿.论主体功能区对我国区域发展理论的创新[J].现代经济探讨,2006,(9):73-76.

[12] Gardner B D. The economics of agricultural land preservation[J]. American Journal of Agricultural Economics,1977,59(6):1027-1036.

[13] Thompson D D. An externality from governmentally owned property may be a nuisance or even a taking[C]//Hagman D G, Misczynski D J. Windfall for Wipeouts:Land Value Capture and Compensation. Washington DC:Planner Press,1987:203-221.

[14] 严栋.征地补偿与土地发展权分配[D].杭州:浙江大学,2008.

[15] 张全景,欧名豪.我国土地用途管制之耕地保护绩效的定量研究-以山东省为例[J].中国人口·资源与环境,2004,14(4):56-59.

[16] 郭琳,严金明.中国建设占用耕地与经济增长的退耦研究[J].中国人口·资源与环境,

2007,17(5):48-53.

[17] 包国宪.绩效评价:推动地方政府职能转变的科学工具——甘肃省政府绩效评价活动的实践和理论思考[J].中国行政管理,2005,7:86-91.

[18] 侯华丽,杜舰.土地发展权与农民权益的维护[J].农村经济,2005,(11):78-79.

[19] Kenneth M C. Transferable development rights and forestprotection: An exploratory analysis[J]. International Regional Science Review, 2004, 27(3): 348-373.

[20] 季禾禾,周生路,冯昌中.试论我国农地发展权定位及农民分享实现[J].经济地理,2005,25(2):149-151.

[21] 臧俊梅.农地发展权的创设及其在农地保护中的运用研究[D].南京:南京农业大学,2007.

[22] 任艳胜,张安录,邹秀清.限制发展区农地发展权补偿标准探析—以湖北省宜昌、仙桃部分地区为例[J].资源科学,2010,32(4):743-751.

[23] Donovan G H, Butry D T. Trees in the city: Valuing street trees in portland,oregon[J]. Landscape and Urban Planning, 2010,94(2):77-83.

[24] Cotteleer G, Peerlings J H M. Spatial planning procedures and property prices: The role of expectations[J]. Landscape and Urban Planning,2011,100(1):77-86.

[25] Innes R. Takings, compensation, and equal treatment for owners of developed and undeveloped property[J]. Journal of Law and Economics, 1997, 40(2): 403-432

[26] Turnbull G K. Land development under the Threat of Taking[J]. Southern Economic Journal, 2002, 69(2): 290-308.

[27] Lueck D, Michael J A. Preemptive habitat destruction under the Endangered Species Act [J]. Journal of Law and Economics, 2003, 46(1): 27-60.

[28] 蔡银莺,张安录.规划管制下基本农田保护的经济补偿研究综述[J].中国人口.资源与环境,2010,20(7):102-106.

[29] 洪尚宜,李怒云.天保工程对集体林区的社会影响评价[J].植物生态学报,2002,1:115-123.

[30] 欧阳志云,王效科,苗鸿,等.我国自然保护区管理体制所面临的问题与对策探讨[J].科技导报,2002,1:49-52.

[31] 张效军,欧名豪,高艳梅.耕地保护区域补偿机制研究[J].中国软科学,2007,12:47-55.

[32] 蔡银莺,张安录.规划管制下农田生态补偿的研究进展分析[J].自然资源学报,2010,25(5):868-880.

[33] 吴明发,欧名豪,杨渝红,等.基本农田保护经济补偿的经济学分析[J].经济体制改革,2011,4:18-21.

[34] 王宏利.我国基本农田保护的补偿机制研究[J].生产力研究,2011,4:49-51.

[35] 王万茂.土地用途管制的实施及其效益的理性分析[J].中国土地科学,1999,13(3):9-12.

[36] 刘杰.我国土地用途管制制度绩效研究[D].新疆:新疆农业大学,2007.

[37] 瞿忠琼,濮励杰,黄贤金.中国城市土地供给制度绩效评价指标体系的建立及其应用研究[J].中国人口·资源与环境,2006,16(2):51-56.

[38] 瞿忠琼,濮励杰.城市土地供给制度绩效评价指标体系研究——以南京市为例[J].中国土地科学,2006,20(1):45-49.

[39] 周宁.城市土地供应机制绩效评价研究——以成都市为例[D].四川:四川师范大学,2008:27-30.

[40] 余家林,肖枝洪.多元统计及 SAS 应用[M].武汉:武汉大学出版社,2008:191-207.

[41] 张妍,尚金城,于相毅.城市经济与环境发展耦合机制的研究[J].环境科学学报,2003,23(1):107-112.

[42] 曲福田,朱新华.不同粮食分区耕地占用动态与区域差异分析[J].中国土地科学,2008,22(3):35-40.

[43] 陆红生,韩桐魁.土地用途管制的难点和对策研究[J].中国土地科学,1999,13(4):18-20.

第三章　农田生态补偿的理论基础及核算框架

第一节　农田生态补偿的内涵界定

一、农田生态系统服务功能

生态系统服务功能(ecosystem service)是指生态系统与生态过程所形成及所维持的人类赖以生存的自然环境条件与效用[1]。研究证明,农田生态系统是生物生产力最高的生态系统,它是森林生态系统的 5～10 倍,是草地生态系统的 20 倍以上[2]。在所有的生态系统中,农田作为一个人工操作的复合管理系统,在生态系统服务的供给中发挥重要作用。农田提供的生态系统服务分为四类:供应服务、调节服务、支撑服务和文化服务。支撑服务使农田具有生产力,能为人类提供丰富的景观资源。在这些服务中,千年生态系统评估(Millennium Ecosystem Assessment,MA)认为支撑服务最重要的是维持土壤肥力,是维持农业生产力的根本。人类的管理能提供土壤缓解服务,维持和提高土壤肥力,土壤有机物质(SOM)能提供作物生长的矿物质营养元素,SOM 提供 50%作物所需氮元素。调节服务是农田提供的最多样的服务,调节种群、授粉、昆虫、病原体、野生物、土壤流失、水质供给、温室气体排放、固碳等。人类管理同样可以控制土壤流失,保护农田并维持土地植被覆盖率能减少径流和土壤的集结,径流减少可以增加渗透,提高水的利用性和地下水的补给。具体来说,农田生态服务功能具体包括:

生物多样性服务(biodiversity services)　生物多样性服务有助于保护社区物种栖息地的生存和繁衍。湿地是自然界中生物多样性和生态功能最高的生态系统,能为人类提供多种资源,是人类最重要的生存环境,与此同时也是野生动植物,尤其是鸟类,最重要的栖息地。但不幸的是全球湿地已经损失了 50%[3]。农田的利用维持了农田生态系统内部物种的生存、繁衍,保留大量基因、物种和生态系统多样性。

碳服务(carbon services)　农田内的作物及植被通过光合作用合成有机质,吸收大量二氧化碳,释放大量氧气,净化空气,对维持地球大气中的 CO_2 和 O_2 的动态平衡起到非常重要作用。植被较多区域反射率较低,吸收大部分热量,提高部分地区的大气湿度,削弱温室效应,改善局部小气候,具有"碳汇"功能。减缓碳排放(碳储存)已被《京都协定》框架认可,但目前的农地资源的固碳、碳汇功能没有被足够重视。

水文服务(hydrological services) 农业生产活动对于保持水土有着重要的积极意义。地表植被覆盖和土壤管理能有效吸收、渗透水量、改善水质和调节径流。反过来,这些属性对水文服务也有反馈的影响。例如,总地表水和地下水产量、季节分布、水的质量(如沉积)。理想情况下,水文服务评价需要特定位置的土壤特性、植被覆盖、斜坡、分布、降水强度以及不同的水文服务变量的需求等信息。总之,农作物对地表的覆盖可明显减轻风水蚀的发生,对于保持水土、防止侵蚀发挥了较大作用。

优美景观(scenic beauty) 农田也是一种景观,能给人一种视觉上的美感,特别是休闲观光农业,将各种景观要素组合能提供风景秀丽的服务,同时还具有开敞空间、乡村景观等功能。提供自然环境的美学、社会文化科学、教育、精神和文化的价值。目前提出的"观光农业"也是这样一种理念,在提供人类物质生产的同时,也提供精神文明和旅游的价值。

二、农田非生态服务功能

农田非生态服务(ecosystem disservice)是指农田所提供的生态系统对人类不利的一面。农作物害虫性食草动物、病菌、专吃种子的动物等降低农业生产力和导致严重的作物损失,这些都能通过生态系统的自我循环达到平衡状态,并不会对人类整个社会生态系统产生威胁性的影响。众所周知,农田生态系统是经过人类干预的管理系统,特定农业生态系统服务的供给受到土地管理实践的影响。农药在为人类控制生物病虫害、提高农业生产力和保证农业持续稳定增长方面起到了积极的作用。但杀虫剂的使用迫使害虫骚动,较多依赖杀虫剂,可能导致特定物种通过基因进化产生杀虫剂抗体,造成害虫频繁骚动。若过度使用农药,破坏生态系统的自我平衡能力,将会对环境造成非点源污染,而且对化学药剂污染的控制需要花费较多成本。化肥施用量过多会破坏土壤耕作层结构,长此以往导致土壤板结(变硬,质地不好),从而更易风蚀、水蚀。施肥过多,不但对土壤有侵蚀作用,而且过多的氮流失会导致地下水被污染。作物过多吸收一种养分可能会抑制作物吸收其他的养分,而导致其营养不均衡。试验表明施肥过多,土壤中有机质活性降低,导致土壤质量降低。由于农业充当着基础产业的角色,因此农业自身发展以及由其延伸而出的许多问题与人类生存现状乃至未来发展息息相关,比如食物中化肥农药的残留,转基因食品对人类身心健康的危害等。在以往研究中人们注重农田生态系统服务功能,而忽视了农田的非生态系统服务功能。农田生态系统所提供的服务和非服务功能,人类获得这些生态服务组成一网,相互交织,共同组成农业景观如图3-1所示。

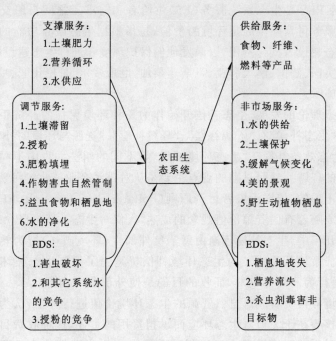

图 3-1　农田生态系统生态服务与非生态服务

三、补偿与生态补偿

补偿在《辞海》中是对损失成本的一种弥补,弥补缺陷,抵消损失。即先有损失,然后再有补偿。从法理上讲,补偿是以当事人的过错(故意或过失)为前提的。但生态补偿作为对外部性内在化的一种有效途径,并非故意侵害行为,不存在法律上的过错,法理上并不要求予以补偿。

尽管生态补偿的理论基础建立在几十年前,Coase 在社会成本问题上提出,污染企业应为其污染的行为进行付费,即为其外部性行为负责,奠定了生态补偿理念[4]。但何谓生态补偿,至今尚未达成一致意见。Cuperus 等将生态补偿定义为"对在发展中造成生态功能和质量损害的一种补助"[5]。Allen 和 Feddema 认为补偿的目的是为了提高受损地区的环境质量或者用于创建新的具有相似生态功能和环境质量的区域[6]。Anderson 认为我们不能把生态补偿与生态修复和创建生态功能区相混淆[7]。生态补偿在国际上更为通用的叫法是环境服务付费(PES)或生态效益付费(Payment for Environmental Benefit,PEB)这两个概念,这和我国的生态补偿(Ecological Compensation,Eco-compensation)的内涵是一致的。PES 作为一个转变环境外部性、非市场价值、市场失灵的财政激励措施,受到普遍关注。例如,哥斯达黎加和墨西哥国家尺度的 PES,欧洲和美国的农业环境计划等。

Wunder认为PES是生态系统服务（ES）供给者和需求者之间自愿交易和买卖行为[8]。环境服务付费强调的是环境的价值，是指根据生态服务功能的价值量向环境保护和生态建设者支付费用，以激发他们保护环境和进行生态建设的积极性，环境服务费在美国、法国、澳大利亚、哥斯达黎加、厄瓜多尔、哥伦比亚、墨西哥等国家已经得以实施[9]。

随着生态理论的发展，生态补偿开始作为一种环境保护的经济手段进入我们的视野。对"生态补偿"有"资源补偿"、"环境补偿"、"资源与环境的补偿"、"环境服务补偿"、"生态效益补偿"、"生态环境补偿"等不同的叫法。我国不同学者对生态补偿有不同的理解。然而早期的观点主要是从对排污企业征收排污费或环境税的角度来进行考虑的，依据污染者付费原则（Polluter Pays Principle，PPP）向行为主体征收税费。随着有偿资源价值观念的成熟，人们对生态补偿的概念理解更宽泛，在过去的十几年中，生态补偿逐渐由惩治负外部性（环境破坏）行为转向激励正外部行为[10-12]。章铮认为狭义的生态环境补偿费是为了控制生态破坏而征收的费用，其性质是行为的外部成本，征收的目的是使外部成本内部化[13]。庄国泰等将征收生态环境补偿费看成对自然资源的生态环境价值进行补偿，认为征收生态环境费（税）的核心在于为损害生态环境而承担费用的责任，这种收费目的在于它提供一种减少对生态环境损害的经济刺激手段[14]。洪尚群等认为只要能使资源存量增加、环境质量改善，均可视为补偿[15]。王钦敏认为生态补偿是对环境资源使用而放弃的未来价值补偿[16]。毛锋和曾香认为生态补偿是对丧失自我反馈与恢复能力的生态系统进行物质、能量的反哺和调节机能的修复[17]。毛显强等认为通过对损害（或保护）资源环境的行为进行收费（或补偿），提高该行为的成本（或收益），从而激励损害（或保护）行为的主体减少（或增加）因其行为带来的外部不经济性（或外部经济性），达到保护资源的目的[18]。广义的生态补偿包括污染环境的补偿和生态功能的补偿，即包括对损害资源环境的行为进行收费或对保护资源环境的行为进行补偿[19-20]。彭丽娟从生态学、经济学、法学等角度分别阐述生态补偿的内涵，指出生态效益补偿的目的就是为了保存和恢复生态系统的生态功能或生态价值，对于一个生态功能区而言，补偿的内容包括直接对生态环境的恢复和综合治理的直接投入成本以及该区域内的居民由于生态环境保护政策所丧失的发展机会[19]。

鉴于以上分析，生态补偿成为促进生态环境保护的经济手段和机制应具有以下特点：第一，无形的非物质补偿。生态补偿对象是生态环境所提供生态产品、服务和非服务功能。即生态补偿所提供补偿对象是看不见、摸不着的无形供给和服务。耕地保护所提供的生态效益或生态服务如保持水土、涵养水源、调节气候以及美化环境等是一种无形非物质的效用。第二，外部性。外部性的存在是生态补偿的理论基础。外部性使得社会资源使用不当，不能使资源的配置达到帕累托

(Pareto)最优,影响了社会的福利效益。生态补偿目的是使外部性内部化,通过各种有效的制度安排和政策手段,达到激励保护者或者惩罚环境破坏者从而调节其行为,实现资源的最优配置和社会福利的最大化。第三,行政性。由于生态环境所提供的服务与供给具有公共产品的属性,私人理性经济人不会主动进行生态环境保护,必须依靠中央政府在法规和政策层面提供协商与仲裁。

国家一再强调要完善生态补偿政策,尽快建立生态补偿机制,并在党的十七大报告和2005年《关于落实科学发展观加强环境保护的决定》中有所体现。可以看出生态补偿应当包括环境污染的生态补偿,就是说生态补偿是广义的概念。总之,生态补偿应包括以下几方面主要内容:一是对环境污染或破坏的生态补偿。对已经造成生态环境恶化或者对周围环境产生严重影响行为进行惩罚,从而减少环境污染发生的可能性。二是对保护生态系统或者维持生态系统本身(恢复)进行激励补偿措施。三是对个人或区域保护生态系统和环境的投入或放弃发展机会的损失的一种经济补偿。

因此,生态补偿目的是保护生态环境、促进人与自然和谐发展、可持续利用生态系统服务,并运用政府和市场手段进行经济激励来调节利益相关者利益的制度安排。

四、农田生态补偿

土地资源是人类赖以生存与发展的重要物质基础和保障,土地利用变化是当今经济社会中最活跃和最普遍的现象,人类在利用土地发展经济和创造物质财富的同时,也对自然资源的结构及其生态与环境产生巨大的影响。特别是耕地资源,不仅提供了粮食、蔬菜、纤维等实物型产品而且提供开敞空间、景观、文化服务等非实物型生态服务,是生态系统中最重要的生态系统之一。

通过对优质农田的保护,耕地资源质量有所提高,但农田权利所有者或使用者仅能得到农田的经济价值,社会价值和生态价值外溢于其他经济主体,给其他的利益相关者带来了效益,或降低了其生产成本,或增加了其效用与福利,出现"免费搭车"现象。外部性的存在,市场机制不能很好地发挥作用,致使资源配置不合理,环境污染行为发生。作为理性的经济人不可能花费高额成本进行耕地资源保护与投入,因此必须解决外部性问题,激励理性经济人自愿参与资源保护的行动。

一方面,农田生态补偿针对农田所提供的生态价值,给予农地价值的提供者或受益者补偿或收费,提高其行为的受益或成本,从而激励提供者或受益者主体行为的增加或减少因其行为所带来的外部经济问题。其补偿的根本目的是充分利用耕地资源,使资源优化配置,降低耕地资源流转可能性,维护、改善或恢复区域生态系统的服务功能,从而达到在利用土地的同时保护生态环境。另一方面,对保护农田造成的土地发展权受限损失或者过多承担了农田保护任务权益的损失给予补偿,以协调区域利益均衡,实现区域公平与社会和谐的基础上确保国家粮食安全和社会稳定。

五、农田生态产品产权界定

从经济本质来看,农田生态补偿实际上是将农田所提供的生态系统服务功能及外部效益内在化,并将效益在不同产权主体之间进行让渡,实现利益再分配的过程。由于公共产品的特殊性,让渡问题在市场上难以反映。调整生态服务系统相关主体的利益分配关系和责任分担多寡必然涉及不同产权主体之间关系。因此,补偿是在明确生态服务供需双方责权利边界基础上做出的合理判定。根据《中华人民共和国土地管理法》规定,城市的土地属于国家所有,农业和城市郊区的土地,除有法律规定属于国家所有的以外,我国的农村土地依法属于农村集体所有,由村集体经济组织或者村民委员会经营、管理农村集体所有土地,农村集体经济组织在法律规定的范围内行使占有、使用、收益和处分等各项基本权能[21]。据统计,在我国的耕地中,属于农民集体所有的占耕地总面积的94.4%[22]。农民作为农村土地的承包经营者和使用者,农村集体经济组织和农民之间的关系是所有权和使用权的关系。

所谓产权,是人们(主体)围绕或通过财产权(客体)而形成的经济权利关系,其直观形式是人对物的关系,实质上都是产权主体之间的关系[23]。产权的确定能很好地界定受益者和受损者,补偿机制的建立是对产权的尊重和保护产权的完整,同时也体现补偿的法律地位和公平公正。当前导致我国生态补偿不到位,或者补偿受益者与需要补偿者相脱节的问题,主要原因是产权不明晰[24]。

只要我们明确界定涉及外部性效应商品的产权——不管谁拥有了产权——行为人都能从他们的初始禀赋出发,通过交易达到帕累托有效配置,如果能建立一个外部性效应的交易市场同样能发挥应有作用[25]。

2007年8月24日,环保总局出台《关于开展生态补偿试点工作的指导意见》,指出开展生态补偿试点工作的基本原则是谁开发、谁保护,谁破坏、谁恢复,谁受益、谁补偿,谁污染、谁付费;并明确指出环境和自然资源的开发利用者要承担环境外部成本,履行生态环境恢复责任,赔偿相关损失,支付占用环境容量的费用,生态保护的受益者有责任向生态保护者支付适当的补偿费用。20世纪70年代以来,由国家出面组织或给予政策扶持对无过错致害受害人补偿的机制纷纷建立,在环境法学界,"损害由社会承担"的现代观点逐步取代了"损害由发生之处来负责"的传统观点,因此,由"谁侵害谁负责"到"谁受益到谁负责"的转换是行得通的[26]。不仅理论上能成立,实际操作上也是可行性的。

农田是在人类活动干预下形成的人工复合生态系统,在提供生态系统服务功能的同时,还具有农田非生态服务功能(ecosystem disservice)功能,兼具正负双重环境效应。例如,人类因片面追求产量增长,大量化肥、灌溉水和农药的高投入,不合理利用带来的资源破坏和环境污染等方面的负效应。农田提供的生态系统服务功能,确保人类获益,按照"谁保护谁收益,谁受益谁补偿"原则,其保护主体应该获得生态补偿。但与此同时,农田利用过程中也会对社会经济发展和生态环境带来不利影响,按照"谁污染、谁付费"原则,农田生产和使用主体应该支付补偿费用。农田提供生态产品非市场价值及相对低下的经济产出价值,在价格扭曲、污染者支付能力有限等现实情况下,"污染者付费"原则又存在许多操作上的难题。农田的使用者和保护者主体支付所带来负效益补偿费用是不可能。遵循个人责任和社会责任结合,农田具有农田非生态服务功能(ecosystem disservice)功能,由社会共同承担,给予农田所提供的正外部性补偿,以激励提供者继续提供,农田利用过程中所产生的负外部性由社会共同承担,促使农田利用过程中负外部性减少。因此,作为农村土地承包者和经营者的农民和集体经济组织都应该成为被补偿者。

第二节　农田生态补偿的理论基础

一、协调农田生态与粮食安全是农田生态补偿的现实需求

农田不仅是人类赖以生存和发展的物质基础,还是重要的生态屏障及生物栖息地。例如,在欧洲,农田占到土地面积的43%,是最广阔的野生动植物的栖息地,承载着地区生物多样性的绝大份额,为50%的鸟类和20%~30%的植物群提供生存空间[27]。基于我国特殊的土地基本国情,农田也承担着重要复杂的职责及功能,是构建生态良好的土地利用格局的重要组成。尤其,第三轮全国土地利用总体规划中突出农田作为生态屏障的重要功能,要求"在城乡用地布局中,将大面积连片基本农田、优质耕地作为绿心、绿带的重要组成部分,构建景观优美、人与自然和谐的宜居环境"[28]。然而,农田生态环境公共物品和外部性的特征,会带来市场失灵和政策失效的问题,产生农田生态环境供给的不足,农业污染等负外部行为大量存在,保护主体规避保护责任和滋生寻租行为等现实矛盾。我国在农业方面取得了瞩目的成就,但也付出了巨大的环境代价。对生态系统的破坏在逐渐加剧,尤其是过度使用化肥和农药,导致作物种植的面源污染使湖泊、河流、地下水等受到污染。农村的生态服务安全受到威胁,对农村和城镇都会带来损害。现阶段我国农用地利用过程中,现代生产要素化肥、农药、农膜、地膜所占比例越来越大,逐步取代传统日益昂贵的人力、畜力等生产要素。化肥、农药的施用量在生产过程中居高不下,施用结构不合理,而且利用的效率较低。单位面积的耕地化肥施用量呈稳步上升趋势,1991年全国农用地化肥施用量达到2805.1万吨,2008年化肥施用量达到5239.2万吨,单位农作物播种面积平均施用量达到335 kg/hm²,而国际公认

的化肥施用安全上限为 225 kg/hm²。农药的施用量也呈增长的趋势,同样存在着结构不合理,1991 年我国农药施用量 76.5 万吨,2008 年施用量达到 167.2 万吨,而利用率不到 30%,农药通过气体等媒介释放,对环境和人体健康产生了诸多的负面影响。据估计,所施用的农药中约小于 1% 部分能直接作用于病害源,其余部分则进入环境[29]。

在农膜、地膜使用过程中,由于公众对可降解农膜、地膜益处认知不够及其价格相对较高,增加农地利用过程的成本,因此人们对可降解农膜、地膜的使用率较低。显然,化肥、农药、地膜、农膜的不合理利用导致土壤污染、水体污染,降低农地质量和地力。农药污染、化肥的污染和地膜、农膜污染都为农业的非点源污染,具有分布范围广、潜伏周期长、影响深远、危害大等多种特点,农用地是土地资源中的精华,化学农药滥用、误用和不合理使用对该区域经济和周边环境的影响不容忽视。农业利用过程中不合理的利用,人为滥用各种资源,可能造成栖息地的环境改变、生态环境破碎,直接影响到生物多样性。生物多样性的降低和某些种类生物量的减少,最终将导致生态系统的稳定性下降,不同程度地破坏生态平衡。

生态环境不仅为人类提供所需要的食品、能源等基本生活资料,更重要的是维持了人类生存的生命保障系统。人类社会的发展在不断改造自然的同时也在不断的掠夺大自然,人类的生产活动不断向自然界排放各种废弃物使生存环境质量日益恶化,而现行的各种经济活动并没有考虑经济活动所产生的负面效应。对自然的过度索取,造成土地沙化、沙尘暴频发、草场退化、河流污染、空气质量污染、植被破坏等,在生态环境脆弱的地区,生态恢复较难。生态环境破坏到一定程度,社会生态系统的服务功能失调,不能产生自我调节能力。生态系统的调节包括对气候、水分、气体、病虫害等,调节功能下降可能会出现旱涝灾害、沙尘暴频繁等多项地质灾害。近几年来,我国大部分地方的气温波澜起伏,南方的雨水、北方的干旱、地震、泥石流等灾害频繁发生,造成重大损失,生产和生存条件遭到威胁。严重影响地方经济发展,进一步加剧贫困,因贫困而无力改变环境现状,可能还会大肆掠夺资源获得一时的富足,势必造成整个生态系统的生态服务功能进一步下降,产生不断的恶性循环,因此,无论是在发达国家,还是在发展中国家,生态环境问题都已成为制约经济和社会发展的重大问题之一。

二、外部性内在化是农田生态补偿的理论基础及核算依据

人们在遭到生态环境的报复后,越来越清醒地认识到生态环境是人类不可缺少的生产要素,是人类财富及幸福生活的源泉。环境经济学认为,引起资源不合理的开发利用以及环境污染、生态破坏的一个重要原因是外部性。外部性(externality)概念是由剑桥大学的马歇尔和庇古在 20 世纪初提出[30]。外部性在许多研究中也被称为"溢出效应(spillover effect)",它是指一个经济主体(影响者)

的行为对另一个经济主体（被影响者）产生影响，当影响是强加在另一经济主体（被影响者）的成本时就称之为负外部性（外部不经济），此时该主体的活动所付出的私人成本就小于该活动所造成的社会影响；而另一经济主体（被影响者）能从这一活动中获得收益，这就是所谓正外部性（外部经济），此时经济主体活动中私人所得利益小于该活动所产生的整个社会的利益。用数学表达式为

$$U_j = U_i(X_{1j}, X_{2j}, \cdots, X_{nj}, X_{mk}), \quad j \neq k$$

式中：j 和 k 指不同的个人或者经济体，U_i 表示 j 的福利函数；X_i（$i = 1, 2, \cdots, n, m$）指经济活动。它表明只有某个经济主体 j 的福利受到本身自己所控制的经济活动的 X_i 影响外，同时也受到另一个经济主体 K 所控制的某一经济活动 X_{mk} 的影响，就存在外部效应。

外部性依据其产生原因可以分为生产外部性和消费外部性，就是说当外部经济或者外部不经济是来源于生产活动给他人带来效用的增加或减少，而生产者自己却不能从中得到任何报酬或者惩罚就称为生产外部性；当外部经济或不经济源于消费者的消费活动对其他经济主体造成额外收益或损失，而没有为此得到补偿或承担相应的成本时就称之为"消费的外部性"。外部性依据其时空结构，分为空间上的外部性和时间上的外部性。空间上的外部性是指某项经济活动在一定空间上对其周围的经济主体所造成的影响；时间上的外部性是指目前的某项经济活动对未来时期经济活动可能造成的影响，考虑的是资源的可持续性即对子孙后代的影响[31]。

外部性经济产生时，所带来社会的好处或影响，经济活动主体不能得到补偿，而对社会造成的外部不经济，经济活动主体不会为自己的破坏行为负责。在很多时候，人类对外部性的认知和评估直接影响公共产品的配置效率和相应的制度安排[32]。

外部性是导致市场机制失败与扭曲的重要原因之一。在外部性中，如果某一商品对其他商品产生有益或有害影响，市场价格不能真实反映出来，会使经济资源配置偏离帕累托最优状态。外部性使得价格扭曲，信息传递失真，造成经济效率损失[33]。可能外部经济商品的生产产能不足，而具有外部不经济性质的商品生产可能会过剩，打破市场经济中资源的有效配置。为使社会福利最大化，市场资源配置达到帕累托最优，经济学家对外部性如何内部化不停探求，其中英国经济学家科斯（Coase）和庇古（Pigou）的研究影响深远。

科斯认为外部性问题的本质就是产权问题，在交易费用为零的情况下，无论明晰的初始产权是如何界定的，无论产权归谁，自由市场机制总会找到最有效率的办法[34]。即在产权明确情况下，为了个人利益最大化，他们会在市场机制的引导下通过谈判或者讨价还价的方式达成协议，最终能实现经济资源的合理配置。但如果双方交易费用过高、产权难以界定或界定成本也很高，则科斯产权理论就失去意

义。科斯产权理论(Coase theorem)虽然受到非议,但也明确外部性问题不需要摒弃市场机制,如果只要交易费用不为零,但也不是很高的情况下,可以通过明晰产权或用新的制度安排方式来达到资源配置的最佳效率。

庇古提出政府干预手段即庇古税(Pigouivain tax)。庇古认为导致市场配置资源失效的原因是经济当事人的私人成本与社会成本不一致,私人收益与社会收益不一致,理性经济人追求私人最优导致社会的非最优。因此,纠正外部性可以通过政府税收或者补贴方式来矫正理性经济当事人的私人成本,其数额应等于社会成本与私人成本之差。税收或者补贴会对理性经济人产生激励作用,使生产达到社会最有效率的水平,资源配置就可以达到帕累托最优状态。

可以看到,科斯强调产权和市场,认为解决外部性不需要政府的干预,而庇古的观点是政府通过经济手段出面干预、调节和控制。解决外部性的方法也可以通过行政管制,该方法同样可以弥补市场不足,纠正外部性的缺陷,对提高整个社会福利方面具有积极作用,但管制也可能存在缺陷,导致行政管制失败[35]。特别是在发展中国家,指挥和控制的保护机制已经证明是无效的[36]。我国农地保护政策预期目标不佳及执行的不完全性往往导致政府的农地保护政策失灵[37]。

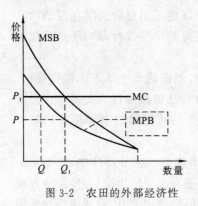

图 3-2 农田的外部经济性

农田具有明显的外部性特征,其生态环境价值和社会价值在市场不能得到有效体现,使得部分价值被置于公共领域,呈现出明显的正外部性。保护耕地资源,农民能获得一定的经济利益,但这个经济利益较小,而农田保护社会和生态的外部性溢出,溢出效益远高于经济利益。由于农业的经济比较利益低下以及搭便车现象存在,很多人不愿承担保护成本,抑制了农民保护的积极性。外部性的存在,市场机制不能很好地发挥作用,不能通过价格机制来纠正成本与收益的偏差,理性的经济人就不会有效进行农田保护。农田所提供的生态服务价值的权利不好界定和评判,而且农地具有保障国家粮食安全和生命线的特质,要激励理性经济人自愿参与保护资源的行动,就必须通过政府的有效制度手段纠正扭曲的市场偏差(图3-2)。图3-2表明,农地资源保护过程中边际社会收益 MSB 大于边际个人收益 MPB,农地资源保护的数量由种植耕地资源边际成本 MC 与边际个人收益 MPB 共同决定,两者相等时的产量为个人最优生产量,供给量 Q 小于社会最优需求量 Q_1,因此,在无干预情况下,存在农田保护或者种植供给缺乏的情景。

三、农田准公共物品属性是选择生态补偿政策的基本前提

按萨缪尔森的定义,纯粹的公共产品(public goods)是指这样一种产品,即每个人消费这种产品不会导致别人对该产品消费的减少[38]。马斯格雷夫指出,公共产品是指"某些个体可对其共同消费或无竞争消费"[39]。公共物品两大特点是:一是非竞争性(non-rivalness),即一个人消费该商品时不影响另一个人消费该商品的数量和质量;二是非排他性,即没有理由排除一些人消费这些商品或者将特定的个体排除在其消费或现有产出的使用之外是不可能的或者假设能在技术上做到排他,但排它的成本非常高而导致在经济上不可行。如农田所提供涵养水源、保护土壤、提供游憩、防风固沙、净化大气和保护野生物等生态服务。

按照公共产品理论,公共产品根据其属性又可分为纯公共产品和准公共产品。同时满足"非竞争性"和"非排他性"这两个属性的物品称为纯公共产品。例如,美丽风景、新鲜空气等资源作为公共消费品的供给时就属于纯公共产品。有些公共产品具有竞争性,但也具有非排他性,这样以"拥挤"的公共产品是介于公共产品和私人产品之间的混合产品,又称为准公共产品。如收费的桥梁、公路、电影院等。

对于公共产品的非排他性,人们会尽可能从中获得足够多的收益而不付任何代价来享受通过他人的贡献而提供的公共产品的效益。公共产品的这种属性又称为"灯塔效应"和"免费搭车"行为,整个社会都从中受益,而不需为此付出费用。生态产品具有典型的纯公共物品的特征,如优美的环境是人类所需要的,但洁净空气、优美景观的保持是需要成本与费用的,由于消费中的非排他性和非竞争性往往导致"搭便车"(free rider)心理,人们愿意消费优美环境产品,但不愿主动担负享受优美环境而需要的费用。因为人们认为公共物品并不是专门为自己个人而提供的。对于负影响效果的公共产品,受害者在设法制止这种不利影响上互相依赖和推卸责任。公共物品的这些属性导致了市场机制的失灵。因此,应通过政府参与或市场机制,确定这一特殊产品的供给与需求,建立科学生态补偿机制,确保生态保护者能够像生产私人物品一样得到有效激励,达到生态资源合理配置目的。

农田提供的生态系统服务具有纯公共产品的属性,存在供给不足、拥挤和过度使用等"公地悲剧"问题,导致使用者不会主动、自愿保护人人都能受益的纯公共产品,而农田所提供公共产品服务受益者免费"搭便车"现象必须解决。农田生态补偿机制是解决生态产品这一特殊公共产品免费"搭便车"行为,激励公共产品的足额供应,并使生态投资者和保护者能得到的合理回报的一种经济保护制度。

四、产权理论是农田生态补偿主体界定及补偿分配的依据

产权(property rights),是以财产利益为内容,直接体现财产利益的一种权利,

同时又是人类实现其他基本权利的条件[40]。我国《物权法》规定保护公民的财产权不受侵犯。可见,公民的财产权受到法律的保护,洛克解释到人们既然都是平等和独立的,任何人就不得侵犯他人的生命、健康与财产。财产权虽然不是由政府和法律所规定的权利,但却是各地政府应当保护的自然权利。康德还把是否拥有财产看成区分积极公民与消极公民的标准[41],财产权的保护和完备可以体现一个区域社会福祉优越。科斯在《社会成本问题》中分析了外部性问题,认为明晰产权可以克服外部性,降低社会成本,从而在制度上保证资源配置的有效性,即对财产权的界定能很好地内部化外部成本。外部"效应"内部化后通常财产权会发生变化,影响到其他与之相互关人员的利益关系①。

农村集体经济组织拥有农村土地的所有权,农民拥有土地的使用权。对于具有特殊意义的农田而言,从法理上来说,农村集体经济组织应具有完备的产权,农民具有部分产权。20世纪90年代以来,农田粮食安全和生态安全的屏障功能促使我国实行土地用途管制制度、耕地保护制度、基本农田保护制度等世界上最严格的耕地保护制度及相关措施强化对耕地资源的保护。制度和措施其实质是为了维护社会利益而对土地产权的限制,以此保证土地的合理利用。例如,基本农田保护区设立后,对区域内农田的使用实施限制,基本农田使用者生产自主权受限,利益相关者的财产权将会产生不同程度的损失。《物权法》规定私人的合法财产受法律保护,任何人不能侵犯,但与此同时规定国家为了社会整体福利,保障粮食安全与生态安全目标,对农田实行特殊保护,严格限制农用地转为建设用地,控制建设用地总量。国家通过耕地与基本农田保护制度,农地用途管制、占补平衡制度,限制农民集体所有耕地转为建设用地,对其集体私有财产的限制,使耕地所有者和使用者遭受经济损失,就应给予相应补偿,否则就是政府基于粮食安全的理由对农民与农民集体产权权益的侵害。

产权制度是否完善,将直接影响到所有制生产关系的运行效果,进而影响着人们保护耕地的意识、愿望、能力以及耕地保护立法的制定和实际执行情况[42]。早在20世纪中期,发达国家就关注制度对土地利用的制约,认为规划管制与发展受限将会导致不同土地利用模式与分区利益群体福利非均衡,给发展受限地区相关群体带来福利损失。虽然任何产权必须有限度,社会强制力会处于主导地位,但同一社会主体不同区域或者不同的土地利用分区产权不同,对管制地区和限制地区的财产分配存在不公,在各种土地用途管制和法律法规的框架下,其用途仅限定为农业用途,会存在价值的转移和外部性问题。国家强制力实施下的制度如果缺少公平、公正,则制度的效率和管制成本会成为一直讨论的话题。目前我国政府在进

---

① 蔡国辉译,Harold Demsetz. Toward a Theory of Property Rights http://www.law-economics.cn/list.asp? unid=1318.

行耕地资源保护过程中,各种管制制度和保护措施没有达到应有的效率,出现行政管制过程中,成本过大,制度实施效果不佳,效率低下等问题。

地方政府、农民等相关利益群体没有保护耕地资源的动力,造成我国耕地资源的数量不断下降和耕地资源质量的不断受损,土地使用权人财产权受到剥夺。依据经济学理论,政策制定的目标是为了纠正市场失灵,实现社会福利最大化,产权可以帮助人们进行更合理的交易,可以达到资源配置、激励与约束等作用。从财产权角度分析,解决市场失灵,政策失效的方式有两个:一个是保护私人财产权的完备性;二是给予转移的财产权补偿。政府部门为了保障公共利益最大化,实现社会资源配置的帕累托最优,采取一定的管制制度是合理的,但应给予被管制的所有人为公共利益做出牺牲的补偿,以弥补发展受限相关利益群体的福利"暴损"。

五、群体利益相对均衡是农田生态补偿的根本判断标准

利益均衡研究的实质是协调利益分配关系,保证相关利益主体的利益不受侵害,使相关利益主体在公平、公正的前提下进行利益的转移和分配。生态问题的本质是人的问题,而核心问题是利益的平衡。瓦尔拉斯的一般均衡理论认为要实现社会利益均衡必须使社会成员具有共同的社会目标[43]。耕地保护过程中,由于耕地资源的外部性和公共产品的属性,理性经济人不可能让渡自己的利益来实现社会福利最优的共同目标。相关利益者面临利益矛盾与冲突,如何协调各方利益者的利益诉求,充分考虑土地资源配置中的各利益主体的利益与责任均衡问题[44],成为协调地方经济利益与保证粮食、生态安全的焦点。例如,国家将国土空间划分为优化开发、重点开发、限制开发和禁止开发四类主体功能区,主体功能区划制度实行,产生管制力度和土地发展权利受限制,致使发展受限制地区相关主体利益"暴损"——福利损失,非受限地区土地"暴利"现象——福利增进的产生,对不同功能区及区域内的利益群体产生不同福利效应。在缺乏经济补偿制度的前提下,规划管制弱化区域(优化开发区和重点开发区)及其相关利益主体可能会无偿地取得外部经济性利益,而规划管制强化区域(限制开发区和禁止开发区)及其相关利益主体则可能会为此蒙受外部不经济造成的损失,却得不到相应补偿,致使区域之间经济发展存在严重非均衡性,保护和规划执行的积极性不能很好地调动。中央政府与地方政府在保护耕地资源的目标中利益诉求存在不一致,在中央政府与地方政府的博弈中,中央政府为实现公共利益的最大化而限制地方自身利益的无限膨胀,地方政府为谋求地方经济利益的最优发展而与中央政府不断进行博弈,寻求发展的空间,更期望中央政府给予地方更多照顾[45]。生态补偿能有效调动各级地方政府以及农民保护耕地的积极性,达到保护耕地、保证粮食与生态安全的总体目标[46],实现各主体功能区和相关利益主体由于发展受限和规划管制所产生外部性受损的补偿进行协商和博弈,达到相关利益群体间福利的均衡,实现经济发展与农

田保护目标的和谐统一。

探讨农田的生态补偿问题必须从农田的本身属性和特征着手。农田能满足人类生产和生活基本需求和目标,既提供生态系统服务的功能,具有供应、调节、支撑、文化服务功能与作用,又具有生态系统非服务功能,存在对人类不利的一面。农作物害虫性、病菌等减少了生产力和导致严重的作物损失,化肥、农药的使用增加产量的同时,不可避免对周围的生态环境有一定污染和损害。如果能合理、有序通过生态系统的自我循环达到平衡状态,并不会对人类整个社会生态系统产生威胁性的影响。众所周知,农田生态系统是经过人类干预的管理系统,虽然市场经济利益低下,人们也往往忽视非市场价值而更注重短期较低的市场经济价值,希望通过某一制度能达到对农田非市场价值的重视,保护好一定质量和数量的优质农田。农田生态补偿制度作为一种环境保护的经济激励手段进入我们的视野。农田生态补偿概念的界定和内涵,为进行生态补偿标准的核算和形成可操作的政策手段打下基础,生态补偿就是通过制度的安排,协调各方关系、体现社会公平及完善财政转移支付,实现耕地资源的最优配置和社会福利最大化的耕地保护补偿制度。本文从外部性理论、公共物品理论、资源的价值理论、生态服务价值理论、产权理论和利益均衡理论等方面总结了农田保护生态补偿的理论基础,为生态补偿机制的建立提供理论上的支撑和参考,从而能更好地理解和把握农田生态补偿的内在本质和客观规律。

第三节 农田生态补偿对象界定及博弈关系

农田生态补偿作为一项经济激励保护措施,受到社会各界的广泛重视。建立生态补偿机制之前,摆在政府和研究者面前的难题是谁来补偿、补偿给谁、如何补偿和如何确定补偿标准。生态补偿必须了解当地相关利益者的利益需求和倾向,其会影响到生态产品供给数量与质量,同时也能是政策执行过程中成功与否的关键。利益格局或价值取向的研究与探讨,找出促使均衡结果合理化的因素,能更好地激励目标工作的有效行使,使利益相关者的行为能通过补偿得以修正[47]。

一、农田生态补偿对象的界定

1. 农田生态补偿利益主体界定

利益相关者(stakeholders)就是一个群体,没有这个群体的支持组织活动就难以为继[48]。特别是具有准公共产品属性的耕地资源,必须通过政府的干预,才能达到利益均衡和生态平衡。Mitchell 将利益相关者分为确定型利益相关者(definitive stakeholders)、预期型利益相关者(expectant stakeholders)和潜在利益相关者(latent stakeholders)。柯水发通过综合各种划分把参与退耕还林工程利益相关者分为主要利益相关者、次要利益相关者、潜在利益相关者[49]。本节所研究的耕地生态补偿,考虑的是主要利益相关者,是与耕地保护行为有着直接、密切利益关系的群体,具体是指中央政府、地方政府、供给者(农民)、消费者(市民)。

(1)中央政府。

中央政府作为最高地位的行政机构,是国家全局和整体利益的代表,为了国家的可持续发展,不仅要考虑当代人利益,与此同时也要考虑后代人利益,为子孙后代谋福利,使后代人能与当代人一样享用生态服务供给的机会。为了维护国家整体利益,中央政府颁布各种政策与制度,依靠自上而下耕地保护政策达到保护耕地资源的目的。但中央政府在追求全民利益最大化同时,也要保证国家稳定,考虑到地方政府及其民众的满意度。中央政府土地政策的目标包括保护耕地资源和确保粮食安全,维护农民利益和保持社会稳定。

(2)地方政府。

地方政府是中央政府的代理人,是中央具体制度的执行机构,能有效发挥其地方政权和行政管理作用。地方政府一方面要代替中央执行具体保护政策,一方面也要寻求发展,发展地方经济和获得财政收入,具有发展经济诉求,保护耕地等于只让农民务农,减少耕地流转的速度,限制耕地流转将会抑制产业结构转变和经济发展机会的获得。作为具有"经济人"思维的地方政府,受区域经济发展目标的内在驱动以及地方财政增收的外在需要,与中央政府目标并非完全一致,往往会有制度执行不力行为发生。

(3)市民与农民。

农田是农民最重要、最基本的生产和生活资料,是大多数农民维持基本生存的主要手段,也同时是农田保护的直接参与者和农田非市场服务的供给者,而农民所耕作的农田释放的服务产品被城镇居民免费享用与消费。农民和城镇居民都是理性"经济人",以追求私人利益最大化为目的。农民与土地息息相关,土地是农民的生活保障,市民所消费耕地产品包括实物和非实物都和农民投入有较大关系。首先,生活必需品——食物,其品质好坏与土地质量、当地资源禀赋及其投入化肥农药的量有很大关系;其次,非市场产品(生态产品)——调节大气、净化空气、美化环境等这些供给的多少,与农地质量呈正相关,同样也与农民精心细作有关。所以,农田保护不管是数量和质量上,都不能忽视农民的作用。由于农田外部效益、准公共物品属性也决定了城市居民作为农田保护的受益者,可以无偿地享受到农地保护带来的许多无形及有形的益处,成为免费公共消费"搭便车"者,而且随着生活水平提高,城市居民对生态环境需求层次提高,但没有意识到环境建设中应该承担的责任,生态补偿的建立改变以往受益者普遍存在"搭便车"心理,树立"谁受益,谁就必须付费"的生态消费观念[50]。

2. 农田生态补偿对象(客体)与主体明晰

在商品经济下,存在市场交易时交易双方即是补偿主体和补偿对象,但对于市场上还不存在交易的生态产品而言,生态补偿主体是指由于对生态系统服务的利用而受益的个人或组织,生态补偿客体是因维护和改善生态系统服务而利益受损的个人或者组织[51]。孙发平等认为补偿主体有国家、区域和产业,补偿客体是指生态补偿的具体适用对象[52]。

针对农田来讲,农田保护利益相关者有中央政府、地方政府、农田生态服务供给者和享用者。由于农村土地集体所有,集体成员——农民自然享有集体土地中属于自己的一份权利,即享有使用权和部分所有权分享,非社区成员不能分享该集体土地。因此,对于生态产品的提供者农民来说,应是生态补偿客体。但《农村土地承包法》规定,通过家庭承包取得土地承包经营权可以依法采取转包、出租、互换、转让或其他方式流转,国家保护承包方依法、自愿、有偿地进行土地承包经营权流转。因此,农地经营权发生流转的农民享有农村集体经济组织所有权的分享,但不是耕地生态补偿的对象或者说客体,提供生态产品的是种植农作物土地使用者而不是农村集体土地的转包者,但目前流转程序不明确,对流转信息登记的缺乏,很多承包经营者私自流转,导致补偿只能发放到土地的承包者手中,而没有发放到真正种植农作物的土地使用者手中。

集体经济组织是耕地资源所有者,应该享有农田生态效益分享,其后再在本集体成员之间进行二次分配。比如,按照《土地管理法》规定,土地补偿费归农村集体经济组织所有,要保证村集体能留足一部分钱用于村公共福利事业和发展本村集体经济后平均归本集体经济组织的所有成员。

地方政府虽不是耕地产权主体,但是独立的经济主体,有发展地方经济诉求,为了保护农田,失去发展经济的机会。由于农田保护产出效益的公共产品特性,使其既没有税收也没有土地出让金,导致保护耕地资源的机会成本较高。针对当地政府所做出的经济牺牲,其他承担较少耕地保护责任的政府应给予补偿,以保证区域间利益均衡。

农田是农民最基本的社会保障来源,作为农田保护的主体地位,应该是保护的客体,但农田生态补偿的受益主体是全体公民,所有生活在这个社会上的自然人。因此,农田生态补偿主体是分享了农田保护效益,但未承担农田保护任务的地区或者个人,即除了农田种植以外所有自然人或者地区。中央政府代表全体公民利益,每一项环境保护目标代表中央政府利益诉求,中央政府是补偿主体,地方政府是作为中央政府政策实施的管理者,对保护区建设有积极贡献,为了保护农田的开发利用,需要牺牲当地经济发展,作为受损者,地方政府也应该获得相应补偿,成为补偿主体,但区域地方政府之间总有保护和受益的二元选择,所以地方政府也可能成为补偿的主体。

总之,农田生态补偿客体包括:耕地的使用者或者种植者、拥有农田承包经营权的农户、拥有农田所有权的农村集体经济组织。由于生态环境效益的受益者处于不同区域层次,则承担过多农田保护责任的地方政府也是农田生态补偿客体。农田保护主体是所有受益者或者享用者,包括市民和承担较少农田保护责任的地方政府。

生态补偿主体与客体的明确能让民众知晓政策目标,资源的来源与用途,唤醒与提高民众参与保护农田的积极性和热情。由于环境产品属于公共产品,因此各利益相关者需要依靠国家法律、法规来明确各自权责。

二、农田生态补偿利益相关主体间博弈关系

博弈论是研究相关主体相互作用与影响时的决策以及决策均衡问题的理论,是关于理性行为者在策略性环境里或博弈中采取怎样行动的系统研究,使自己效用最大化。任何一个行为者所采取的行动将对其他人行动产生影响,当理性个人做出策略性决策时,要考虑到其他人所采取的决策,每个行为者知道何种决策对自己最有利之前,首先要了解其他行为者的行动,个人效用不仅依赖于自己的选择,也同样依赖于相关其他人的选择。一个完整博弈问题包括参与人、参与人的战略集、参与人的支付(可用效用表示)、博弈进行信息、结果和均衡等基本要素[53]。参与人(player)在博弈中通过策略选择追求效用最大化。本文所分析耕地生态补偿利益直接相关者,即生态产品供给者与消费者,在不同的策略组合(结果)下两个参与人利益往往是不同的。若通过合理制度设计,使各博弈方相互配合,获得个人利益最大化,同时实现社会利益最大化,在主体之间和主体内部形成一种近"变和博弈",对确保粮食安全、生态安全和实现区域之间利益均衡具有重大意义。

(一)供给者与消费者之间博弈

农田具有准公共产品属性,该属性决定了其面临供给不足、拥挤和过度使用的问题,当公共产品供给时,搭便车现象屡见不鲜,将会导致资源的供给不足、配置无效率。

1. 博弈假设

(1)局中人及"经济人"假设。

局中人指博弈中独立决策和承担结果的个人或者组织。本博弈研究中局中人是种植农作物的农民和从事非农业生产和生活的市民。在耕地生态补偿中,虽然所涉及的农户和市民是数以万计的,而且同一主体目标函数具有差异性,但理论上认为同一主体差异不会太大,反映问题基本上也应是一致的,因此,认为农民和市民是博弈的决策主体。

（2）策略空间集合假设。

策略是局中人进行博弈的手段和工具，每位局中人在进行博弈时，可以有很多的选择，本研究中参与人——A 农民有两种选择策略：保护与不保护。而市民作为耕地正生态效益使用者和消费者，作为理性经济人的假设，期望自身经济利益或者效用最大化，市民有进行（补偿、不补偿）两种策略选择。

（3）博弈行动次序。

指参与人行动先后顺序，且后行动者在自己行动之前能够观察到先行动者的行动，局中行动顺序不一样，均衡结果会不一样，因此，博弈行动选择先后顺序是做出正确决策的前提。根据目前我国的农田保护政策，农民先进行农田保护，市民做出最后决策。

（4）博弈得益（payoff）。

当所有参与人采取策略确定以后，参与人各自就会有相应的收益，本博弈是市民和农民的收益状况。

2. 模型分析

农民 A 把土地作为生活保障，期待能从农地中获得更多更高收益。为追求短期较低经济利益，农药、化肥的过度使用污染土壤及水源，但这种污染在短期内不会对生活造成影响，而且能从这种生产模式中获得收益。可以看出农民行为具有短期性与功利性。就目前而言，农田经济比较利益较低，经济压力导致农民保护积极性不高，因此，农民选择了兼业化经营、粗放经营，甚至实行抛荒、撂荒。而新一代年轻人期待农地城市流转，这样获得较高经济利益。保护耕地资源，转变农业的生产方式，实现资源保护和优化或者在家种地放弃务工则获得收益为 a，不保护获得经济利益为 b，则经济利益 $b>a$。市民生活较富裕，一般经济生活水平越高其对生态环境越关注，更关心自己的生活状态与环境。因此，农田所提供准生态产品就成为一种需求，比如农田提供的清新空气、休闲观光、消遣娱乐等功能，很多人愿意为得到这些农田提供非市场的生态服务支付费用。当然受益人同样也有两种选择，给予提供者补偿使其继续消费生态产品或者不补偿宁愿放弃生态产品的消费。受益者在供给者不进行资源保护时收益为 c，在保护时收益为 d，则 $d>c$。假设补偿时补偿额度为 X，则以上两个参与人形成一个博弈矩阵（表 3-1）。

表 3-1　供给者与消费者的简单博弈关系

消费者（市民）		供给者（农民）			
		不保护		保护	
	不补偿	c	b	d	a
	补偿	$c-x$	$b+x$	$d-x$	$a+x$

该简单博弈矩阵中,供给者最大经济收益为 $b+x$,也就是说供给者占优策略是不保护,而消费者在 4 个收益中最大为 d,所以占优策略是不补偿,不论供给者选择保护与不保护,消费者都选择不补偿。无论其他参与者如何选择,不保护不补偿 (b,c) 的占优策略组合就是该博弈均衡结果。经过很多次博弈结果,纳什均衡结果仍然是(不保护,不补偿)。假设(保护,补偿)双方得到的利益为 $(a+x,d-x)$,社会总福利水平得以增加,如果 $b-a<x<d-c$,则双方参与者福利水平得到增加,结果达到帕累托改进,进入资源与利益最优配置状态,但不是纳什均衡状态,说明个人最优与社会最优之间存在不一致。(保护,不补偿)能提高社会整体的福利水平,但供给者利益被剥夺,致使供给者保护不具有积极性与主动性。

(二)各级政府间的博弈关系

1. 中央政府与地方政府

为保护稀缺耕地资源,中央政府制定一系列耕地保护政策,并监督地方政府执行,以降低耕地流转概率,增加耕地流转的困难性,共同完成保护耕地资源目标。地方政府是具体制度执行机构,充当代理人角色,根据中央政策具体实施和积极落实耕地保护制度,但耕地经济效益低下,耕地非农化带来的巨大比较经济利益,对一个追求利益最大化理性"经济人",充满了诱惑。即在中央政府与地方政府进行耕地资源的保护的"委托-代理"关系中,地方政府不会自觉的保护耕地资源,仅在中央政策行政命令和强制目标责任约束之下或者有利可图情况下,地方政府才会能按照中央政府的决策,履行其职能和责任。

模型要素和基本假设

(1)博弈参与人:中央政府和地方政府。

(2)策略集合:策略是参与人行动选择,它规定参与人在什么时候选择什么行动。假设中央政府与地方政府是一种合同关系,中央政府选择委托地方政府或者不委托,地方政府可以选择完全保护或者不完全保护。

(3)博弈行动:鉴于我国耕地资源保护的实际情况,该博弈行动是起始于中央政府。

(4)博弈得益:博弈参与人的支付或效用,特指在一定策略组合下参与人能得到确定效用水平或者期望效用水平。本博弈是在相应的策略下中央政府和地方政府所得到的效用。

(5)假定中央政府和地方政府都是理性经济人,能依据效用最大化制定目标。中央政府会对地方政府进行监督,若发现没有完成中央政府制定耕地保护目标,则会对地方政府进行惩罚。假定局中人对自身在各种情况下损益是清楚的,中央政府和地方政府的决策均由双方独立做出,一方在选择策略时不能确定另一方的策略选择。

模型分析

仅对博弈的一个阶段进行分析,并建立两个博弈方之间的模型。为坚守18亿亩耕地红线,中央政府分配非农建设占用耕地指标,希望地方政府按照中央指令完成,而地方政策有两个纯策略选择:保护或者不完全保护(有违规现象发生),中央政府面对地方政府两个策略选择也有两个选择:监督与不监督。当地方政府保护时,获取较少利益为 V;不完全保护时则获利 U,则 $U>V$,因为即使中央政府不强制保护,地方政府也会出于本地粮食安全考虑,会保护较少部分耕地资源,不会把耕地资源完全转变成建设用地。所以当地方政府保护时,中央政府得益为 A,不保护时得益为 a,显然 $A>a$。中央政府为确保全社会可持续发展,确保耕地资源保护目标实现,可能会对地方政府进行监督,监督成本为 t,当地方政府违规将会被罚款 w。中央政府与地方政府之间博弈模型如图 3-3 中博弈树所示。

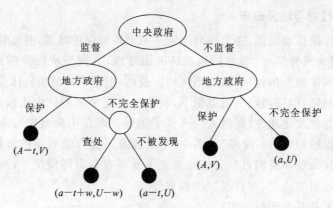

图 3-3　中央政府-地方政府博弈模型

在中央政府进行监督检查时,存在投机行为的地方政府,可能存在不被查处的概率,使其得益和不监督时完全一样。根据博弈树可知:

(1) 如果中央政府不监督,中央政府则期望保护活动收益为 A,地方政府则会选择不完全保护,活动收益为 U,两者的均衡为(保护,不完全保护),难以达到纳什均衡。

(2) 当中央政府监督时,若不被查处,则中央政府期望保护收益 $A-t$,而地方政府选择不保护获得 U,若被查处时中央政府与地方政府获益($a-t+w,U-w$),仅有 $V>U-w$,地方政府才会选择保护策略,即必须加大处罚力度,则才会可能促进地方政府保护。但与此同时,又存在投机,获得不处罚的机会,即获得 U 的收益机会。因此,只有中央政府加大处罚力度,发现并查处的概率较大时,才可以达到均衡状态。在监督检查时,由于我国中央政府存在信息缺失和制度不完善,导致地方政府违规成本较低,两者达到纳什均衡可能性不大。

发达地区具有明显的比较优势,一般中央政府对经济发达地区分配的建设占用指标较多，而地区资源的丰裕地区，由于经济发展较缓慢，下达的指标要小，造成该地区保护的责任较多，进一步又限制了当地产业结构转变、经济发展。履行保护责任较多区域受到限制越多，其相关群体利益就会出现"暴损"，而保护责任较少区域出现土地"暴利"现象。在缺乏相关制度平衡和调节下，保护责任较多区域的地方政府要积极落实中央决议就意味收益损失，因此，地方政府倾向于运用各种操作方法规避中央制度所带来的限制。胡耀岭等通过中央政府与地方政府间博弈分析，认为只要中央政府勤于执法、善于执法、加大处罚力度，就能提高社会整体福利水平，并切实有效，但同时也通过一些法律规程表明中央政府的监察不具有明显的法律威慑力，地方政府（尤其是地方政府领导）的违规成本很低，选择违规行为的预期价值很高[54]。郑培等从公共选择理论角度分析，其认为地方政府公共决策偏向、内部性以及寻租行为导致耕地保护中政府失灵[55]。国土资源部副总督察甘藏春在"保增长、保红线行动"成效座谈会上表示目前地方政府仍是土地违法案件主角。在缺乏经济补偿制度的前提下，中央政府与地方政府博弈不存在策略纳什均衡，任何一种策略组合都有一个博弈方可以通过单独改变策略而得到更好收益[57]。

2. 地方政府之间博弈

在区域层面，由于社会经济发展的开放性和环境保护效益的扩散性，履行保护责任较多地区政府与履行保护责任较少区域政府之间是保护者与受益者关系，其存在福利"暴损"与"暴利"。在面对耕地资源保护，地方政府存在着推卸责任，不断谋求实现自我利益最大化和自身政绩最大化的现实思考，因此，地方政府决策对耕地保护效果具有直接影响。政府之间博弈与耕地生态产品的供给者与消费者之间博弈情况相似。毛显强和钟瑜认为若参与人博弈进行一次或者有限次，即使合作能使各种福利水平得以提高，而且也能达到社会最优，但出于个人理性追求或者个人得益（Payoff），在没有外在强制力情况下，合作状态不能实现，这种没有满足纳什均衡的协议或者生态补偿制度安排不具有制度效力[57]。即使在博弈或者自由协商时达成一致，但最终往往难以达成保护——补偿协议，需要第三方中央政府在法规和政策层面提供协商与仲裁。中央政府通过构建激励的利益分配机制，充分发挥政府管制和市场机制的双重作用，将强制性政府行政管理手段与自发要素配置流动市场机制相结合，实现相关利益主体间福利均衡[58]。

三、农田生态补偿的博弈路径选择

农田准公共产品的特殊性决定了利用的私人最优决策与社会最优决策存在不一致，难以达到土地资源配置帕累托最优。农田保护的直接相关者农户与地方政府对保护农田的态度含糊，不具有积极性的动力，必须依靠政府中介进行协商，通过相关制度安排,才能达到调整相关者直接利益关系,由全社会共同承担耕地保护的社会巨大成本。该制度激励供给者继续供给和限制生态产品过度使用,解决拥挤和搭便车现象,从而实现生态效益与经济效益的"双赢"目标。虽然政府介入,但不能依赖政府行政效力强制执行,必须依赖生态产品供需确定这一经济利益的分配关系。

作为农田保护的直接实施者农民,被补偿的原因是由于其提供的公共服务产品,保护责任较多区域政府得以补偿的原因是其发展权利受限。为了公共利益需要限制了农民及农民集体部分发展权利,造成农民及农民集体权益损失。生态补偿制度的建立可以鼓励农户、集体等权益相关主体与地方政府共同参与耕地资源保护制度,提高耕地保护的认知程度,严格限制或剥夺相关群体使用资源和发展空间的权利,将侵害保护责任较多区域的群体利益,导致不同区域之间利益群体福利非均衡,违背环境公平决策,导致发展效率低下。根据不同利益主体在制度安排后可能产生的福利损益,兼顾效率和公平、社会福利最优、帕累托改进等衡量补偿标准,细化并理顺耕地转用过程中的功能、权利及利益转换关系。分析耕地保护中不同利益主体行为趋向及利益诉求,以至于发展权收益在地方政府、集体以及农户间进行科学合理分配[59],促成相关群体在公正有效的制度平台上进行利益博弈均衡,实现相关群体福利转移,实现经济发展与资源环境保护的和谐统一。

因此,依据农田保护相关利益主体之间博弈协商过程,依托政府中介的农田生态补偿可以解决资源的供给不足的问题。依据利益主体之间关系和划分把农田生态补偿分为区域内部农田生态补偿和宏观跨区域之间的补偿。农田生态补偿制度建立的核心问题是如何量化农田生态补偿额度(图3-4)。

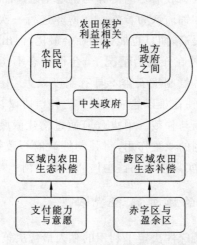

图 3-4　农田生态补偿博弈路径框架

农田理论生态服务价值量非常大,虽然是保持生态服务可持续供应的补偿额,但按照此标准进行生态补偿可能既不合理也不现实。生态补偿额度必须使其能更符合人类发展需求,是在政府预算约束下对生态服务需求。生态补偿具有社会性,是在一定经济发展水平下,人类生态环境意识水平达到一定高度下产生的经济补偿机制,因此,补偿标准的确定和人类的认知、需求层次、经济发展水平和地块的自然特征等有密切关系。总之,生态补偿标准的确定既要考虑生态系统所提供的服务,也要考虑补偿主体的支付意愿;既要体现生态保护效益和保护成本,又要考虑不同地区发展水平、经济承受能力和支付能力;既要体现区域之间的公平,也要考虑资源配置的效率。

农田生态补偿中农民是补偿的主要对象,补偿时首先需要考虑农户的补偿期望,只有符合农户意愿的补偿才能真正有效地调动其保护的积极性,因此,农田保护者和受益者作为理性的"经济人",其目标是私人利益最大化,只有满足双方利益,才能真正使制度发挥功效。政府作为全体公民利益的代表其目标是整个社会福利最大化,而在保护者和受益者自由协商与博弈难以达成保护补偿的协议时,往往需要代表公共利益的政府出面提供协商与仲裁,依据供给者的需求意愿和消费者的支付能力与意愿,由双方博弈确定。

我国规划管制和建设占用指标,按省域下达到省,由省级进一步下达到县级,最后落实到村、到地块,行政制约所形成区域保护量和保护率不均衡在一定程度上限制了落后区域经济发展,致使区域间耕地保护存在公平性缺失[60]。发展受限地区产业发展受限导致地方财政收入、就业机会丧失及区域经济增长机会丧失。就业机会丧失导致人口迁移最终造成地方公共服务的外溢。地方政府之间的补偿依赖于受损与得益,但是社会经济环境和市场的复杂性与不确定,很难从受限地区经济发展损失中剥离出哪些是由于履行保护责任多造成的,对于得益地区来说,也很难估计 GDP 增长、容纳的就业人口及其他公共服务中剥离出受损地区所做贡献。

对于宏观区域之间的补偿,政府之间转移支付可以通过间接生态赤字与盈余来确定,农田保护消费与供给主体之间的支付意愿与受偿意愿能有效解决这一问题。该区域支付意愿说明消费者愿意为享受到农田所提供服务支付的费用,而受偿意愿说明供给者认为自己提供服务应值金额。支付意愿与受偿意愿可能存在赤字与盈余,若支付意愿大于受偿意愿,意味着该区域消费者消费了其他区域农田所提供的服务;若支付意愿小于受偿意愿,意味着其他区域消费了该区域农田所提供的服务,从而能确定该区域应得到补偿或者应支付补偿,实现各区域相关利益主体间福利均衡及农田生态保护责任共担、效益共享。

第四节 基于土地优化配置模型的农田 生态补偿及核算框架构建

农田提供粮食、纤维、燃料等市场产品，及伴随的水供应、气候调节、审美和文化服务等非市场产品。然而随着经济建设及城市化进程的加快，城镇规模不断向外扩张，致使农田非农化加剧。且农田农用比较利益低下，进一步加速了农地非农化的速度，造成农田数量不断减少。另一方面，追求短期较低经济利益，农药、化肥的过度使用，导致栖息地丧失、地下水污染；农田不合理灌溉导致河流转移和地下水的枯竭；过度放牧导致牧场侵蚀和产生荒漠化；农药等有毒有害物质的残留问题，致使农田生态系统的脆弱性和土地退化的可能性表现得日益明显，所有的这些因素促使农田的数量和质量在逐年降低，生态服务功能的价值在不断丧失。据联合国千年生态系统（Millennium Ecosystem Assessment，MA）评估测算显示，翻了一番的世界人口和增长超过 6 倍的全球经济对生态系统产生巨大的需求，但大约全球 2/3 的生态系统服务能力却是不断下降的[61]。

一、问题的提出

农田生态服务准公共物品的属性特征使得农田边际私人收益与边际社会收益相偏离。运用庇古的说法，当私人成本与社会成本不相等或者私人收益和社会收益不相等时，就会存在外部性问题[62]。外部性对社会产生好处或影响，经济活动主体不能因此得到补偿，而对社会造成的外部不经济，经济活动主体不会为自己的破坏行为负责，外部性是出现市场失灵，生态环境保护难以达到帕累托最优的直接原因。对于农地本身和农作物尺度的影响，农民有直接的管理权力，而且也愿意提高私人成本活动以获得私人利益。例如，土壤肥力的管理、害虫控制等。在宏观尺度上，农民面对古典经济学上的外部性和公共资源使用问题，例如，害虫管理策略恢复、景观复杂性、减少杀虫剂的污染影响等，大尺度提高资源的服务能力，对一个农民来说成本很高，而且很难排除其他人获得服务（非排外性）[63]。经济外部性暗示农民缺少提供服务激励机制，一个现实的问题是如何能使正外部性的提供者继续提供正外部性，使负外部性能不断得到缓解和约束呢？财富最大化的经济行为主体无法使负外部性内在化，唯一的原因是实际交易成本比期望收益大的多。众所周知庇古解决这个问题是通过征收庇古税。科斯解决这个问题是通过经济主体之间的谈判，科斯认为如果交易成本为零，财产权明确，经济主体能通过谈判方式得到一个有效地结果。Arrow 认为解决外部性的问题需要建立一个外部性的市场[64]，假设一个公司生产污染品，其行为损害另一公司，污染权竞争的市场可能会得到一个有效的结果。Varian 设计所谓的补偿机制使外部性内在化,鼓励公司能正确揭示他对别人造成影响的成本[65]。不管哪种方法,最终的目的是使外部性内部化,通过补偿的模式,使外部性生产者的私人成本等于社会成本,从而提高整个社会的福利水平。

二、农田生态补偿实施的必要性

农田作为稀缺的自然资源和不可替代的生产要素,决定土地资源的配置和相关收益。农田的重要性主要体现在食物生产功能和开敞空间、景观、文化服务等非实物性服务。其中,非实物性生态功能决定农田的公共产品属性和产生外部性问题,依靠市场机制的作用难以达到土地资源配置的帕累托最优,政府干预是不可避免的。

1. 土地优化配置模型

土地利用过程中,仅当社会获得总收益最大时,土地资源配置才认为达到最优状态。耕地资源的外部性严重影响了土地资源的优化配置,土地的私人最优配置与社会最优配置因而存在差异。纠正差异就必须了解在外部性存在下土地最优配置的条件。在此土地优化配置模型中主要考虑两个因素:土地 L 和劳动力 A。假设所有土地只有农地 L_1 和非农地 L_2(建设用地),$L_1+L_2=L$,且同一类土地是均质的。最优土地配置是对区域一定数量土地在土地利用结构、方向和时空尺度上,进行安排、组合和布局,使所获得社会总价值最大,社会福利达到最高。在传统的发展模式下,仅仅考虑农地的经济价值,对于对人类生存和发展具有重要意义的生态价值和社会价值等非使用价值考虑较少。本模型中,考虑农地的非使用价值即农地具有净化空气、涵养水源、调节气候、防止水土流失、维护生物多样性、提供休闲娱乐等功能,使模型正确反映现实情况。以上所有非实物型生态产品环境质量设为 E,E 是单调递增并严格凹函数,农业化肥、农杀虫剂等使用产生污染为 $W=W(B)$($W^1(B)<0$),则 $E=E(L_1,W(B))$。

设 Y_1,Y_2 为农地生产的农产品和非农产品(建设用地下制造业生产的产品);A_1,A_2 为农业人口和非农业人口;C 为农业的投入(化肥、农药、农机具等购买投入);B 为污染释放函数。

$$Y_1=Y_1(L_1,A_1,C) \quad B=B(C,Y1)$$

假设进口额外农产品为 X_1,用来交换制造业的产品 X_2,农产品和制造业产品价格分别为 P_1 和 P_2,则有 $X_1P_1=X_2P_2$。

消费者消费的农产品和非农产品分别为

$$C_1=Y_1(L_1,A_1,C)+X_1 \quad C_2=Y_2(L_2,A_2)-C-X_2$$

消费者效用函数：$U=U(C_1,C_2,E,R)$

假设社会偏好相同，个体福利之和等于社会福利效用(utility)，R 为其他影响福利状况的因素或资源禀赋，N 为社会人口规模。

$$\text{Social welfare function } SWF=NU(C_1,C_2,E,R)$$

土地配置遵循帕累托有效配置目标是使整个社会的福利最大化，即

$$MaxSWF=MaxNU(C_1,C_2,E,R)$$

为求得使 SWF 最大化的条件，构建拉格朗日函数

s.t.

$$L_1+L_2=L \qquad\qquad E=E(L_1,W(B))$$
$$Y_1=Y_1(L_1,A_1,C) \qquad\qquad Y_2=Y_2(L_2,A_2)$$
$$B=B(C,Y_1) \qquad\qquad X_1P_1=X_2P_2$$
$$C_1=Y_1(L_1,A_1,C)+X_1 \qquad\qquad C_2=Y_2(L_2,A_2)-C-X_2$$
$$A_1+A_2=A$$
$$L=NU(C_1,C_2,E,R)-\lambda_1(Y_1-Y_1(L_1,A_1,C)-\lambda_2(Y_2-Y_2(L2,A2))$$
$$-\lambda_A(A_1+A_2-A)-\lambda_L(L_1+L_2-L)-\lambda_E(E-E(L_1,W(B))$$
$$+\lambda_B(B-B(C_1,Y_1)-\beta(P_1(C_1-Y_1)+P_2(C_2-Y_2+C))$$

拉格朗日乘子 $\lambda_1,\lambda_2,\lambda_A,\lambda_L,\lambda_E,\lambda_B>0;\beta=1$

由目标函数极值问题的条件：一阶偏导为 0，得到边际价格即拉格朗日乘子的数值

$$\lambda_1=P_1-\lambda B.\frac{\partial B}{\partial Y_1} \qquad\qquad \lambda_2=P_2=\frac{\partial U}{\partial C_2}$$

$$\lambda_A=\lambda_1\frac{\partial Y_1}{\partial A_1}=\lambda_2\frac{\partial Y_2}{\partial A_2} \qquad\qquad \lambda_L=\lambda_1\frac{\partial Y_1}{\partial L_1}+\lambda_E\frac{\partial E}{\partial L_1}=\lambda_2\frac{\partial Y_2}{\partial L_2}$$

$$\lambda_E=\frac{\partial U}{\partial E}\lambda_B=-\lambda_E\frac{\partial E}{\partial W}\frac{\partial W}{\partial B} \qquad\qquad P_2=\lambda_1\frac{\partial Y_1}{\partial C}-\lambda_B\frac{\partial B}{\partial C}$$

从上面 λ_L 土地的边际价格可以看出 $\lambda_L=\lambda_1\frac{\partial Y_1}{\partial L_1}+\lambda_E\frac{\partial E}{\partial L_1}$，$\lambda_L=\lambda_2\frac{\partial Y_2}{\partial L_2}$ 即 λ_L

可直接由非农产品边际价格组成，而用农产品边际价值表示时需要考虑 $\lambda_E\frac{\partial E}{\partial L_1}$ 环境质量等非使用价值。$\lambda_E=\frac{\partial U}{\partial E}$，所以需要考虑的环境质量间接使用价格是 $\frac{\partial U}{\partial E}\frac{\partial E}{\partial L_1}$。在土地利用过程中农业用地的经济利益远小于建设用地的经济效益，它们之间的差额就是环境所产生生态效益，但在传统的农业生产模式中，没有考虑农业利用过程的非市场价值。据估算，在我国城乡生态经济交错区工业用地效益是耕地效益的 10 倍以上，商业用地效益一般为耕地效益的 20 倍以上[66]，较低耕地

利用收益使土地利用的私人决策倾向土地配置的非农化。耕地非农化虽然是区域经济和社会发展在土地资源配置方面的必然表现,但土地资源有限性和稀缺性,对流转形成一种刚性约束,特别是对于中国人多地少的基本国情,经济利益的驱使,意味着与人类生活环境密切相关的耕地资源生态服务价值的丧失。土地资源配置并不能自动地实现土地利用的社会帕累托最优,我们就必须对耕地非农流转加以控制,否则生态及粮食安全将受到威胁。

2. 农田生态补偿的形成

在现代社会,人们逐渐意识到自然资源和生态环境对人类社会的生存和发展的重要性,开始注重生态环境外部性的内部化。外部性可以通过政府制度得到有效纠正,弱化耕地和非耕地经济利益的差异,防止土地资源配置非农化流转的可能性。耕地和建设用地之间单位差异为 $\dfrac{\partial U}{\partial E}\dfrac{\partial E}{\partial L_1}$,把这个差异补偿给耕地使用者,使私人的个人收益等于社会收益,解决私人土地利用决策与社会土地利用决策不一致的矛盾,继续保持耕地各种生态系统服务功能的供给。

农田既存在着为人类提供生态服务功能的正面效应,又存在着因片面追求产量增长,大量化肥、灌溉水和农药的高投入,不合理利用带来的资源破坏和环境污染等方面的负效应。负效应的产生主要是由于 $B=B(C,Y_1)$。所有的这些因素促使耕地资源的数量和质量在逐年降低,生态服务功能的价值在不断丧失。这已成为许多国家环境政策制定的主要的原因。

函数中 $\lambda_1=P_1-\lambda_B\dfrac{\partial B}{\partial Y_1}$,经过变换 $\lambda_B=-\lambda_E\dfrac{\partial E}{\partial W}\dfrac{\partial W}{\partial B}$

$$\lambda_1=P_1+\lambda_E\dfrac{\partial E}{\partial W}\dfrac{\partial W}{\partial B}\dfrac{\partial B}{\partial Y_1}=P_1+\dfrac{\partial U}{\partial E}\dfrac{\partial E}{\partial W}\dfrac{\partial W}{\partial B}\dfrac{\partial B}{\partial Y_1}<P_1$$

说明农产品的最优价格必须高于私人的产品边际成本,这时就需要市场来调节价格以达到平衡价格和边际成本之间的关系。耕地资源公共产品属性,不利于土地资源的合理有效的配置,经常出现搭便车(free rider)、市场失灵的现象,必须依靠第三方政府使外部成本内部化,消费者支付额外的价格使等于边际外部成本或者激励农民促使农产品外在成本内部化,最终获得社会效益最大化。解决这个问题有两个办法:

(1)提高粮食销售价格。粮食价格的提升可能有效调动农民种粮的积极性,但会出现很多社会问题。粮食是人们生活和生存不可缺少的基本的食物,其价格的提升会导致其他有关行业商品的价格上升,包括农民所需的生产资料和生活资料,最后农民实际的购买力可能没有提高反而下降,农民不能从粮食价格提升中受益。

(2)给予农业补贴。农业补贴就是对农田所提供的生态服务价值,给予补偿,从而激励提供者或受益者主体行为的增加或减少因其行为所带来的外部经济问题。生态补偿或 PES 作为一个转变环境外部性、非市场价值、市场失灵的财政激励措施,受到各国普遍关注。目前,生态补偿或者环境服务付费在美国、欧盟、哥斯达黎加、澳大利亚等国家已经得以实施。

三、农田生态补偿核算理论框架

生态补偿是一种保护资源的经济手段,能有效促进或约束供给者或消费者合理有效供应或消费资源的行为,通过对保护环境的行为进行补偿或奖励,以提高该行为的收益,相反对损害者进行收费,从而促进损害行为的主体减少因其行为带来的外部不经济问题,达到改善、维护和恢复生态系统的正常的服务功能,调整利益相关者相关的经济分配关系。中国人多地少的国情,稀缺的农田资源承担着多重功能,农田生态补偿为了有效缓解农田的质量和数量不降低的趋势而实施的一种政府干预经济激励手段,不但可以保护农田,而且促进产业结构的调整提高农民的收入,对于稳定社会、经济、生态可持续发展有着重要现实意义。在生态补偿机制与政策研究中,如何把 $\dfrac{\partial U}{\partial E}\dfrac{\partial E}{\partial L_1}$ 进行合理量化,确定补偿标准一直是众多学者关注的热点。在很多时候,人类对外部性的认知和评估直接影响公共品的配置效率和相应的制度安排[32]。农田生态补偿价值问题又是能否实现农田保护制度关键因素。生态补偿核算必须了解所产生的机理,并对其进行分析。农田生态补偿在于耕地对人类所提供的生态系统服务价值。农田功能具有多样性,由于农田生态系统是在人类活动干预下形成的人工复合生态系统,兼具正负双重环境效应。农田生态补偿核算框架如图 3-5 所示。

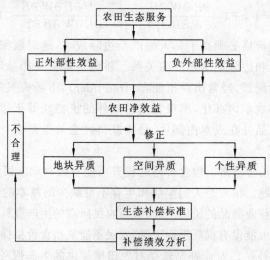

图 3-5　农田生态补偿核算框架

1. 农田正外部效益

农田的正外部效益来自于农田生态系统所提供正外部性。国外一些专家认为农田生态功能包括所提供气候、空气的调节作用，水资源涵养，土壤保护，授粉，害虫的调节，遗传多样和提供景观娱乐及传统文化功能等方面[67-68]。陈明健、吴佩将历年来专家学者对农地资源外部效益的研究，加以汇总整理如下：资源、环境与生态保育的功能、作物残余物利用、文化、教育与游憩休闲[69]。钱忠好对农地农用的外部效益进行了概括，认为农地具有生态保育、清洁空气、涵养水源、美化景观等外部收益[37]。综上所述，农田生态服务功能包括涵养水源、净化空气、土壤保护、保护生物多样性、美化景观等。

正外部效益用数学公式表示如下：

$$PE = F(PE_1, PE_2, PE_3 \cdots PE_N)$$

$PE_1, PE_2, PE_3 \cdots PE_N$分别代表农田的正生态功能。

2. 农田负外部效益

农田生态系统附加了人类劳动和智慧的人工系统，现代农业发展，人们取得前所未有的成绩时，也给社会带来了消极外部性影响。化肥、农药、杀虫剂等长期过量使用和施用方法不当，已引起土壤板结、盐碱化，导致河流、湖泊、地下水等水体的富营养化或污染，也造成了有害物质积累、生物多样性丧失、农产品品质下降。据报道每年农药使用量已超过 180 万吨，且其中只有 10％农药附着在农作物上，液剂也只有 20％附着在农作物上，其余大多数被扩散到非靶标作物及其环境中，其结果是造成了大量的外部性非经济影响[70]。

负外部效益用数学公式表示如下：

$$NE = F(NE_1, NE_2, NE_3 \cdots NE_N)$$

$NE_1, NE_2, NE_3 \cdots NE_N$分别代表农田的负生态功能。

3. 农田净生态效益

农田提供正生态效益扣除所产生的不利的影响因素，就是农田所提供人类的净社会效益。这也符合外部性内部化的基本原理和国家提倡的污染者承担责任的思想。对于农田的生产主体农民能正确认识耕地产生的负外部性的影响，来承担成本，能为进一步减少成本，传统农业向现代农业转变打下坚实的基础。

农田净效益用数学公式表示如下：

$$Q = PE - NE$$

对于农田的正负的生态效益，研究者粗略的尝试量化其生态服务价值。Constanza 按 20 种不同生物群区将生态系统服务功能用货币形式进行测算，从而推算出每一类子系统的服务价值[71]。谢高地、鲁春霞等人应用 Costanza 的估算方法，参考其可靠的部分成果，同时对 200 位生态方面的学者进行问卷调查的基础上,制定出中国生态系统生态服务价值当量因子表,建立了中国陆地生态系统单位面积服务价值表[72],许多学者利用这些成果对生态系统价值进行估算[73-74]。不同的经济评价方法可能产生不同的结果。最后研究者发现对评价方法努力的结果有助于确定一个人必须支付多少能让主体维持土地自然覆盖,而不是生态服务价值。如 Bohm 提出条件评估法(Contingent Valuation Method,CVM),该方法以抽样方式,询问受访者为不确定财产所额外支付 WTP 和愿意接受补偿 WTA[75]。然而该方法同样存在着缺陷,土地利用决策复杂性和空间差异性,导致结果不能正确揭示生态的真正价值。无论用直接市场法、替代市场法,还是假想市场法等技术工具,都要对结果进行验证检验和有效性检验,使结果更能符合实际,将误差控制在合理范围之内。

四、农田态补偿核算的异质因素

农田的理论生态服务价值量非常大,按照此标准进行补偿不合理也不现实。因此必须对核算出的农田生态服务价值量进行修正,使其能更符合人类发展的需求。生态补偿具有社会性,是在一定经济发展水平下,人类的生态环境意识水平达到一定高度之下产生的经济补偿机制,因此补偿标准的确定和人类的认知、需求层次、经济发展水平和地块的自然特征等有密切的关系。总之,生态补偿标准的确定既要考虑生态系统所提供的服务,也要考虑补偿主体的支付意愿;既要体现生态保护的效益和保护成本,又要考虑不同地区的发展水平、经济承受能力和支付能力;既要体现区域之间的公平,也要考虑资源配置效率。

生态补偿标准公式:

$$Q = g(Q, A, B, C)$$

Q 代表净农田生态效益;A,B,C 分别代表异质地块、空间差异、个体特征对生态服务价值量的影响。

(1) 地块异质。

土地质量差异性很大,这和土地自然资源禀赋和人工投入有很大关系。土壤肥力影响动植物生长的光、热、水、土、地貌等自然因素,可见农田土壤肥力状况直接关系到农田综合生产能力,也关系到所提供的生物量。肥力既受自然条件的影响,也受栽培模式、耕作管理方法、灌溉施肥方法人工条件和投入的影响。对于土地质量较好,投入化肥农药等较少的土地,所产生的正外部效益和负外部成本是不同,所获得补偿额度应有所区别。有机农业花费成本较高,但对人类社会的整体社会收益高于私人收益,应给予这部分成本补偿,所以补偿应该和参与者的成本结合,具有弹性。这对于鼓励农田精心细作,较少使用化肥、农药等对环境造成污染有很大帮助,对于回归有机农业、改良土壤、培肥地力的良好功效。

（2）空间异质。

生态系统功能与服务在时空上存在动态异质性。不同土地利用模式和农业空间组织导致地块和农场社会环境外部性。例如，农场之间水、土壤、植物、害虫、花粉和污染物等之间流动和转移，相互之间产生影响和效应。在小尺度上，现代有机农业和传统农业之间空间区位相互影响，大尺度区域之间农田保护责任和义务履行较少区域和履行农田保护责任和义务较多地区之间空间的生态流动。农田是经过人类的管理的生态系统，特定的农地生态系统服务供给者受土地管理实践的影响，受本地土地利用政策和附近土地利用情况影响，某一区域土地生态系统所提供生态服务被另一区域无偿享用，经常出现免费搭便车行为，导致社会分配不公平和社会发展无效率。空间外部性是距离函数，土地利用边界外部性影响最强，距土地利用越远，土地利用影响越弱，它的形成和生态边缘效应之间是一致，也可称为"edge-effect"[76]。空间影响范围划定，能准确确定生态受益者，依据受益多少，补偿支付多少，能更合理确定补偿支付。

（3）个体异质。

生态补偿的参与者是生态环境的保护者和生态环境的受益者。补偿遵循的原则是受益者付费，而保护者得到补偿。补偿经济价值的体现是由有效需求决定的，需求来源于个人偏好。经济发展水平较高地区，居民对生态服务和资源环境有更多、更高需求，对保护者提供的生态服务产品有更多认知。生态意识较强的保护者，通过补偿的激励作用，能更好地保护资源，刺激正外部效益继续释放，负外部性得以制约和限制。生态补偿主体双方博弈结果应与收入水平、教育水平、性别、年龄很大关系。Franz Hackl通过对农地外部性进行分析，认为补偿多少与教育成正相关，有良好教育的人往往更有远见，在一定程度上这对环境更加关注；年轻人比老年人有较强的保护意识[77]。因此应充分考虑生态服务的供给者和需求者的支付意愿和受偿意愿，需求方补偿意识不足，生态补偿主要是由政府推动，加大政府的财政压力，供给方生态意识不强，不能从根本上达到土地资源合理利用，保护生态环境的目的，仅仅缓解了贫困，增加了农民收入。

土地资源的优化配置模型可知农田与非农田之间价格存在剪刀差，较低的农业比较利益以及较高的土地非农化回报使土地利用私人决策倾向于土地资源配置的非农化，农地非农化趋势较为严重。而农田的社会收益和流转后建设用地社会成本高，因此国家政府必须采取积极有效经济保护措施——农田生态补偿。农田生态补偿在合理保护土地资源，实现土地资源的优化配置，降低农田流转可能性，维护、改善区域生态系统的服务功能中发挥重要作用。农田生态补偿核心内容是外部性内部化，合理确定补偿标准。农田提供的正负外部性之和是农田所提供人类的净生态效益，这是补偿的基础，但同时需要考虑地块特征、空间特征、个体特征对生态补偿影响。如何准确核算农田外部性和建立农田的生态补偿标准，这将对农田生态补偿机制的构建提供科学的基础。

参 考 文 献

[1] 欧阳志云,王如松,赵景柱.生态系统服务功能及其生态经济价值评价[J].应用生态学报, 1999,10(5):635-640.

[2] 唐健,卢艳霞.我国耕地保护制度研究理论与实证[M].北京:中国大地出版社,2006.06: 12-14.

[3] 卢升高,吕军.环境生态学[M].杭州:浙江大学出版社,2004:193-195.

[4] Coase R H. The problem of social cost[J] The Journal of Law and Economic.1960,8(3): 1-44

[5] Cuperus R,Canters K J,de Haes HAU,et al.Guidelines for ecological compensation associated with highways[J].Biological Conservation,1999,90(1):41-51.

[6] Allen O A,Feddema J J.Wetland loss and substitution by the Section 404 permit program in southern California [J]. Environmental Management,1996, 20(2):263-274.

[7] Anderson P. Ecological restoration and creation:a review[J]. Biological Journal of the Linnean Society (Suppl.), 1995,56(S1):187-211.

[8] Wunder, S. Are direct payments for environmental services spelling doom for sustainable forest management in the tropics? [J] Ecology and Society,2006,11(2):23.

[9] 杨佩国. 潮白河流域生态补偿机制研究[D]. 中国科学院研究生院博士论文,2007.

[10] 秦艳红,康慕谊. 国内外生态补偿现状及其完善措施[J].自然资源学报,2007,22(4): 557-567.

[11] Merlo M,Briales E R.Public goods and externalities linked to Mediterranean forests: economic nature and policy[J].Land Use Policy,2000,17(3):197-208.

[12] Murray B C,Abt R C.Estimating price compensation requirements for eco-certified forestry [J]. Ecological Economics,2001,36:149-163.

[13] 章铮.生态环境补偿费的若干基本问题[M]. 北京:中国环境科学出版社,1995.

[14] 庄国泰等.生态环境补偿费的理论与实践[A]//中国生态环境补偿费的理论与实践.北京: 中国环境科学出版社,1995.88-98.

[15] 洪尚群,马丕京,郭慧光.生态补偿制度的探索[J].环境科学与技术,2001,5:40-43.

[16] 王钦敏.建立补偿机制,保护生态环境[J].求是,2004,13:55-56.

[17] 毛锋,曾香. 生态补偿的机理与准则[J].生态学报,2006,26(11):3841-3846.

[18] 毛显强,钟瑜,张胜.生态补偿的理论探讨[J].中国人口·资源与环境,2002,12(4):38-41

[19] 彭丽娟.生态效益涵义初探[J].湖南林业科技,2005,32(4):76-79.

[20] 李文华,李芬,李世东,等.森林生态效益补偿的研究现状与展望[J].自然资源学报,2006, 21(5):677-687.

[21] 陆红生.土地管理学总论[M].北京:中国农业出版社,2002,156-160.

[22] 雍新琴,张安录.耕地保护经济补偿主体与对象分析[M].安徽农业科学,2010,38(21):

11580- 11581.

[23] 王广成,闫旭骞.矿产资源管理理论与方法[M].北京:经济科学出版社,2002.

[24] 张涛.森林生态效益补偿机制研究[D].北京:中国林业科学研究院博士论文,2003:56-57.

[25] 哈尔·R·范里安.微观经济学:现代观点[M].费方域等译.上海:上海人民出版社,2006, 491-495.

[26] 张云.非再生资源开发中价值补偿的研究[M].北京:中国发展出版社,2007:30-31.

[27] Pain D J, Pienkowski M W. Farming and birds in Europe:the common agricultural policy and its implications for bird conservation[M]. London:Academic Press.1997.

[28] 中华人民共和国国土资源部.全国土地利用总体规划纲要(2006-2020)[EB/OL]. http:// www.mlr.gov.cn/xwdt/jrxw/200810/t20081024_111040.htm。

[29] 侯小凤,陈伟琪,张珞平,等.沿海农业区施用农药的环境费用分析及管理对策[J].厦门大 学学报(自然科学版),2004,43(S1):236-241.

[30] 潘少兵.生态补偿机制建立的经济学原理及补偿模式[J].安庆师范学院学报,2008,27 (10):6-9.

[31] 李新文,王健.微观经济学[M].北京:中国农业出版社,2005.

[32] 宋敏,张安录.湖北省农地资源正外部性价值量估算[J].长江流域资源与环境,2009,18 (4):314-320.

[33] 董长瑞.西方经济学[M].北京:经济科学出版社,2003,190.

[34] 高鸿业.西方经济学(微观部分)[M].北京:中国人民大学出版社,2007:378-396.

[35] 詹姆斯.M.布坎南.宪法秩序的经济学与伦理学[M].北京:商务印书馆.2008.

[36] Lubell M,Schneider M,Scholz J,Mete M.Watershed partnership and the emergence of collective action institutions[J]. American Journal of Political Science,2002,46(1): 148-163.

[37] 钱忠好.中国农地保护:理论与政策分析[J].管理世界,2003,10:60-70.

[38] 沈满洪.资源与环境经济学[M].北京:中国环境科学出版社,2007.

[39] 吴岚.水土保持生态服务功能及其价值研究[D].北京林业大学博士论文,2007.

[40] 陆小华.信息财产权——民法视角中的新财富保护模式[M].北京:法律出版社,2009.

[41] 杨晓东.马克思与欧洲近代政治哲学[M].北京:社会科学文献出版社,2008,220-230.

[42] 许奕平.论我国的耕地产权制度与耕地保护[D].河海大学,2007.

[43] 李长健,伍文辉.土地资源可持续利用中的利益均衡:土地发展权配置[J].上海交通大学学 报(哲学社会科学版),2006,14(2):60-64.

[44] 陈丽,曲福田,师学义.土地利用规划中的利益均衡问题[J].中国土地科学,2006,20(5): 42-47.

[45] 刘然,朱丽霞.中央与地方利益均衡分析[J].云南行政学院学报,2005,3:25-28.

[46] 师学义,王万茂.土地利用规划的利益均衡理念[N].中国国土资源报(理论周刊),2005,09.

[47] 徐琦.生态补偿尚需平衡多重利益[J].环境科技,2008,3:24-25.

[48] 谭术魁,涂姗.征地冲突中利益相关者的博弈分析——以地方政府与失地农民为例[J].中 国土地科学,2009,23(11):27-37.

[49] 柯水发.农户参与退耕还林行为理论与实证研究[M].北京:中国农业出版社,2007:
184-190.

[50] 郑雪梅,韩旭.建立横向生态补偿机制的财政思考[J].地方财政研究,2006,1:25-29.

[51] 中国 21 世纪议程管理中心编著.生态补偿原理与应用[M].北京:社会科学文献出版社,
2009.04:16-18.

[52] 孙发平,曾贤刚.中国三江源区生态价值及补偿机制研究[M].北京:中国环境科学出版社,
2009.04.

[53] 杰弗瑞.A.杰里,菲利普.J.瑞尼.高级微观经济理论[M].王根蓓译.上海:上海财经大学出版
社,2001.11:251-300.

[54] 胡耀岭,杨广.我国保护耕地资源的政府间博弈分析[J].未来与发展,2009,2:9-13.

[55] 郑培,朱道林,张小武.政府耕地保护行为的公共选择理论分析[J].中国国土资源经济,
2005,9:10-12.

[56] 林勃.耕地保护政策博弈分析[J].现代商贸工业,2009,20:50-52.

[57] 毛显强,钟瑜.生态补偿的经济博弈分析[A].生态补偿机制与政策设计国际研讨会论文集,
2008,147-155.

[58] 蔡银莺,张安录.农地生态与农地价值关系[M].北京:科学出版社,2010.

[59] 姜广辉,孔祥斌.耕地保护经济补偿机制分析[J].中国土地科学,2009,23(7):24-27.

[60] 陈旻,方斌,葛雄灿.耕地保护区域经济补偿的框架研究[J].中国国土资源经济,2009,4:
15-17

[61] 中国 21 世纪议程管理中心.生态补偿原理与应用[M].北京:社会科学文献出版社,2009,4:
1-3.

[62] Carl J. Dahlman The problem of externality[J]. Journal of Law and Economics,1979,22
(1):141-162

[63] Wei Z, Ricketts T H, Kremen C, et al. Ecosystem services and dis-services to agriculture
[J]. Ecological Economics,2007,64(2):253-260.

[64] Timm Kroege, Frank Casey. An assessment of market-based approaches to providing
ecosystem services on agricultural lands [J].Ecological Economics,2007,64(2):321-332.

[65] Ju Y, Bomb P E M. Externalities and compensation: Primeval games and solutions [J].
Journal of Mathematical Economics,2008,44(3-4):367-382.

[66] 张安录.城乡生态经济交错区农地城市流转机制与制度创新[J].中国农村经济,1999,(7):
43-49

[67] Scott M S, Frank L, Philip R G, et al.Ecosystem services and agriculture:Cultivating
agricultural ecosystems for diverse benefits [J]. Ecological Economics, 2007, 64 (2):
245-252.

[68] Hediger W, Lehmann B. Multifunctional agriculture and the preservation of environmental
benefits [J]. Swiss Journal of Economics and Statistics,2007,143(4):449-470.

[69] 萧景楷.农地环境保育效益之评价[J].水土保持研究,1999,6(3):60-71.

[70] 杨志新,田志会,郑大玮.农药外部成本问题研究综述[J].生态经济,2004,1:234-237.

[71] Constanza R，d'Arge R，Groot R，et al. The value of the world's ecosystem services and natural capital[J].Nature,1997,387:253-260.

[72] 谢高地,鲁春霞,冷允法,等.青藏高原生态资产的价值评估[J].自然资源学报,2003,18(2):189-195.

[73] 蔡银莺,李晓云,张安录.农地城市流转对区域生态系统服务价值的影响[J].农业现代化研究 2005,26(3):186-189.

[74] 蔡运龙,霍雅勤.中国耕地价值重建方法与案例研究[J].地理学报,2006,61(10):1084-1092.

[75] Bohm P. Option demand and consumer's surplus：comment[J]. American Economic Review, 1972,65(3):233-236.

[76] Cassandra Parker D. Revealing "space" in spatial externalities：Edge-effect externalities and spatial incentives[J]. Journal of Environmental Economics and Management,2007,54(1):84-99.

[77] Hackl F，Halla M，Pruckner G J. Local compensation payments for agri-environmental externalities：a panel data analysis of bargaining outcomes [J]. European Review of Agricultural Economics,2007,34(3):1-26.

第四章 农田生态环境补偿标准的确定
——以武汉市"两型社会"
试验区为例证

第一节 农田生态补偿标准测算的理论基础

一、农田生态补偿提出的缘由

农田生态补偿政策的提出缘于农业生产诱发的环境问题的显现,以及人们对农田生态景观的日益重视。尤其,WTO《农业协定》签订后,以价格支持政策为主的传统农业保护措施被列为削减对象,一些发达国家将受 WTO 约束和限制的"黄箱"政策支持内容逐渐转向"绿箱"政策,农业保护实现从价格支持向直接补贴方式转变,促进农业生态补偿政策的发展。表现为,20 世纪 80 年代以来,许多国家和地区在农业政策中逐渐融入了生态环境的保护目标,并制定了相应的生态补偿政策,农业环境政策已成为西方发达国家激励乡村适宜景观地保护的有效手段。通常这些手段本质上是自愿的,农民参与管理得到相应财政补贴和经济补偿[1]。发达国家和地区很早就重视农田的生态屏障和生物栖息地的功能作用,关注农业集约经营对农田生态环境所带来的负面影响。例如,在欧洲,一些学者认为农业集约化毫无疑问地消耗了欧洲农地的生物多样性功能,且生物多样性的降低会影响到农田生态系统服务功能的传递,使农田的部分生态服务功能,如生物昆虫的控制、作物授粉和土壤服务的保护等功能正面临风险[2-4]。因此,欧洲的共同农业政策(Common Agricultural Policy,CAP)中融入了生态环境保护目标,以直接对农民提供补偿等方式制定相应的农田生态环境政策,以实现农业与环境的和谐发展。其中,1986 年在英国实行的环境敏感区规划是欧盟的第 1 个农业环境项目。在英格兰,最突出的乡村景观资助计划(CSS)趋向保护有价值的农业景观和栖息地,提升公众对农村的喜爱。截止 2003 年,英国有 10% 以上的农地已签订 ESAs(Environmentally Sensitive Areas, ESAs)和 CSS 协议。这些自愿协议通常是政府和农民之间的长期合作,以提供环境服务。欧盟实施的共同农业政策改革弱化农业生产和收入之间的关系,采取减少直接价格扶持和增强农业环境补偿移转支付,从而达到实现环境保护目标的新政策倾向[5]。美国对农田生态服务的付费也有较长的实践探索。最早可追踪到 20 世纪 50 年代选择保护性退耕的政策手段,对农民为开展生态保护、放弃耕作所承担的机会成本进行补偿,按照市场机制和遵循农户自愿原则由政府提供补偿资金。20 世纪 80 年代中期,其农田生态环境政策从防止表土层的损失,逐渐扩展到对农业景观地、农业污染的防治、湿地的保护、野生动物栖息地丧失的关注上。政府利用政策管理手段促进农业环境目标的实现,例如联邦政府在 1972 年出台杀虫剂、杀菌剂法案,禁止农业杀虫剂、农药的过度滥用;1973 年的危险物种法案关注关键物种栖息地保护;1990 年补偿引入到湿地保护计划(WRP)中;其后野生动物栖息地激励计划(WHIP)的出台,作为濒临危险物种法案的一种补充也受到重视。政府为推进计划或者项目的实施,对由此给当地居民造成的损失提供可能的经济补偿。尤其,在 2002 年的农业法案中,政府提议将更多资金投入到环境保护政策中,每一美元拿出 90 美分投入到农民身上,建议将每年 20 亿美元巨额资金,由商品计划投入到保护计划中。整体而言,美国将农业环境政策(Agri—environmental Policies,AEPs)作为一种有效方式,资助保护优质农地及农业景观的力度在持续增强。目前,美国有 10% 的农业用地基本被保护地计划(Conservation Reserve Program,CRP)覆盖,对农业生产起积极的促进作用[6]。在借鉴国外成功经验及结合我国农田保护的现实状况,近年国内一些发达地区及城市,如成都市、上海市闵行区、佛山市南海区及浙江省海宁市等,也相继对农民保护耕地提供 3000～7500 元/(hm² · a) 不等的直接补贴或补偿。在对农田保护实施补偿的同时,如能结合农田生态环境建设的现实需求,有目标、针对性地融合农田环境建设给予补偿,激励措施会取得更好的成效。

二、生态补偿标准确定的依据

生态补偿标准的确定是补偿机制构建研究的核心和难点,决定补偿制度的可行性和有效性,理论源于外部性内在化原理和公共物品的理论。补偿的内容通常包括四个方面:①对生态系统本身保护(恢复)或破坏的成本进行补偿;②通过经济手段将经济效益的外部性内在化;③对个人或区域保护生态系统和环境的投入或放弃发展机会的损失的经济补偿;④对具有生态价值的区域或对象进行保护性投入和资助[7]。实践操作中,是以内化外部性为原则,从生态环境的外部效益和外部成本的内在化两方面着手制定补偿标准。其中,对外部经济性的补偿依据是保护者为改善生态服务功能所付出的额外的保护与相关建设成本,以及为此而牺牲的发展机会的成本;对破坏行为的外部不经济性的补偿依据是,恢复生态服务功能的成本和因破坏行为造成的被补偿者发展机会成本的损失。农田除了粮食生产功能外,还肩负保护和维护自然生态平衡的双重功能。同时,在农业生产经营中也付出了巨大的环境代价,农业面源污染问题突出,且已成为主要的污染源。农田生态环境具有外部效益,需要将其内在化,激励保护主体供给的积极性,弥补供应不足的问题;同时,农业污染严重,负外部性行为的大量存在和正外部性行为缺乏的双重矛盾和现实问题,要求建立一种生态约束或管制政策,支持和鼓励农民转变生产经营方式,逐渐向绿色农业、生态农业或有机农业的方向发展。为此,我们认为农田生态补偿的测算可从减少农业负外部性行为、改善农田生态环境状况出发,对农民放弃一定程度化肥、农药等化学物质的施放量所带来的损失给予补偿,鼓励农户逐渐向绿色农业、生态农业或有机农业的方向发展,对农民从事生态环境约束条件下的农业生产方式进行补偿。从国外农田生态补偿的政策分析,基本也是也减少农业负外部性行为,应用补贴手段推进农业环境目标的实现。为此,本章主要从农田外部不经济性的内在化出发,构建模拟的交易市场和政策工具,从农户自愿协商的角度,测算出其对转变生产经营方式、界定农田生态环境保护属性、改善农田生态环境的受偿意愿出发,以补偿农户转变操作方式提供不同组合或更高水平的农田生态环境服务而损失的收益。

三、生态补偿标准的核算方法

测算生态补偿标准常用的方法有机会成本法、意愿调查法、生态系统服务功能价值法、经济学模型法、市场法等,并逐渐被应用于研究领域。常用方法中,意愿调查法通过模拟及构建假想市场,直接调查利益相关者的支付意愿或接受意愿,方法相对成熟,简单易用,应用范围较广,研究案例丰富,是确定生态补偿标准应用较多的方法之一。同时,该方法符合生态补偿标准确定应因地制宜,尊重利益主体的意愿及支付能力,注重利益相关方协商及博弈的需要,有优越的适宜性。例如,美国 Catskill/Delaware 流域政府借助竞标机制和遵循农户自愿原则确定与各地自然和经济条件相适应的补偿标准[8];Morana 和 McVittie 对苏格兰地区居民生态补偿的支付意愿进行问卷调查,研究表明基于环境和社会福利目标,居民有较强的意愿以收入税的模式参与生态付费[9];李晓光等[10] 比较生态补偿标准确定的主要方法,认为意愿调查法把生态补偿利益相关方的收入、直接成本和预期等因素整合为简单的意愿,避免大量的基础数据调查,且意愿调查获得的数据能够得出生态系统服务提供者自主提供优质生态系统服务的成本,也可以得到补偿提供者所愿意支付的最大值;沈根祥等[11]认为在实际制定农业生态补偿标准时,应当考虑公众对生态服务的支付意愿和生产者的受偿意愿。意愿调查法在确定生态补偿标准研究上有适宜性,本章通过 CVM 问卷设计及调研,以武汉市农户和城镇居民的调查为实证,模拟揭示农田生态环境的两个重要的市场主体,即生产者(农户)和消费者(城镇居民)对在农业生产经营中农药化肥施用达到限制标准下的农田生态环境及农产品的供给及需求意愿,从市场主体认知及供需均衡的角度估算农田生态补偿标准,为尽快制定尊重公众供需及接受能力的农田生态补偿机制及政策提供参考借鉴。

四、生态补偿标准的影响因素

（1）相关主体的共同参与及相互协商。生态补偿涉及对相关主体的经济利益进行再分配，需要利益相关主体共同协商，参与补偿标准的界定，考虑利益相关方的福利效应，尤其是弱势群体的意愿、生存及发展权利应得到尊重。欧美等地农田生态补偿政策和相关制度实施 20 多年，补偿政策在发展受限地区弱势群体福利改进及消除贫困方面取得一定成效。虽然这些政策创造公共物品"准市场"，农民自愿签订契约参与农田保护并得到相应经济补偿，激励效应明显。但也存在监控体系不完善、信息不对称等制度弱化因素，农地保护契约设计受道德风险和逆向选择困扰，设立完善的督管体系以及鼓励农户、社区、权益相关主体与地方政府的共同参与是制度成功的重要因素。

（2）产权的设置和个体讨价还价的能力。科斯定理认为，当交易成本为零、产权界定明晰、不存在收入分配效应的基础上，当事人可以通过谈判实现财富最大化的安排，使资源配置达到帕累托最优。科斯定理从产权界定和讨价还价的角度，内生出补偿标准。正如 Verhoef 提出的，产权的设置和个体讨价还价的能力，决定外部性补偿中的收入分配[12]。其中，产权的设置决定补偿的方向，讨价还价的能力决定补偿量的大小。国外通常采用的生态服务付费（PES）作为生态补偿实践中的有效方式及作法，正是通过相关主体之间自愿交易、讨价还价的方式达成交易，实现对土地生态系统服务的补偿。

（3）生态系统服务供给的成本。指对农户为确保农田生态系统服务提供而放弃的利益进行补偿。当农业生产中转变传统的种植方式，采用一种有益于生态保护的土地利用方式或调整原有土地利用方式，会给农民带来农产品产量的下降、劳动和休闲时间选择上的不便以及因放弃原有的生产方式而产生的情感的失落等净损失。因此，要想使农民愿意调整土地利用方式或采纳新的管理方式时，就必须对发生的净损失提供补偿。联合国粮食及农业组织认为环境服务支付是"补偿生产者因转变操作方式提供不同组合或更高水平的环境服务而损失的收益。在许多情况下，对生产者支付是为了减少其生产决策造成的环境损害。同时，也可以鼓励农民进行能够满足消费者对于特定环境状况需求的操作"[13]。

第二节　基于保护性耕作方式的
农田生态补偿标准测算

农田不仅是人类赖以生存和发展的物质基础，还是重要的生态屏障及生物栖息地。例如，在欧洲，农田占到土地面积的 43%，是最广阔的野生动植物的栖息地,承载着地区生物多样性的绝大份额,为 50% 的鸟类和 20%~30% 的植物群提供生存空间[14]。基于我国特殊的土地基本国情,农田也承担着重要复杂的职责及功能,是构建生态良好的土地利用格局的重要组成。尤其,第三轮全国土地利用总体规划中突出农田作为生态屏障的重要功能,要求"在城乡用地布局中,将大面积连片基本农田、优质耕地作为绿心、绿带的重要组成部分,构建景观优美、人与自然和谐的宜居环境"[15]。然而,农田生态环境公共物品和外部性的特征,会带来市场失灵和政策失效的问题,产生农田生态环境供给的不足,农业污染等负外部行为大量存在,保护主体规避保护责任和滋生寻租行为等现实矛盾。生态补偿通过调整制度规范,能够有效地纠正生态环境成本收益错位,实现自然资本及生态系统服务外部性的内部化[16]。因此,作为一项重要的环境经济政策,自 20 世纪 80 年代中期以来,农业生态补偿已经成为发达国家激励乡村适宜景观地及优质农田保护的有效方式。并被证实,相对于传统的命令——控制型政策工具而言,生态补偿是一种相对有效的措施[17]。如何结合我国的政策背景和土地基本国情,借鉴国外成功经验,探索符合我国国情国力的农田生态补偿机制迫在眉睫。此部分内容通过 CVM 问卷设计及调研,以武汉市农户和城镇居民的调查为实证,模拟揭示农田生态环境的两个重要的主体,即农户和城镇居民对在农业生产经营中农药化肥施用达到限制标准下的农田生态环境及农产品的供给及需求意愿,从城乡居民供需意愿的角度估算农田生态补偿标准,为制定尊重公众接受能力的农田生态补偿机制及政策提供参考借鉴。

一、实地调研与样本特征

1. 问卷设计

问卷分为农户和城镇居民两类,调查内容包括:①受访主体的社会经济特征。农户特征包括受访农民的性别、年龄、文化程度、农业生产经验、家庭收入状况、收入来源、兼业经营等基础资料;城镇居民的基本特征包括其性别、年龄、职业、文化程度、婚姻状况、家庭月收入、生活开支、恩格尔系数、家庭人口等。通过基本特征的分析,检验样本的代表性及其对主体供需意愿及补偿额度的影响。②城乡居民对化肥农药施用限制下的环境友好农田生态服务的供需意愿及补偿额度。假定政府限制农业生产中化肥农药施用在不同的标准下,并以此作为补偿的前提,分别模拟询问农户和城镇居民对化肥农药施用在不同限制标准下的农田生态服务的供需意愿及其补偿额度。③城乡居民对化肥农药施用限制下的环境友好农产品的供给意愿及价格。构建假想的农产品交易市场,询问农户当化肥农药施用在不同限制标准愿意供给环境友好农产品的意愿及价格,城镇居民消费环境友好农产品的需求意愿及价格,并以稻米为实证估算出城乡居民对环境友好农产品的供需意愿及价格。

2. 抽样调查

在对调查员进行培训的基础上,2009 年 7～8 月课题组组织 10 多名成员在武汉市蔡甸、江夏两区的 26 个村庄对农户进行随机抽样调查。选择村庄时,参考村庄距离城市市区的远近,及村庄的经济状况、主营作物类型、土地资源禀赋等因素;农户样本抽取则结合受访农户的性别、年龄、文化程度、家庭收入等个人及家庭特征随机抽取,调研样本 200 份。有效问卷 183 份,占问卷总量的 91.5%。城镇居民的调研根据武汉市武昌、汉口、汉阳 3 镇的城镇居民家庭户数,结合调查群体的性别、年龄、文化程度、职业类型等个人特征随机抽取,调研样本 200 份。问卷整理时,剔除有明显错误及信息严重残缺的样本,有效问卷 185 份,有效率 92.5%。

3. 样本特征

(1) 农户的样本特征。受访农民以男性略多,占样本的 61.54%;以中老年劳动力为主,年龄集中在 41～70 岁,占样本的 83.06%,40 岁以下仅有 13.66%;受访农民文化程度多为小学及初中,占样本的 90.66%;家庭年收入在 16 000 元及以下的占 76.84%,其中打工收入占家庭收入 50% 以上的有 58.06%,农业收入占家庭年收入 50% 以上的有 51.23%;87.22% 的受访农民的农业生产经验在 20 年以上,49.17% 从事兼业经营,其中 70.53% 以外出打工为主.

(2) 城镇居民的样本特征。受访居民以男性略多,占样本的 62.16%;年龄集中在 21～50 岁,占样本的 77.84%;文化程度多在高中以上,大专以上的占 58.91%;从职业类型分析,以知识群体略多;家庭人口在 3～4 人的为主,占 69.73%;家庭月收入在 3000～6000 元的占 52.43%,其中 6000 元以上的有 20.72%,低于 3000 元的有 26.89%;家庭月生活开支在 1000～2000 元为主,占 45.4%,2000～4000 元的占 36.21%;家庭食品消费指数恩格尔系数低于 30% 的样本有 15.67%,30%～50% 的占 52.43%,50% 以上的有 17.83%,表明受访家庭多以富裕小康为主,温饱及贫困样本占 17.83%;受访居民集中分布在中心城区,占 75.68%,15.14% 和 9.19% 的样本分布在城郊及乡镇;已婚有子女的为主,占样本的 61.62%。

二、城乡居民对环境友好农田生态环境的供需意愿分析

调查设计中,假设政府为实现区域农田生态环境的改善,未来有这样一项计划:希望通过限制农药和化肥的使用量,建设生态环境良好的农田,鼓励农民自愿减少化肥和农药的使用量,共同参与到农田生态环境的治理工作中。访谈时,以化肥及农药在不同限制下的农田生态环境状况作为标准,假定农户在生产经营中化

肥及农药施用的限制标准有 8 项：①化肥施用量减少 50％；②完全不再施用化肥，全部改施农家肥或有机肥；③农药施用量减少 50％；④100％不再施用农药，改用其他方法除虫害；⑤化肥农药施用量均减少 50％；⑥化肥农药均完全不再施用；⑦完全不施化肥，农药施用量减少 50％；⑧完全不施农药，化肥施用量减少 50％。结果表明，80％以上的受访农户认为化肥、农药施用量的限制或减少，会因作物产量下降致使收入减少；生产经营中，农户以完全或主要施用化肥及农药的占多数，对化肥和农药使用量进行限制，将增加经营管理的难度和工时。城镇居民有80.98％认为化肥农药施用量的限制或减少，会因此使农民收入减少；84.78％认为将增加农民生产经营管理的难度和工时。城乡居民均认同当化肥农药施用量在不同限制标准下，政府应采取一定的经济补偿或激励措施鼓励农民转变生产。

（1）农户对环境友好农田生态环境的供给及受偿意愿。

调研时，采用支付价值卡的询价方式，分别询问受访农民在不同限制状态下供给农田生态环境的受偿意愿及最低的受偿额度，结果见图 4-1。化肥、农药施用量在不同的限制状态下，受访农民的受偿意愿有明显的波动和差异，呈离散的分布。同时，受偿额度的分布与化肥、农药施用的限制强度有正相关关系。从图 4-1 可见，不同限制状态上几乎有 50％以上的农民的受偿额度相对集中在 400 元/0.067 hm² 以下，受偿额度与其农业种植的净收入较为接近。在化肥和农药施用量减少 50％两个限制状态下，分别有 88.24％和 89.03％的受访农民平均 0.067 hm² 的农田愿意接受的最低受偿额度低于 400 元；当完全限制化肥和农药的施用时，仅有 50％的受访农民愿意接受 400 元/0.067 hm² 的补偿额度；其他的限制状态下，选择 A～H 选项范围内的补偿额度的农民在 55％～68％。当化肥和农药施用在不同限制状态下时，影响农民受偿额度高低的因素见表 4-1，主要有受访农民的家庭收入状况、农业收入比例、农业种植经验、性别、年龄、文化程度及其化肥减少的意愿。不同限制状态下影响因素有所差异，但从整体分析，受偿额度的高低与受访农民家庭收入及其减少化肥施用的意愿呈负相关关系，表明家庭收入越高、有减少化肥施用量意愿的农民愿意接受的补偿额度越低；与农业收入占家庭收入的比例呈正相关关系，表明农业收入占家庭收入比重越大的农民其希望得到的补偿越高。当农民的家庭收入较高，非农收入成为主要来源时，农业耕作的主要目的在于自家食用，生产经营时化肥和农药的施用本身相对较少，为此其对农田按限制标准生产的补偿额度要求较低。受偿额度还与受访农民的农业种植经验、性别呈负相关关系，与其年龄呈正相关关系，表明有丰富耕作经验的农民深知化肥、农药过度施用所带来的危害，对化肥和农药施用限制参与的积极性较高，愿意接受的补偿相对较低，女性和年纪大的农民希望能得到较多的补偿。

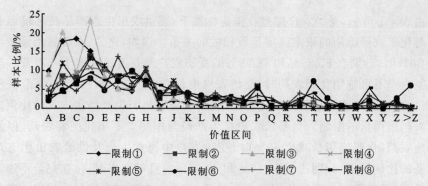

图 4-1　化肥农药施用限制假设前提下受访农民愿意接受的补偿额度分布

注：限制①：化肥施用量减少 50%；限制②：完全不再施用化肥，全部改施农家肥或有
机肥；限制③：农药施用量减少 50%；限制④：100%不再施用农药，改用其他方法除虫害；
限制⑤：化肥农药施用量均减少 50%；限制⑥：化肥农药均完全不再施用；限制⑦：完全不
再施化肥，农药施用量减少 50%；限制⑧：完全不再施农药，化肥施用量减少 50%。A~Z
分别指 1~50，50~100，…，1250~1300 的询价区间，各区间间隔 50 元，>Z 指大于 1300
元，由受访者直接回答该值，单位为元/0.067 hm²。

表 4-1　不同限制状态下影响农民受偿额度高低的影响因素分析

影响因素	①化肥减少 50%	②化肥减少 100%	③农药减少 50%	④农药减少 100%	⑤化肥、农药均减少 50%	⑥化肥、农药均 100%不施	⑦100%不施化肥，农药减少 50%	⑧100%不施农药，化肥减少 50%
家庭收入	−0.0054 (0.0901)	—	—	−0.01 (0.0641)	−0.005 (0.0097)	—	—	—
农业收入比例	—	291.80 (0.0444)	162.50 (0.0321)	—	—	306.15 (0.0455)	76.80 (0.1447)	96.34 (0.0695)
农业经验	—	—	—	−8.59 (0.0233)	—	−6.75 (0.0654)	—	—
性别	—	—	−4.29 (<.0001)	—	—	—	−1.61 (0.0129)	−1.50 (0.0229)
年龄	—	—	—	—	—	6.80 (<.0001)	8.88 (<.0001)	9.63 (<.0001)
文化程度	—	—	—	—	—	71.11 (0.0002)	—	—
化肥减少意愿	—	—	—	—	—	−249.27 (0.1219)	−54.50 (0.1121)	—

注：表中数值代表影响因素的参数估计值，括号内的数值代表显著程度。

由表 4-1 可见,受访农户愿意在限定标准下,提供农田生态产品及环境服务的比例与化肥农药施用的限定强度呈负相关的关系。例如,化肥、农药施用量较当前减少 50%时,分别有 85.25%和 78.89%的受访农户愿意遵循标准生产经营。当完全限制农户不再施用化肥农药时,受访农户中仅有 73.89%和 71.19%愿意按标准生产。尤其,农户愿意接受限制化肥施用量,改施有机肥生产经营方式的比例远高于对农药施用量的限制。当要求农户在生产经营中完全不施化肥和农药,以及完全不施农药,化肥施用量减少 50%时,受访农户中愿意生产及供给农田生态产品及服务的比例最低,分别达到 69.66%和 69.32%。且对农户而言,在完全不施农药的前提下,是否限制化肥的施用已不再重要,两者对农田产出的影响相当。随着化肥、农药施用限制标准增强,农户供给及生产意愿下降的主要原因在于,认为不施化肥或农药,农产品产量很低,即使政府提供经济补偿仍划不来;当限制标准增强时,农户不愿意按要求进行生产经营的部分原因转向为认为管理难度增强,实践操作困难,难以按标准执行等。

从补偿额度分析,化肥和农药施用的限制标准增强,受访农户认为政府作为公共管理部门应向他们提供更高的经济补偿。如表 4-2 所示,农业生产经营中化肥农药施用量较当前分别减少 50%时,农户认为政府应分别向农户提供 3928.88 元/($hm^2 \cdot a$)和 5123.29/($hm^2 \cdot a$)的补偿,是武汉市耕地年均净产值的 56.94%和 74.25%,与受访农户凭生产经验判断的减产幅度接近;农业生产经营中完全不施用化肥及农药,以及两者分别均减施 100%和 50%时,农户能够接受的补偿额度在 7709.10～8367 元/($hm^2 \cdot a$),高于武汉市耕地年均净产值 10%～20%,主要原因在于农户认为按上述标准生产基本无收成,且增加管理难度和工时。

表 4-2 城乡居民对环境友好农田生态环境的供需意愿及补偿额度

项目	施用量限制标准	城镇居民需求及补偿意愿		农户供给及受偿意愿	
		需求比例 /%	补偿标准 /元/($hm^2 \cdot a$)	供给比例 /%	受偿标准 /元/($hm^2 \cdot a$)
化肥	①施用量减少 50%	84.62	3398.10	85.25	3928.88
	②100%不施用	80.22	5537.70	73.89	6709.16
农药	③施用量减少 50%	85.16	3354.75	78.89	5123.29
	④100%不施用	81.87	5476.95	71.19	6750.64
化肥 ＋ 农药	⑤均减少 50%	84.53	5398.50	76.67	6602.85
	⑥均 100%不施用	83.43	8016.90	69.66	8367.00
	⑦100%不施化肥,农药减少 50%	84.53	6791.85	70.45	7770.00
	⑧100%不施农药,化肥减少 50%	83.43	6996.6	69.32	7709.10

（2）城镇居民对环境友好农田生态环境的需求及补偿意愿。

由表 4-2 可见，随着化肥农药施用限制标准增强，城镇居民赞同政府向农户提供经济补偿的比例在降低.例如，当完全限制农户不再施用化肥农药时，城镇居民赞同向农户提供经济补偿的比例分别仅有 80.22％和 81.87％。主要原因在于，城镇居民认为限制标准能够操作执行时，化肥农药施用量的限制不会对农户的经济收入带来较多影响，且可通过市场调节得到补偿；而当限制标准增强时，城镇居民不同意政府向农户提供经济补偿的原因转为，认为管理难度增强，实践操作困难，政府难以监管农户按标准执行。从补偿额度分析，补偿额度与限制标准呈显著的正相关的关系。如表 4-2 所示，农业生产经营中化肥农药施用量较当前分别减少 50％时，城镇居民认为政府应向农户提供 3398.1 元/（hm^2 · a)和 3354.75/（hm^2 · a)的补偿；完全限制农户不再施用化肥农药时，补偿数额高达 8016.9 元/（hm^2 · a)。

（3）城乡居民对环境友好农田生态环境的供需均衡及补偿。

由图 4-2 可见，除"化肥施用量减少 50％"时，农户的供给比例略高于城镇居民的需求比例之外，其他的限制状态下城镇居民对环境友好农田生态环境的补偿意愿均高于农户愿意在该状态下生产并接受补偿的比例。农户的供给意愿与化学农资使用的限制强度呈显著的负相关关系；而城镇居民的需求意愿与限制强度也呈负相关关系，但城镇居民对农药的限制偏好较强，当农药施用限制有所增强时需求意愿增强，对完全不施用化肥的限制偏好最弱。由图 4-3 可见，农户对化肥农药施用限制的受偿标准远高于城镇居民的补偿标准。且农户的受偿额度与城镇居民的补偿额度间的差距与化肥农药施用的限制强度呈抛物线状态，在"化肥施用量减少 50％"和"完全不施用任何化肥农药"两个状态时，两者的额度最接近；"农药施用量减少 50％"时，差距最大，达到 1768.54 元/（hm^2 · a)，其间差距逐渐减缓。

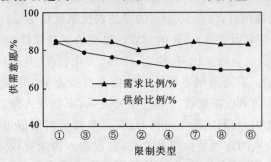

图 4-2　城乡居民对环境友好农田生态环境的供需意愿

注：①化肥施用量减少 50％；②完全不再施用化肥，全部改施农家肥或有机肥；③农药施用量减少 50％；④100％不再施用农药，改用其他方法除虫害；⑤化肥农药施用量均减少 50％；⑥化肥农药均完全不再施用；⑦完全不再施化肥，农药施用量减少 50％；⑧完全不再施农药，化肥施用量减少 50％。

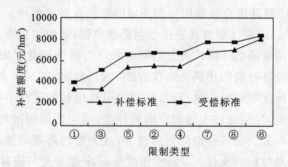

图 4-3　城乡居民对环境友好农田生态环境的补偿额度

注:限制类型①②③④⑤⑥⑦⑧含义同图 4-2。

三、城乡居民对环境友好农产品的供需意愿及价格分析

(1) 农户对环境友好型农产品的供给意愿及接受价格。

构建假想的、不同限定标准下的农产品交易市场及环境,通过访谈方式直接询问农户愿意在化肥农药施用限制下生产及供给农产品的意愿及生产价格。以稻米为例,假定政府为了实现区域农田生态环境的改善,通过限制农药和化肥的使用量,并通过市场调节农产品销售价格来鼓励农民减少化肥和农药的使用量。不同的限制标准下,生产者的供给意愿及接受的增值价格见图 4-4。化肥、农药施用量在不同的限制状态下,受访农民愿意接受的稻米增值价格有明显的差异,呈离散分布。但从图 4-4 可见,不同限制状态下约有 80% 以上的受访农民愿意接受的增值价格在 0.1~1.0 元(A~J)之间,在化肥和农药施用量减少 50% 两个限制状态下,分别有 95.27% 和 94.67% 的受访农民愿意接受稻米的增值价格在 0.1~1 元;而当完全限制化肥和农药的施用时,仅有 76.64% 的受访农民愿意接受 0.1~1 元/0.5 kg 的增值补偿。同时,从影响因素可见,影响到农民接受价格差异性的因素主要有受访农民的家庭收入状况、农业收入比例、性别、年龄、文化程度、是否村干部及其农药减少的意愿,见表 4-3。不同限制态度下影响因素有所差异,但从整体分析,接受增值价格的高低与受访农民家庭收入呈正相关关系,家庭收入越高的农民农业种植的目的在于自家食用,当假定用于出售时,其愿意接受的增值价格也越高;与农民农业收入占家庭收入的比例呈负相关关系,农业收入占家庭收入比重越大的农民种植的目的在于出售,减少化肥、农药的施用会影响其家庭收入,其对化肥和农药施用减少的愿望较低,生产的积极性降低;与受访农民的性别和年龄呈负相关关系,与其文化程度、是否村干部的特征呈正相关关系,与其减少农药施用的意愿呈正相关关系,表明受访农民中女性和年纪大的农民的接受价格相对较低,文化程度高、作为村干部或有农药减少意愿的农民的接受价格相对较高。

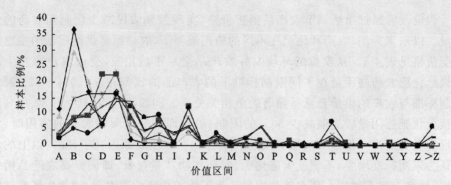

图 4-4 化肥农药施用限制条件下受访农民愿意接受的稻米增值价格分布

注:限制①:化肥施用量减少 50%;限制②:完全不再施用化肥,全部改施农家肥或有机肥;限制③:农药施用量减少 50%;限制④:100%不再施用农药,改用其他方法除虫害;限制⑤:化肥农药施用量均减少 50%;限制⑥:化肥农药均完全不再施用;限制⑦:完全不再施化肥,农药施用量减少 50%;限制⑧:完全不再施农药,化肥施用量减少 50%。A～Z 分别指 0.1,0.2,…,2.6 元的价格增值区间,各区间间隔 0.1 元,>Z 指大于 2.6 元,由受访者直接回答该值,单位为元/0.5 kg。

表 4-3 不同限制状态下影响农民接受价格高低的影响因素分析

影响因素	①化肥减少 50%	②化肥减少 100%	③农药减少 50%	④农药减少 100%	⑤化肥、农药均减少 50%	⑥化肥、农药均 100% 不施	⑦100%不施化肥,农药减少 50%	⑧100%不施农药,化肥减少 50%
家庭收入	—	0.000025 (0.0434)	—	—	—	—	—	—
农业收入比例	−0.35 (0.1081)	—	—	—	—	—	—	—
性别	—	—	−0.31 (<0.0001)	—	—	−0.015 (0.0089)	—	−0.022 (0.0001)
年龄	—	—	−0.39 (<0.0001)	—	—	−0.029 (0.0145)	—	—
文化程度	—	—	1.06 (<0.0001)	0.21 (0.0310)	—	—	—	—
村干部	0.55 (0.053)	1.45 (0.0116)	—	—	—	—	4.20 (<0.0001)	0.014 (0.0799)
农药减少意愿	—	—	—	—	—	—	0.599 (0.083)	—

注:表中数值代表影响因素的参数估计值,括号内的数值代表着显著程度。

假设政府通过市场调节农产品销售价格，实现鼓励农民减少化肥和农药的使用量。以稻米为例，农药和化肥在不同的施用限制下，农户愿意供给稻米的意愿及接受价格见表4-4。从模拟的环境友好农产品交易市场出发，受访农户愿意生产并供给化肥农药施用量在不同限制标准下的农产品的比例在54.29%～82.12%，限制标准与农户的供给意愿呈显著的负相关关系。例如，受访农户中有82.12%愿意接受化肥施用量较当前减少50%的限制标准，而当完全限制农药的施用时，农户愿意参与生产并供给农产品的人数下降至54%。主要原因在于，80%以上的农户认为限制标准增强，不施或少施化肥、农药作物产量过低，即使提高农产品销售价格，经济上仍不划算。还有部分农户认为不施或少施化肥农药，增加生产经营管理的难度，没有时间管理。从农户的接受价格的表明，限制标准愈强，农户对农产品的接受价格越高，供给价格与限制强度呈显著的正相关关系。化肥、农药施用量在不同限制程度下，农户愿意以高出当前普通农产品1.65～2.66元/kg的价格生产环境友好型农产品。以稻米为例，农户按照要求生产供给完全不施用化肥及农药的稻米时，其认为该稻米价格应比当前普通稻米高出2.66元/kg的价格，高于当前稻米均价3.88元/kg的68.45%；而仅化肥施用量减少50%时，农户愿意接受的稻米价格仅比普通稻米价格高出1.65元/kg，在8项限制状态中最低。整体而言，当化肥农药施用量在不同限制标准下，农户愿意高出当前价格42.52%～68.45%的价格供给环境友好农产品。

表4-4　城乡居民对环境友好农产品供需意愿及价格

项目	施用量限制标准	消费者需求意愿及价格		生产者供给意愿及价格	
		需求比例/%	购买增价/(元/kg)	供给比例/%	销售增价/(元/kg)
化肥	①施用量减少50%	81.32	0.78	82.12	1.65
	②100%不施用	71.98	1.18	62.71	2.25
农药	③施用量减少50%	82.42	0.87	68.00	1.82
	④100%不施用	76.82	1.26	54.29	2.30
化肥＋农药	⑤均减少50%	81.32	1.19	64.37	2.19
	⑥均100%不施用	75.27	1.82	55.75	2.66
	⑦100%不施化肥，农药减少50%	77.90	1.44	56.90	2.47
	⑧100%不施农药，化肥减少50%	80.11	1.51	54.91	2.52

（2）城镇居民对环境友好农产品的需求意愿及支付价格。

以访谈方式询问城镇居民对农户提供的化肥农药施用限制的农产品的需求意愿及支付价格，结果表明，86.96%的城镇居民对于农药和化肥施用量较少的环境友好农产品（谷物或蔬菜），愿意支付较普通农产品更高的价格来购买。以稻米为例,当化肥和农药在不同的限制标准下,城镇居民的需求意愿及支付价格见表4-4。从模拟的环境友好农产品消费市场出发,城镇居民愿意支付较高的价格购买化肥农药施用量在不同限制标准下的农产品的比例在 71.98%～82.42%。同时,限制标准与城镇消费者的支付意愿呈负相关关系。农药施用量较当前减少 50% 时,消费者购买该农产品的需求意愿最强,占样本的82.42%;而仅有 71.98% 的消费者愿意以较高的价格购买农户完全不施化肥所生产的农产品,所占比例最低。可见,消费者对农药施用量的限制明显偏好于对化肥施用量的限制,愿意购买农药施用量限制标准下的农产品人数比例相对较多,支付价格也略高。从支付价格分析,消费者愿意以高出当前普通农产品 0.78～1.82 元/kg 的价格购买环境友好农产品。且消费者的愿付价格与化肥农药施用量的限制强度呈正相关关系。以稻米为例,当化肥农药施用量在限制标准下,城镇居民愿意以高出普通稻米 0.78～1.82 元/kg 的价格购买农产品,高出普通稻米均价 20.08%～46.92%。

(3) 城乡居民对环境友好农产品的供需均衡及价格。

由图 4-5、图 4-6 可见,除在"化肥施用量减少 50%"时,农户的供给比例略高于城镇居民的需求比例 0.8% 之外,其他限制状态下城镇居民的需求意愿均高于农户的供给意愿。且对农药的限制增强时,供需意愿差距增大,主要原因在于城镇消费者对农药限制型的农产品需求偏好较强,而对化肥限制型的农产品偏好相对较弱;而农户则相反,对农药限制型的农产品顾虑到产量,供给意愿较弱。从供需价格比较可见,农户对化肥农药施用限制的农产品的接受价格要远高于城镇消费者的购买价格。供需价格的变化在"化肥施用量减少 50%"和"完全不施用任何化肥农药"两个状态时较低,分别在 0.87 元/kg 和 0.84 元/kg 的悬殊外,其他状态价格差距在 1 元/kg 左右。

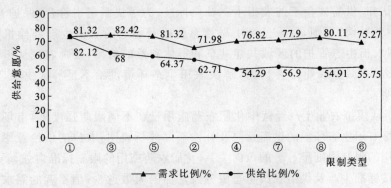

图 4-5　城乡居民对环境友好农产品的供需意愿

注:限制类型①②③④⑤⑥⑦⑧含义同图 4-2。

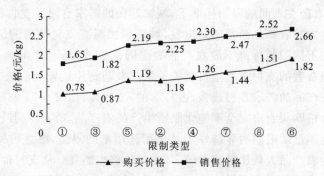

图 4-6　城乡居民对环境友好农产品的供需价格分析限制类型

注:限制类型①②③④⑤⑥⑦⑧含义同图 4-2。

四、结论与讨论

1. 结论

从减少农业负外部性行为、改善农田生态环境状况出发,本文构建假想的农田生态补偿政策及农产品交易市场,揭示出农户在相关约束条件下愿意转变生产方式,提供不同组合或更高水平的农田环境服务的受偿意愿,为尽快制定出符合"保护者受益"原则及生产者意愿的农田生态补偿机制及政策,提供参考借鉴。补偿标准的确定始终是生态补偿研究的核心问题,基于"保护者受益"原则的补偿标准和"受益者补偿"原则的支付标准则是生态补偿研究中的两个关键指标。本研究基于武汉市农户和城镇居民的实证数据,从生产者和消费者两个重要的市场主体对环境友好农田生态服务及产品的供需意愿出发,构建假想市场模拟测算出从市场主体认知、供需视角下的农田生态补偿标准,为尽快制定出符合"保护者受益"及"受益者补偿"原则,尊重公众供需意愿及接受能力的农田生态补偿机制及政策,实现农田生态管护的区域共建共享和群体利益的均衡,鼓励农民从事保护性的耕作方式,减少农业污染行为,解决农田生态环境供给不足等提供参考借鉴。研究表明:

(1)从模拟农业生产经营中化肥农药施用量在不同限制强度下,市场主体对环境友好农田生态环境的供需意愿及补偿额度分析表明,农户的供给意愿与化肥农药施用的限制强度呈显著的负向关系,化肥农药施用的限制标准愈强,受访农户中愿意按标准生产及供给农田生态服务及产品的人数愈少;消费者的需求及补偿意愿也与化肥农药施用的限制强度呈负向关系,化肥农药施用的限制标准愈强,消费者认为监管难度增强、实施成本增大,愿意向生产者(农户)提供经济补偿的人数比例在降低。但消费者对农药的限制偏好表现较强,当农药施用限制有所增强时其需求意愿增强,对农业生产经营中完全不施用化肥的限制偏好最弱。其中,受访生产者愿意在不同限制强度下供给农田生态服务并接受补偿的人数比例在69.32%～85.25%之间,受访消费者在不同限制强度下需求农田生态服务并赞同政府提供补偿的比例在80.22%～85.16%之间。而补偿数额与限制标准则呈显著的正向关系,限制标准愈增强,两类市场主体均认为生产者(农户)能够提供更多的农田生态环境服务及效益,政府作为公共管理部门应向生产者(农户)提供更高的经济补偿数额。在化肥及农药施用量分别减少50%、100%等不同限制强度下,生产者认为政府应分别向按标准提供农田生态产品及服务的农户提供3928.88元/(hm² · a)～8367.00元/(hm² · a)的经济补偿额度,约为耕地年均净产值6899.59元/(hm² · a)的56.94%～121.27%,与受访农户凭生产经验判断的减产幅度、增加的管理难度和工时相近;消费者认为政府应分别向生产者(农户)提供3354.75/(hm² · a)～8016.9/(hm² · a)的经济补偿额度,约为耕地年均净产值6899.59元/(hm² · a)的48.62%～111.19%。生产者对化肥农药施用限制的受偿标准远高于消费者的补偿标准,且生产者的受偿额度与消费者的补偿额度间的差距与化肥农药施用的限制强度呈抛物线状态,在"化肥施用量减少50%"和"完全不施用化肥农药"两个状态时,两者的额度最接近;"农药施用量减少50%"时,两者的差距最大,达到1768.54元/(hm² · a),其间差距逐渐减缓。

（2）从模拟化肥、农药施用限制下的环境友好农产品交易市场出发,受访农户中愿意生产并供给化肥农药施用量在不同限制标准下的农产品的人数比例在54.29%～82.12%之间,受访城镇居民愿意以较高的支付价格购买及消费化肥农药施用量在不同限制标准下的农产品的人数比例在71.98%～82.42%,限制标准与两类市场主体的供需意愿呈显著的负相关关系,而供需价格则与限制强度呈显著的正向关系。其中,化肥、农药施用量在不同限制程度下,农户愿意以高出当前普通农产品价格1.65～2.66元/kg的价格生产环境友好型农产品,高出当前普通农产品价格42.52%～68.45%的增幅;消费者愿意以高出普通稻米价格0.78～1.82元/kg的价格购买环境友好型农产品,高出普通稻米均价20.08%～46.92%的增幅。除在"化肥施用量减少50%"时生产者的供给比例略高于消费者的需求比例0.8%之外,其他的限制状态下消费者的需求意愿均高于生产者的供给意愿。且当农药的限制增强时,两者的供需意愿及价格的差距增大,主要原因在于消费者对农药限制的农产品需求偏好较强,而对化肥限制型的农产品偏好相对较弱;而生产者相反,对农药限制的农产品顾虑到产量,供给意愿较弱.且生产者对化肥农药施用限制的农产品的销售价格要远远高于消费者的购买价格,供需价格的变化在"化肥施用量减少50%"和"完全不施用任何化肥农药"两个状态时的较低,分别在0.87元/kg和0.84元/kg的悬殊,其他状态价格差距基本在1元/kg。

2. 讨论

国外的农业生态补偿政策多采取以对土地生态系统服务付费,或直接对实施保护性耕作等生态保护措施的农户给予补贴或补偿的做法。在补偿额度的确定上,多通过农民个人参与协商谈判得到,或基于政府制定的补偿标准。本研究应用意愿调查法模拟生态补偿交易市场,从农田生态产品及服务的供给主体——农户的受偿意愿出发,测算出其愿意减少农药化肥的施用量、从事保护性的耕作方式所愿意得到的补偿额度。受访农民中有 87.22％农业生产经验在 20 年以上,无论是通过模拟政府的直接补偿还是市场交易的实现,农户所认同的受偿额度均参考了其转变生产方式所带来的产量下降及额外付出的管理成本等净损失,有一定的可信度。参考国内现有相关研究,沈根祥等曾以崇明岛东滩绿色农业示范项目为例,从环境友好肥料管理方式所创造的生态效益价值和实际投入的额外成本两个角度出发,研究表明环境友好型肥料管理方式可获得的生态补偿理论值范围分别为 3066.1~10 135.6 元/（hm² · a）和 3165.2~7640.1 元/（hm² · a）[11]。比较可见,本研究从市场主体认知及供需意愿的角度所测算出在化肥及农药在不同限制标准下的农田生态补偿额度,与他们通过示范项目测算的理论参考值接近,说明从生产者供给和受偿意愿角度所测算出的农田生态补偿额度兼顾农田生态环境建设的重要主体的供给热情及受偿意愿,有一定的参考价值。但研究也存在一些不足:①尽管研究过程中也通过人员的培训、增加信息的准确及充分性、剔除无效样本、增加样本的代表性等相关方法尽可能地规避偏差,但受意愿调查法存在的各种偏差的影响,结果仍仅是一种近似值;②在实证方面,相关学者已证实信息不对称会产生道德风险,增加风险补偿及信息租金,增强监管的难度,在文中尚未考虑信息不对称问题,有待在后续研究中加强;③在国家发展"两型"农业,鼓励农民或农业企业转变生产方式,从事有机农业、生态农业或绿色农业时,该补偿意愿有一定的参考性。同时,基于我国特殊的土地国情,在较长时期内化肥农药的施用量难以大幅度减少。但在一些环境敏感区,诸如重要水源区周边的农田,可以尝试通过市场交易等方式补偿激励农民实施保护性的耕作措施,以减少对水源的污染。

第三节　基于保护属性界定的农田生态补偿标准测算

伴随着我国工业化和城市化进程的加快,耕地资源受到前所未有的严峻挑战。虽然国家动用了所有可能的政治、法律、技术等诸多手段,制定了世界上最严厉的耕地保护政策来遏制耕地质量下降和耕地数量锐减的危机,但耕地保护并没有取得满意的预期和效果。其中,一个重要原因在于承载国家粮食安全和生态安全职能的耕地资源实质是一种公共产品。耕地保护中不同利益主体的行为趋向及利益诉求偏向私人决策最优,没有任何私人主体愿意主动承担保护责任,带来市场失灵和政策失灵,耕地生态产品供给存在明显不足。20 世纪 60 年代,科斯提出解决外部性的方案,奠定了生态补偿的理念。20 世纪 80 年代以来,国内外很多国家和地区进行了大量的生态补偿实践与研究,生态补偿能有效运用政府和市场手段进行经济激励来调节利益相关者的利益,相对于传统行政命令的政策而言,生态补偿是一种有效解决耕地资源保护与经济发展矛盾的经济激励措施。

生态补偿标准的确定是补偿机制构建的核心和难点问题。合理的补偿标准能够充分调动生态服务提供者参与生态保护的积极性,获得足够的动力和能力来改变原有落后的生产生活方式,达到产业结构进行调整目的[18],同时,合理补偿标准能确保生态服务消费者或者享用者积极参与到生态环境建设中,解决生态补偿政府财政资金短缺的局限性问题,因此,补偿标准关系到补偿制度的可行性和补偿的效果,是耕地生态补偿制度顺利实施的关键。

一、研究方法——选择实验法

选择实验法(Choice Experiments,CE)是一种新兴的评估环境非市场价值陈述偏好的技术,该评估技术突破传统方法的限制,受到环境经济学家的赞赏。CE 是由研究问题或者商品所有可能的属性集组成,其中众多属性中必然包含一个货币价值属性,即意味着改变目前状况需要支付的费用。研究者通过设置不同属性状态组合而成的选择集,以供受访者在每个不同选择集中选择最合适的替代情景。因此,当受访者做出选择时,间接地做出了属性之间属性水平的权衡,通过此获得大量个体对该环境或者商品偏好的信息,运用经济计量模型分析某个环境或者商品不同属性与特征的价值,从而确定不同属性状态组合而成各种方案的非市场价值。

事实上,选择实验法起源于运输和销售行业,主要是用于研究交通运输项目和私人物品特性,直到最近才应用到环境和健康非市场商品领域。Adamowicz 等是第一位运用选择实验方法评价非市场价值的学者[19],随后该方法应用到环境、健康方面。Hanley 等运用选择实验方法评价生态环境改善后的河流价值[20]。为了提高农业环境和健康安全,Travis 和 Nijkamp 使用选择实验方法评价意大利农业中减少农药等杀虫剂的经济价值[21]。Rambonilaza 和 Dachary-Bernard 利用选择实验法评估土地规划中居民对环境景观的偏好价值[22]。国内运用选择实验法进行环境公共物品价值评估的案例不是很多。现有研究如金建君用选择实验法评估澳门固体废弃物管理的价值[23-24];徐中民等学者对黑河流域额济纳旗生态系统管理进行评价[25];瞿国梁等以中国正在实施退耕还林工程为例,利用选择实验方法对该政策绩效进行了评估[26]。

二、研究对象与数据来源

1. 研究对象

耕地资源不仅提供食物、纤维等实物型产品,还提供开敞空间、景观、净化空气、文化服务等非实物型生态服务,其中非实物型生态服务产品外溢于其他主体中,给其消费者带来巨大社会福利。市民作为耕地资源保护的受益者与生态产品的消费者和需求者,无偿地享受到耕地保护所带来的外部效益,成为免费公共消费的"搭便车"者。目前,耕地资源存在供给不足的问题。为激励保护主体供给的积极性,弥补供给不足的问题,耕地保护外部效益的内部化是有效途径。对保护主体进行补偿,让"搭便车"者为其享受到的外部效益付费,遵循生态补偿"受益者支付,保护者获利"的基本原则。生态补偿具有社会性,是一定经济发展水平与生态环境认知下经济利益的再分配,涉及众多相关主体的利益调整。因此,在生态补偿机制确定过程中,需要了解不同利益相关方的参与意愿。市民作为耕地保护的受益者,基于受益者支付的原则测算出市民对耕地生态效益的补偿意愿及额度,为确定耕地生态补偿标准提供参考,具有现实性与可行性。

2. 数据来源

为获得市民支付意愿数据,依据生态补偿测算思路和测算方法的要求进行问卷设计。选择实验设计中要确保参与者或者受访者对属性有一定的理解和认知,因此,要求调查者能对研究问题有较好的描述和假想市场背景的解释。在 2010 年的 9~10 月间,通过对调查人员进行问卷内容的培训,土地管理专业的博士、硕士、本科生组成调查小组对武汉市中心城区(洪山区、青山区、江汉区、武昌区)与远城区(江夏区、蔡甸区、东西湖区、黄陂区)进行随机抽样调查。调查中,结合调查群体的年龄、文化程度、职业类型等个人特征进行随机抽样,样本数量及分布根据人口数比例确定,剔除异常值和无效样本后,共获得市民有效问卷 361 份。调查样本特征显示:受访样本男性多于女性,男性占样本 62.33%;受访者的年龄构成以中青年为主;在所有受访者中是以高中、大专、本科文化程度为主;受访者月收入在1000~3000 元之间的居多。总之,受访者的经济收入水平和文化水平决定其具有一定的环境意识,其生态补偿支付意愿的调查具有代表性。

三、选择模型设计

1. 属性及其属性水平确定

根据 Lancaster 理论,消费者选择商品是基于商品提供的服务,其服务的差异是由于商品质量属性、环境属性或者品牌属性的差异[27]。耕地生态补偿最终目的是优化耕地生态系统的服务功能,调节利益相关方利益关系。实践操作中,生态补偿的实施能有效减缓耕地质量与数量下降的趋势,遏制导致耕地质量下降的直接或间接诱因,保持整个耕地生态系统的平衡。因此,耕地生态补偿项目的属性可以确定为耕地面积、耕地质量与肥力、耕地周边景观与生态环境和耕地保护成本。

属性水平取值范围取决于没有保护耕地时的属性水平和耕地保护实施后预测

所能达到的最佳水平。若没有实施耕地保护项目则随着社会发展,耕地面积呈现不断减少的趋势,期望实施项目后耕地面积不减少(维持现状)。在目前农业生产模式下,耕地质量呈现下降趋势,期望项目实施后耕地质量有所恢复并得以提升。耕地周边景观与生态环境也会伴随着有效耕地保护政策建立而逐步改善。耕地保护成本的确定是在预调查的基础上,同时结合条件价值法预调查结果而确定的。其预调查显示每年每人耕地保护成本如下:开放式问卷调查中 50 元出现的概率最高,支付卡式问卷调查中居民愿意接受 101～120 元补偿的人数最多,其次是151～200 元。综合调查结果 0、50、100、200 确定为耕地资源保护支付成本的属性状态水平(表 4-5)。

表 4-5　耕地资源保护属性及其水平范围的确定

属性	耕地面积	耕地质量与肥力	耕地保护成本	耕地周边景观与生态环境
属性现状	减少	下降	0	下降
属性最佳状况	保持不变	改善	50,100,200	改善

2. 选择集确定

根据表 4-5 中耕地生态补偿的属性及其属性水平,运用因子设计法,3 因素 2 水平和 1 因素 4 水平一共产生 $2^3 \times 4$ 个不同属性状态组合而成的选择集。考虑到研究成本与完成任务质量问题,不可能将所有属性状态组合都呈现给受访者,因此,采用部分因子正交设计方法调查问卷中所需要的选项,将一些不切合实际的备选项删除掉,仅保留正交项[28]。

由于各属性水平数不同,本研究中需要采用混合正交实验表安排实验。根据公式[29]:

$$实验数 = \sum (水平数 - 1) + 1$$

计算和查正交试验表可知每个受访者需要完成 8 个选择集。结合研究实际情况,最终确定 7 个选择集作为最终可供选择的组合方案,每个选择集有现状方案和替代方案 2 种方案,受访者在每个不同选择集中选择自己认为最优方案情景。

3. 模型变量的选择与赋值

受访者对各种组合方案的选择是基于方案对其带来的效用大小。个人效用函数可以用公式

$$V_{ij} = V_i(x_j, T_j) + \varepsilon_{ij} \tag{1}$$

式中,V_{ij} 为消费者 i 选择方案 j 的直接总效用,$V_i()$ 为消费者 i 选择方案 j 的效用的系统组成部分,ε_{ij} 为是随机部分,x_j 是为消费者 i 选择方案 j 的属性特征,T_j 是消费者 i 选择方案 j 的支付货币量。

在不考虑随机误差项,模型随机效用函数可以用属性向量(Z_1,Z_2,Z_3,Z_4)线性函数表示。为了量化耕地保护项目属性价值,用选择方案的属性水平作为效用函数的变量来构建选择模型。本研究属性特征变量包括耕地面积、耕地质量与肥力和周边景观与生态环境、耕地保护成本四项,分析影响受访者选择方案的因素与属性。

$$V_{ij} = ASC + \beta_1 Z_{1,ij} + \beta_2 Z_{2,ij} + \beta_3 Z_{3,ij} + \beta_4 Z_{4,ij} \tag{2}$$

V_{ij}为效用;ASC为常数项;Z_1是耕地面积属性;Z_2耕地质量与肥力属性;Z_3耕地周围景观与生态环境属性;Z_4是耕地保护成本属性;$\beta_1,\beta_2,\beta_3,\beta_4$分别为属性的参数估计,其中$\beta_4$代表收入的边际系数,模型参数都具有边际贡献的经济意义。

随着耕地质量的提高,耕地面积的增加及其周边生态环境的改善,公众生活得更舒适,幸福感较强,公众的效用水平会越高,但支付耕地保护费用越高其效用就会越低。因此,耕地面积增减、耕地肥力下降与提高、耕地周边生态景观与生态环境三个属性与选择效用成正相关,而耕地保护支付费用与选择效用成负相关,即β_4为负值。

若考虑随机误差项,则效用函数可以表示为

$$V_{ij} = ASC + \beta_1 Z_1,_{ij} + \beta_2 Z_2,_{ij} + \beta_3 Z_3,_{ij} + \beta_4 Z_4,_{ij} + \beta_a S_1 + \beta_b S_2 \cdots + \beta_m S_k \tag{3}$$

式中,V_{ij}、ASC、Z_1、Z_2、Z_3、Z_4、β_1、β_2、β_3、β_4的含义同上,$S_1,S_2,\cdots,S_K$分别为影响效用的受访者个人特征变量,$\beta_a,\beta_b,\cdots,\beta_m$分别为个人特征变量系数。

市民社会经济特征变量包括:年龄、性别、受教育程度、政治面貌、家庭规模、家庭总收入、受访者月收入水平、需要抚养人口、受访者健康状况、区域环境质量、耕地保护政策的认知、对耕地感情深浅、是否听说过生态补偿概念和是否参加过环保活动。为了便于经济计量分析,给予因变量和属性自变量赋值(表4-6)。

表4-6　选择模型中各属性变量与因变量赋值

	变量名称	变量取值
因变量	选择方案	选择 A 或 C=0,选 B=1(A,B,C 分别为三个选项)
属性自变量	耕地面积	耕地面积减少=0,耕地面积保持不变=1
	耕地质量与肥力	耕地肥力下降=0,耕地肥力改善=1
	周边景观与生态环境	周边景观与生态环境恶化=0,周边景观与生态环境改善=1
	支付耕地保护费用	0,50,100,200

四、模型拟合结果与分析

1. 模型估计结果

本研究使用 R 统计软件,采用 2 个不同的多项式模型对调查结果进行了计量分析。模型 1 的因变量是被调查市民在每个选择集中所做的选择的概率,自变量仅考虑每个选择集中各选择方案的属性(耕地面积、耕地质量与肥力、周边景观与生态环境、耕地保护成本)及其状态水平;模型 2 的因变量仍为被调查市民在每个选择集中所做的选择概率,自变量不仅包括每个选择集中各选择方案的属性及其状态水平,还包括被调查市民的社会经济特征变量。

表 4-7　模型分析结果

	模型 1				模型 2			
	Estimate	Std.Error	t value	Pr($>$|t|)	Estimate	Std.Error	t value	Pr($>$|t|)
ASC	0.0258	0.0374	0.690	0.5615	$-$0.0366	0.0132	$-$2.546	0.011020 *
Z_1	0.1528	0.0276	5.537	0.0311 *	0.1430	0.0039	36.727	$<2e-16$***
Z_2	0.4243	0.0276	15.374	0.0042 **	0.4585	0.0036	128.322	$<2e-16$***
Z_3	0.9004	0.0276	32.622	0.0009 ***	0.9419	0.0040	234.056	$<2e-16$***
Z_4	$-$0.0061	0.02105	$-$29.071	0.0011 **	$-$0.0061	0.0029	$-$205.555	$<2e-16$***
年龄					0.0002	1.360e$-$04	1.425	0.1545
受教育程度					0.0065	1.538e$-$03	4.231	2.5e$-$05 ***
抚养人口数量					$-$0.0033	1.761e$-$03	$-$1.875	0.0609 ·
家庭总收入					0.00002	8.004e$-$06	1.991	0.0467 *
区域环境质量					$-$0.0069	2.044e$-$03	$-$3.366	0.0008 ***
是否听说生态补偿					$-$0.0052	2.125e$-$03	$-$2.456	0.0142 *

注:"·"、"*"、"**"、"***"表示统计检验分别达到 10%、5%、1% 和 0.1% 的显著水平

问卷数据模型拟合结果见表 4-7,模型 1 和模型 2 的两个模型都通过了整体显著性检验,所有属性(耕地面积、耕地质量与肥力、周边景观与生态环境、支付耕地保护费用)都在 5% 以下水平显着,模型的模拟结果与现实的情景是一致的。受访者都倾向于较低的支付保护费用,较好的环境质量,较高的耕地质量和更多的耕地面积,以提高优美的环境和景观。耕地资源保护支付费用与效用呈负相关,而耕地面积、耕地质量与肥力、周边景观与生态环境属性都与效用呈正相关,符合现实状况。模型 2 的结果表明在选取的 14 个指标中,通过不断逐步回归,仅有 6 个变量作为模型最优结果。其中,家庭抚养人口、受教育程度、家庭总收入、区域环境质量和是否听说过生态补偿概念对效用有较显著影响,年龄对效用的影响显著效果不理想。受教育程度较高的受访者,对耕地保护政策的改变有较高支持;抚养人口越多,可能需要考虑的其他因素就越多,对耕地保护者政策是否需要改变较少关注,更倾向于保持现状或者对所给予政策的情景替代并不满意;经济收入水平较高家庭,支付的金额就越多,若能接受耕地保护政策的支付方式和手段,则可能更倾向

于选择替代的情景。环境质量越高的城市区域似乎没有意识到耕地质量、面积多寡对自己有何影响，因此，可能对保持现状比较青睐。是否听说过生态补偿中与选择结果成反比，可能的原因在于，听说过生态补偿的受访者不一定了解或者接受这种经济手段，认为现状很好或者说认为问卷中所给出的政策替代情景不满意，期待较好的政策来解决生态环境和社会发展问题。

2. 属性价值核算

根据个人效用的系统函数公式 $V_{ij}=V_i(x_j,T_j)$ 及效用水平最大化时下 $dV=0$，推导出环境物品各个属性价值（WTP）[30-31]：

$$\text{MWTP}_P = \frac{dT}{dx_P} = -\frac{\partial V}{\partial x_P}\Big/\frac{\partial V}{\partial T} = -\frac{\beta_P}{\beta_T} \tag{4}$$

式中，MWTP_P 为边际属性支付意愿，β_P，β_T 为非货币选择属性和货币选择属性的估计系数。

而各个属性组合方案价值可以用初始效用状态偏好与最终效用状态偏好的差异表示

$$\text{CS} = -\frac{1}{\beta_T}\left|\ln\sum_i \exp V^0 - \ln\sum_i \exp V^1\right| \tag{5}$$

CS 为补偿剩余，即愿意支付的费用。V^0 为初始效用，V^1 为最终效用。

根据表 4-7 的模型估计参数结果，假定其他属性变量保持不变时，可以评价某属性相对基准水平的属性边际价值，各个要素的价值即为公众的支付意愿，表示市民为了得到该要素的一个水平的改进所愿意支付保护费用，也即该要素的隐含价格。具体公式如下：

$$\text{MWTP}_{z1} = -\frac{\partial V}{\partial z_1}\Big/\frac{\partial V}{\partial z_4} = -\frac{\beta_1}{\beta_4} \tag{6}$$

$$\text{MWTP}_{z2} = -\frac{\partial V}{\partial z_2}\Big/\frac{\partial V}{\partial z_4} = -\frac{\beta_2}{\beta_4} \tag{7}$$

$$\text{MWTP}_{z3} = -\frac{\partial V}{\partial z_3}\Big/\frac{\partial V}{\partial z_4} = -\frac{\beta_3}{\beta_4} \tag{8}$$

运用表 4-7 中的模型 1 和模型 2 的参数估计结果，进一步采用上述公式（6）、（7）、（8）可知，对政策项目的各个属性要素的相对重要性进行排序。可知，耕地资源保护的属性价值存在较大差异，模型 1 中耕地周边生态景观与生态环境的价值为 147 元，耕地肥力与质量的价值为 69 元，耕地面积的市民偏好价值为 25 元。模型 2 中耕地面积的偏好价值较低于模型 1，其他两个属性的单位边际价值高于模型 1。其生态景观与生态环境价值为 154 元，耕地质量与肥力是 75 元，耕地面积边际价值 23 元。

表 4-8　耕地资源保护属性的价值

属性	模型 1	模型 2
耕地面积(Z_1)	24.9681	23.4426
耕地肥力(Z_2)	69.3311	75.1639
周边景观与生态环境(Z_3)	147.1128	154.4098

*核算结果取整数元。

3. 组合方案价值核算

对不同方案选择中的补偿剩余进行核算,公式如下:

$$CS = -\frac{1}{\beta_4}(ASC + \Delta\,面积 \cdot \beta_1 + \Delta\,质量\,\beta_2 + \Delta\,环境\,\beta_3) \tag{9}$$

式子中 $\Delta\beta$ 为相关属性的估计系数与变化前后属性状态值之差的乘积,ASC 为常数项。把不同选择集中的方案集中起来,选择集对应编号就是该集方案编号,该研究有 7 种不同的选择方案,分别计算不同情况与当前基准现状福利变化情况,即补偿剩余的变化,得到 7 种方案两个模型的补偿剩余(表 4-9)。

表 4-9　不同选择方案相对于基准现状的价值

选择	属性			相对价值	
方案	耕地面积	耕地质量	周边景观与生态环境	模型 1	模型 2
现状	0	0	0		
方案 1	0	0	1	151.8295	148.4098
方案 2	1	1	0	98.8410	92.6066
方案 3	0	1	1	221.3902	223.5738
方案 4	1	0	0	29.2803	17.4426
方案 5	0	0	1	73.7902	69.1639
方案 6	0	0	1	176.8803	171.8525
方案 7	1	1	1	246.4410	247.0164

*核算结果取整数元。

依据表 4-9 市民数据分析模型 1 和模型 2 中 7 个方案的相对剩余价值结果进行排序,可知方案 7 是所有方案政策中最佳的政策,受访者期望耕地面积不再减少,耕地肥力不断提升,周边生态环境质量更高,人们生活较愉悦。居民模型 1 中受访市民为获得最佳方案 7 愿意每年每人支付耕地生态补偿 246 元货币资金。模型 2 中最佳方案 7 居民愿意每年每人支付耕地生态补偿 247 元货币资金。

五、结论与讨论

1. 主要结论

应用选择实验法于耕地生态补偿额度探讨中,为补偿额度的衡量提供一种新思路。市民是耕地保护的受益者和享用者,应作为补偿额度的支付方。对市民的支付意愿调查,有利于了解假想市场需求方与消费者的利益与意愿。从防止耕地面积减少、转变耕地生产方式、改善农田生态环境的角度出发,构建不同属性特征下的假想交易市场及政策方案,揭示出市民在不同条件下的偏好及其不同组合或者替代方案下的支付意愿。

MNL 模型估计了耕地保护项目各属性的价值和不同替代方案相对于管理现状的价值。模型估计 1 和 2 估计结果中,模型 2 较多考虑社会经济因素,个人特征对选择效用的影响,因此模型 2 的估计结果更符合实际情况。

研究表明,耕地面积从减少到维持现状每人每年愿意支付 23 元,耕地质量与肥力从下降到得到改善每人每年愿意支付 75 元,耕地周边景观与生态环境得到改善每人每年支付 154 元。对保护耕地资源而言,不仅注重耕地面积的增减,耕地周边生态环境的高低是市民尤其关心的内容。在 7 个保护方案中,第 7 个方案是各个属性相对最优方案,但核算相对价值也是最高的。依据个人效用理论,被调查者愿意为带来最大效用方案支付更高的货币资金,其支付意愿为 247 元,因此,有理由认为该方案为最佳的政策。耕地生态补偿项目实施后最理想状态是耕地资源保护现状水平到最佳水平的一种转变,其补偿额度可以确定为最佳属性组合的方案 7 的支付意愿。当然,其他的组合方案价值对耕地生态补偿标准的空间尺度的差异化提供一定参考价值。

2. 讨论

20 世纪 80 年代以来,农业生态补偿已成为很多发达国家农地保护的有效方式,其补偿额度通常是农民与政府谈判、签订合同、甚至竞价方式参与机制建设,来调动农民保护耕地资源的积极性[32]。而我国众多的农业人口和不完善的公共财政制度很难直接为补偿提供足够的支撑,若直接效仿发达国家农业生态补偿制度,则生态补偿制度将成为政府的财政包袱,因此,必须建立符合我国国情的生态补偿制度。

我国耕地生态补偿研究还处于初级阶段,人们的生态环境意识水平处于萌芽阶段,客观生态服务价值的量化能衡量生态服务的重要性和比较系统的相对重要性,但对于政策的制定和实施,其结果不可行和无任何意义。生态补偿目的不是产生环境价格标志,而是对人类的行为和生态服务的供给产生影响。因此,生态补偿具有一定社会性,是在一定环境意识水平和经济发展水平下的生态补偿。本文应用非市场的意愿调查法——CE 模拟生态补偿交易市场,从补偿的主体(市民)的支付意愿出发,测算出市民的支付意愿与补偿额度。国外有众多从消费者角度进行资源价值的评估的案例。Pruckner[33]从度假游客的角度对农地景观支付意愿确定农地的非市场价值。在欧洲如奥地利、瑞士、意大利等山区前来度假的城市居民需要支付其享用的农业景观服务。支付费用的多寡必须考虑支付者的支付能力和意愿,实施才具有可行性。本文从消费者和支付者的角度考虑生态补偿额度,具有一定的现实意义。

CE 较其他方法更容易评价组成环境商品的个体属性的价值,例如,景观、水质,而且 CE 正交实验设计为受访者提供较多评价机会,每个选择集中有众多选择方案,为受访者提供较多的思考空间。因此,选择实验法核算的耕地生态补偿额度和各个属性支付意愿对耕地生态补偿标准确定和补偿机制建设,有一定的参考价值。

但 CE 的起步较晚,特别在国内应用较少,依然存在一定的技术难题。CE 方法在实验设计和统计分析技术比较复杂,合适属性及其属性水平的选择与确定、实验设计及其统计结果分析,每一步骤实施都具有一定的障碍与难度。Swait 和Adamowicz 认为选择实验法繁重的任务影响选择概率与结果[34]。因此,CE 方法核算支付意愿可能存在各种偏差,其结果仅仅是一种近似值,就算不断优化问卷设计与受访者有足够的耐心,主观意愿调查核算结果也只能是对结果的一种逼近。

参 考 文 献

[1] Ozanne A, Hogan T, Colman D. Moral hazard, risk aversion and compliance monitoring in agri-environmental policy[J]. European Review of Agricultural Economics, 2001,28(3): 329-347.

[2] Robinson R A, Sutherland W J. Post-war changes in arable farming and biodiversity in Great Britain[J]. Journal of Applied Ecology,2002,39(1):157-176

[3] Biesmeijer J C,Roberts S P M,Reemer M, et al. Parallel declines in pollinators and insect-pollinated plants in Britain and the Netherlands[J]. Science,2006,313(5785):351-354.

[4] Geiger F, Bengtsson J, Berendse F, et al. Persistent negative effects of pesticides on biodiversity and biological control potential on European farmland[J]. Basic and Applied Ecology,2010,11(2):97-105.

[5] Bills N, Gross D. Sustaining multifunctional agricultural landscapes: comparing stakeholder perspectives in New York (US) and England (UK)[J]. Land Use Policy, 2005,22(4): 313-321.

[6] Baylisa K, Peplowb S, Rausserc G, et al . Agri-environmental Policies in the EU and United States: A Comparison. Ecological Economics, 2008,65(4):753-764.

［7］ Scherr S J,Bennett M T,Loughney M,et al. Developing future ecosystem service payments in China：lessons learned from international experience［R］. A Report Prepared for the China Council for International Cooperation on Environment and Development（CCICED）Taskforce on Ecocompensation. 2006.

［8］ 李怀恩,尚小英,王媛. 流域生态补偿标准计算方法研究进展［J］. 西北大学学报（自然科学版）,2009,39（4）:667-672.

［9］ Moran D,McVittie A,Allcroft J,et al. Quanti-fying public preferences for agri-environmental policy in Scotland：a comparison of methods［J］. Ecological Economics,2007,63（1）:42-53.

［10］ 李晓光,苗鸿,郑华,等.生态补偿标准确定的主要方法及其应用［J］.生态学报,2009,29（8）:4431-4440.

［11］ 沈根祥,黄丽华,钱晓雍,等. 环境友好农业生产方式生态补偿标准探讨——以崇明岛东滩绿色农业示范项目为例［J］. 农业环境科学学报,2009,28（5）:1079-1084.

［12］ Verhoef E T. Externalities［C］//Bergh J V D,ed. Handbook of Environmental and Resource Economics,Edward Elgar,1999.

［13］ 联合国粮农组织. 2007 年粮食及农业状况:57［EB/OL］. http://www.fao.org/catalog/inter-e.htm.

［14］ Pain,D J,Pienkowski M W. Farming and birds in Europe：the common agricultural policy and its implications for bird conservation［M］. London:Academic Press.1997.

［15］ 中华人民共和国国土资源部.全国土地利用总体规划纲要（2006-2020）［EB/OL］. http://www.mlr.gov.cn/xwdt/jrxw/200810/t20081024_111040.htm

［16］ 董正举,李远,严岩,等。如何确定生态功能区和资源开发区生态补偿标准［J］。环境保护,2009,17:33-35.

［17］ Pagiola S,Platais G. Payments for environmental services:from theory to practice［R］. Washington DC:World Bank,2007.

［18］ 秦艳红,康慕谊.国内外生态补偿现状及其完善措施［J］.自然资源学报,2007,22（4）:557-568.

［19］ Adamowicz W,Louviere J,Williams M.Combining revealed and stated preference methods for valuing environmental amenities［J］. Journal of Environmental Economics and Management,1994,26（3）:271-292.

［20］ Hanley N,Wright R E,Alvarez-Farizo B. Estimating the economic value of improvements in river ecology using choice experiments:an application to the water framework directive［J］.Journal of Environmental Management,2006,78（2）:183-193.

［21］ Travisi C M,Nijkamp P. Valuing environmental and health risk in agriculture:a choice experiment approach to pesticides in Italy［J］. Ecological Economics,2008,67（4）:598-607.

［22］ Rambonilaza M,Dachary-Bernard J. Land-use planning and public preferences：What can we learn from choice experiment method［J］.Landscape and Urban Planning,2007,83（4）:318-326.

［23］ 金建君,王志石.澳门固体废物管理的经济价值评估［J］.中国环境科学,2005,25（6）:

751-755.

[24] 金建君,王志石.选择试验模型法在澳门固体废弃物管理中的应用[J].环境科学,2006,27(4):820-825.

[25] 徐中民,张志强,龙爱华,等.环境选择实验模型在生态系统管理中的应用[J].地理学报,2003,58(3):398-405.

[26] 翟国梁,张世秋,Kontoleon Andreas,等.选择实验的理论和应用——以中国退耕还林为例[J].北京大学学报(自然科学版),2006,43(2):235-239.

[27] Lancaster K.A new approach to consumer theory [J].Journal of Political Eonomy,1966,74(2):132-157.

[28] 张蕾,Jeff Bennett,戴广翠,等.中国退耕还林政策成本效益分析[M].北京:经济科学出版社,2008.

[29] 徐哲,房婷婷,松青,等.组合分析法在新产品概念开发与测试中的应用[J].数量统计与管理,2005,24(6):25-32.

[30] Carson R T, Louviere J J, et al. Experimental analysis of choice[J]. Marketing Letters,1994,5(4):351-368.

[31] Hanley N, Wright R E, Amamowicz V. Using choice experiments to value the environment[J].Environmental and Resource Economics,1998,11(34):413-428.

[32] 马爱慧,蔡银莺,张安录.耕地生态补偿实践与研究进展[J].生态学报,2011,3(8):2321-2330.

[33] Pruckner J G. Agricultural landscape cultivation in Austria: An application of the CVM[J]. Europen Review of Agrieultural Economics,1995,22(2):173-190.

[34] Swait J, Adamowicz W. Choice environment, market complexity, and consumer behavior: a theoretical and empirical approach for incorporating decision complexity into models of consumer choice[J].Organizational Behavior and Human Decision Processes,2001,86(2):141-167.

第五章 农田生态补偿方式选择及市场运作——以武汉市"两型社会"实验区为例

第一节 农田生态补偿方式及其比较

选择交易成本低、兼顾公平与效率又易于操作的补偿方式,实现农田生态产品的市场运作,不仅直接关乎生态补偿的效果,也是生态补偿机制能够成功实施的关键。本章尝试从权利取得、权利转移、权利弥补三个方面归纳梳理了生态补偿的实施方式,及其在国内外关的相关实践应用情况。研究发现,作为遏制农田生态功能恶化的一项政府管制措施,国外的生态补偿在农业、湿地、林地、生物多样性和自然资源保护等领域均有涉及,补偿方式主要包括权利取得、权利转移和权利弥补。我国的生态补偿还处于起步阶段,目前实践的领域仅限于农业和林业用地,补偿的方式也主要集中在权利弥补这一方式上。当前在国家推进生态补偿机制实施的契机下,借鉴国外发展模式与经验,制定出适合我国政策背景和土地资源基本国情、兼顾公平和效率的农田生态补偿方式,有重要的理论及实践意义。

一、农田生态补偿方式的划分

1. 农田生态补偿的概念

国内外学者对生态补偿尚未能形成统一的定义。科斯[1]最早提出的企业应该对其产生的污染进行付费的论断,奠定了生态补偿的理论基石;Cuperus 等[2]认为生态补偿是对因发展引起的生态功能和质量损害的一种补助;而根据 Wunder[3]的判定,只有同时满足了自愿交易、有明确定义的生态服务、有生态服务的提供者和购买者、提供者能够保证生态服务的供给等条件的补偿才可称为生态补偿。国内常用的"生态补偿"(Ecological Compensation)概念是在国际上比较通用的生态服务付费(PES)或生态效益付费(PEB)。庄国泰等[4]认为只要能使资源存量增加、环境质量改善,均可视为补偿;毛显强等[5]指出生态补偿更多的是对生态环境保护者的一种利益驱动机制;毛峰等[6]认为生态补偿是对丧失自我反馈与恢复能力的生态系统进行物质、能量的反补和调节机制的恢复;徐中民等[7]认为,生态补偿是一种将外部的、非市场化的环境价值转化为现实的财政激励措施,旨在鼓励参与者提供更多的生态系统服务。

对以上定义进行归纳总结后,本章尝试将农田生态补偿的概念定义如下:为了保有农田生态系统功能的不降低而对其保有者进行经济补贴,将外部的、非市场化的环境价值转化为现实的财政激励措施的一种利益驱动机制。

2. 生态补偿方式的划分

生态补偿方式有着不同的类别划分。中国生态补偿机制与政策研究课题组[8]认为生态补偿根据补偿途径可分为资金补偿、实物补偿、政策补偿和智力补偿;陈源泉等[9]则将协调生态系统退化手段分为命令控制型(Command and Control)和经济激励(Market-Based Instruments)两种手段;任勇等[10]认为国际上对生态环境服务的支付方式可根据实施主体和运作机制划分为两大类,一类是政府购买,包括财政转移支付、生态补偿基金等,另一类则较多地运用市场的手段,如使用者付费、开放的市场贸易、一对一交换和生态标记等;洪尚群等[11]则认为补偿方式尽可能的丰富多彩,才能使得各种差异化、个性化补偿的供给与需求在高水平上保持动态平衡。

本文采用国际上通用的、依据财产权受到限制程度的不同将生态补偿划分为三种方式:①权利取得,包括征收、协议赎买、土地储备、以地易地、设定地役权等形式;②权力转移,特指土地发展权转移;③权利弥补,涵盖现金补贴、赋税减免、财政转移支付等形式。本章从这三种方式出发,试图对当前世界范围内不同制度下对湿地、森林、流域和农田等领域开展生态补偿的成功经验、做法及采用的较为有效的政策工具及实施成效进行回顾、归纳和总结,以期望对探索制定出适合我国国情和土地利用背景的农田生态补偿方式有所启发。

二、权利取得

1. 征收

农田生态补偿中,征收是为了保护农业和农田生态系统的功能,将土地的所有权从集体或者私人变为国家所有。

瑞典为了确保城市规划的实施,于20世纪初期确立了政府对公共用地具有先行取得的权利。德国宪法第155条规定,为了振兴农业,政府可征收土地。美国则采取该方式对农田、森林和国家公园等进行保护,政府在1872年以征收的方式建立了黄石国家公园,20世纪初又有大片林地被征为国有,使其免遭开垦,1911年颁行威克斯法案(Weeks Law)授权联邦政府购买土地以保护河流航道、防止水土流失和泥沙淤积,并将所获取的土地纳入国有林。到1961年,美国林务局已经依照该法案购买或置换了超过2000万英亩(注:1英亩=0.404 686 hm²)的森林,这些森林成为了如今美国东部和南部国有林的核心部分。在20世纪80年代末期和

90 年代,为了缓解生活用水的紧张形势,纽约市政府计划在 10 年时间内花费 3 亿美元,逐步收购其上游流域的土地。

我国台湾地区实行"耕者有其田"政策,规定可征收私有土地给农民,在实现公平的同时,又促进了农业的发展。土地征收在大陆地区是实现城市扩张所需土地的主要手段,但是为生态保护而进行的征收行为较少,其中的典型代表是大型生态项目(自然保护区、重要水源区)建设时所进行的土地征收。如《防沙治沙法》第 35条规定"因保护生态的特殊要求,将治理后的土地批准划为自然保护区或者沙化土地封禁保护区的,批准机关应当给予治理者合理的经济补偿。"此外,我国《物权法》规定对过度限制财产权、具有"实质征收"的情形应该做出的积极反应,以保护公民的财产权,对限制个体进行补偿。

2. 协议赎买

作为世界上生态补偿实施范围最广泛的国家,美国于 1916 年成立了联邦土地银行,它向农场主提供贷款,用于购买土地、重组债务或其他农业用途。之后于1946 年开始实施的农田保护计划(Farmland Protection Program),它向政府和私人组织提供资金,以买断城市边缘地区农田的发展权,从而使这些农田继续用于农业生产。之后,美国政府购买生态敏感土地用以建立自然保护区。1985 年美国制定实施了"保护性储备计划",它对永久性退耕还草或者退耕还林的农民,农业部一次性支付相当于其种树和种草费用总额一半的补助金。

法国协议购买的典型案例是 Perrier Vittel S.A 公司,全球水质普遍下降使公司意识到保护水源比建立过滤厂或不断迁移到新的水源地在成本上更为有利,因此 20 世纪 80 年代,Vittel 公司投资约 900 万美元购买了水源区 1500 公顷农业土地,以高于市场价的价格吸引土地主出售土地,并承诺将土地使用权无偿返还给那些愿意改进土地经营方式的农户,这项计划以较低的成本成功地减少了非点源污染。德国政府曾在慕尼黑北边的一条联邦高速公路周围购买了足够的土地,用于建造绿化林和休养区。厄瓜多尔为了保护 Cayambe-Coca 流域上游 40 万公顷的水土和 Antisana 生态保护区,于 1998 年在基多市成立了流域水保持基金,用于购买上述生态敏感区的土地。

3. 土地储备

国外的土地储备也称土地银行,储备的目的主要是调整农业结构、繁荣农村经济,与我国目前正在开展的土地储备有所区别。土地储备制度起源于 1896 年的荷兰,随后在很多国家展开。为保护农业和林业,瑞典政府 1949 年颁布法律禁止农民将土地转给非农民,以实现对农地的储备。德国北莱茵政府成立了鲁尔土地基金,在 1980～1985 年间,该基金用 5 亿马克储备了大量闲置的工、矿用地,实现了在农业用地面积不减少的前提下,城市用地的足量供给。美国的土地银行始于

1929～1933 年的经济危机期间,当时国会授权联邦土地银行通过增加对农业的优惠性抵押贷款,之后美国的土地储备开始向湿地扩展,1983 年美国鱼类和野生动物局设立了第一个湿地补偿银行,主要用于恢复受影响的湿地、河流和水生资源。法国的土地储备制度始于 1958 年,它把土地储备与规划相结合,根据社会公益最大化和保持城市有序发展的准则,不同类型用地采取不同的储备方式。

我国最早的土地银行是成立于 1946 年的台湾土地银行,其业务内容经历了农业短期贷款、资助示范农场建设、土地改良等,为促进台湾地区农业发展和改革发挥了巨大的作用。国内的土地储备特指城市土地储备,但也有准土地银行,如浙江省绍兴市的土地信托服务社,它也是以调整农业种植业结构为目的,对土地进行余缺调剂,具备了土地银行的雏形。

4. 以地易地

以地易地模式作为解决土地细碎化、推进农业规模化经营的手段,已在许多国家有过实施。德国巴伐利亚州的农场在欧洲是面积很小的土地利用结构,分散的土地所有权严重地影响了农村经济的发展。政府采取土地置换的方式,将优等的土地置换出来用于生产,劣质的土地则用于建设基础设施和工厂,使农村用地更加符合经济发展的要求,提高了农业生产的集约化和现代化水平。在美国,为了补偿在 1993～2000 年间损失的 2.4 万英亩湿地,陆军工程师团新建了一块面积为 4.2 万英亩湿地,实现了"湿地零净损失"的目标[12]。

台湾地区的"农地重划"政策是在政府的安排下,农民之间通过互换耕地,力求兼顾生态保育、绿美化与休闲,以达到促进农业达到结合生产、生态、生活之"三生"目标[13]。生态移民是大陆地区以地易地模式的特有形式。生态移民主要包括开发引起的生态移民、为保护水源不受污染而实施的移民(怒江)和以保护自然保护区或风景名胜区生态系统为目的的生态移民,如湖北神农架移民、湿地可持续利用示范区引起的移民等。在我国的"南水北调"中线工程计划中,为了保护上游水源地,农民从原有的生态环境脆弱地区搬迁出来,政府给予相应的现金、实物和土地补偿,成为实现利益补偿机制和缓解丹江口库区人对生态环境压力的一个有效尝试。

5. 设定地役权

农业保护地役权供役地所有权人将土地的发展权让渡给受托人——政府或非盈利性环保组织,从而获得税收减免或一定的补偿的权利,承担一定期限里(甚至永久)不得开发或不允许他人开发该项土地的义务。

美国的农地和牧草地保护项目是由农业部设立的、自愿参加的项目,它为地方政府和非营利组织提供资金,帮助购买地役权,使其不用于农地开发,以此来帮助农场主保持农地农用。1974 年,纽约萨福克县提出农业保护地役权购买

(Purchase of Agricultural Conservation Easement,简称 PACE)计划,随后马里兰州、马萨诸塞州、新罕布什尔州相继批准了该计划。1996 年,政府宣布将以 3500万美元购买 6.88 万~13.76 万公顷的地役权,到 2002 年共有 46 个地区花费了约18 亿美元用于直接购买农业保护地役权;2002 年颁布的农业法进一步加大了对保护地役权购买计划的资助力度。俄罗斯则规定,如果地役权的设定导致了土地无法使用,则可以请求将设定负担的土地出售给国家或者市政组织,或者提供相同价值的土地或者赔偿导致的损失。

我国台湾地区的《不动产估价技术规程》和《国有财产估价作业程序》中规定政府直接向出于保护目的而划出自己全部或部分土地以提供环境服务的土地所有者或使用者进行补偿,主要是针对地役权进行补偿。虽然大陆地区 2007 年起施行的《物权法》中进一步明确了地役权补偿的概念,但地役权收购计划需以雄厚的财力为基础,在大陆地区仍处于理论探讨阶段。

三、权利转移

土地权利转移在此主要是指土地发展权的转移(TDRs)。发展权发展权转移制度的观念始于英国[14],扩展于美国,推广应用于全世界,目前已成为补偿受损地区相关权利人、促进公平分配的一项重要制度。

英国是最早设置土地发展权的国家,1947 年英国的《城乡规划法》以法律的形式确立了土地发展权制度,它规定一切私有土地的发展权归为国家所有,私人必须向政府购买农地发展权。法国对于农村土地,通过设置政府优先购买农地发展权的规则,由国家独占土地增值所得。德国也是较早将土地发展权转移制度用于农地保护的国家,它将传统的"碳排放与交易"模型引入土地规划,创建"可转移的土地规划许可权",用于对城市开敞空间进行保护,抑制住宅和交通用地的快速扩张,从而达到对于农业和农村土地的保护。日本规定在农业振兴区域范围内的优良农地不准任意转用,若农地转用则采取许可制度,必须得到都道府县知事或农林水产大臣的许可才能转用。

1916 年美国颁布了第一个分区管制规则,为了缓解由此造成"暴损—暴利"的财富分配效应,政府设置了土地发展权和土地发展权转移制度。美国的土地发展权归是土地所有权的一部分,属于私人所有。1960 年之后,耕地发展权买卖在美国已有较大规模,一些州还颁布了《土地发展权转让授权法》。土地发展权转移制度的提出和运行为对农地保护,特别是位于城市周边优质耕地的保护、控制农地非农化起到了显著的作用[15]。据 Pruetz[16]确定,美国 30 多个州采用 TDRs,将近142 个项目区,发展权移转制度已保护了美国近 90 000 英亩的土地。

国内关于土地发展权的研究始于台湾地区,1985 年台湾地区设置了环境敏感地区限制发展的政策,将土地经营管理区分为"限制发展地区"和"可发展地区"。

为了弥补限制发展地区相关权利人发展受限的损失,1998 年开始全面实行容积率管制政策。2008 年通过的《都市计划法》修正案中新增了容积率转移制度的代金缴纳方式,至此,台湾地区的容积率转移制度正式成为了实质上的土地发展权转移制度。它对台湾地区农地的保护发挥了重要作用。大陆地区对于土地发展权的研究还处于起步阶段,目前还没有关于土地发展权及其转移制度的明确立法,相关的理论研究主要集中在对于土地发展权的涵义、归属、价值估算和实现途径等方面[17]。

四、权利弥补

1. 现金补贴

现金补贴是发达国家早期对农地保护采取的主要手段,也是出现时间最早、应用范围最广的农田生态补偿方式。20 世纪 30 年代沙尘暴之后,美国开始推动环境脆弱地区的农场主进行土地休耕,向休耕农民提供年度性补贴和成本分担补贴,2002 年颁布的《农业法》中又新增了"绿色补贴"。瑞士的生态补偿区域计划(Ecological Compensation Areas,ECA)主要在农业区(Utilized Agricultural Area,UAA)内推行,采取自愿签订合同的方式,根据农药、化肥限制施用的不同程度而给予农户不同数额的补贴。英格兰于 2003 年开始实施的农业环境项目则是采取签订 10 年合同、每年支付一次的方式进行补偿。德国对在农业生产中采取环境友好型生产方式的农户给予直接补贴和生态补贴,补贴的标准为 210～950 欧元/hm² 不等。澳大利亚 Mullay-Darling 流域的水分蒸发信贷案例和哥斯达黎加的森林生态补偿则是与保有者签订协议,按照约定的金额来对其进行补偿。

我国的退耕还林、退耕还草和天然林保护工程也都采用了现金补贴的方式推行。目前实施的农田补贴实质上也是农田生态补偿的一种方式,个别省市出现了专门的农田生态补偿,成都市、上海市闵行区、佛山市南海区及浙江省海宁市、江苏省苏州市等对保护耕地的农民提供 3000～7500 元/(hm² · a)不等的补偿。

2. 赋税减免

赋税减免是对保留农业用途的土地实行退税、减税等优惠,以鼓励和保护土地私有者进行农业生产。美国在 1965 年制定了著名的"威廉逊法",设置了利用税收优惠鼓励农民保护农地的条款,先后大约有 600 万公顷的农地参加这个计划;韩国农业税按照农业收入减去免征额和基本扣除额之后的余额征收,对应纳税额不足 1000 韩元的免税;土耳其农业所得税规定农民如果年收入低于 15 万里拉,允许申报减免总收入的 70%～90%;法国对农产品按 7% 的低税率征税;荷兰对谷物按 6% 的低档税率征税;英国、爱尔兰、加拿大也对食品包括农产品实行零税率或不同程度的免税。

我国在古代就有天灾年份减税以促进农业发展的传统,现今不同省份不同年有不同的减免政策,以 2004 年为例,财政部、农业部、国家税务总局决定在 11 个粮食主产省、自治区降低农业税税率 3％个,并主要用于鼓励粮食生产;其余地区总体上降低农业税税率 1％个,沿海及其他有条件的地区可视地方财力情况进行免征农业税试点。农业税减免政策对于减轻农民负担,提高农民从事农业生产和农业保护的积极性起到了重要的作用。

3. 财政转移支付

财政转移支付包含了纵向转移支付和横向转移支付,纵向转移是联盟向国家、国家政府向省级、省级下地市级政府的财政支援,横向转移则是在同一行政辖区下由富裕地区直接向贫困地区进行转移支付。美国实施的农田保护计划、环境质量奖励计划和湿地保护计划,其资金多是来源于纵向财政转移支付。瑞士的生态补偿区域计划、欧盟的环境敏感地项目和英国的农业环境项目中都是依靠欧盟或者国家的纵向财政转移支付。德国是唯一将横向支付以法律形式固定下来的国家,它的横向支付则是由财政富裕州按统一标准拨给穷州。

目前我国生态补偿中纵向转移支付占主导地位,而区域之间的横向转移支付微乎其微。国家启动的"退耕还林、还草"、"天然林保护"和"南水北调"工程等,都是采用纵向支付形式,横向支付仅在水权、排污权领域试点进行过。纵向财政转移支付虽然具有资金来源快的优点,但若缺乏市场运营机制和对农户的激励,项目运行的成效和持续性就会受到质疑,加上我国地区经济发展不平衡、生态资源空间分布又不均衡,这决定了地方政府之间应该加强横向联系,更多的开展横向转移支付。

随着全球农田生态功能的退化,生态补偿政策作为遏制生态环境恶化的手段之一愈发受到重视。国外的生态补偿除农地外,在湿地、林地和生物多样性方面均有涉及,而且补偿采用的方式包括了权利取得、权利转和权利弥补,操作上也多采用政府与农户协商、签订定期合同或者竞价的方式进行,农户与政府之间有成熟的博弈机制。我国的生态补偿还处于起步阶段,目前实践的领域仅限于农业和林业用地,补偿的方式也较为单一,主要集中在权利弥补上,且多以强制性的行政命令为主,缺乏相应的法律基础和博弈体系。由于我国目前农地保护所处的背景与欧美等国在 20 世纪 60 年代时所处的环境极其相似,因此应借鉴国外发展模式与经验,早日探索出适合我国政策背景和土地资源基本国情、兼顾公平和效率的农田生态补偿方式。

第二节　农田生态补偿方式的选择及市场运作

农田生态系统与森林生态系统、湿地生态系统被国际自然及自然资源保护联盟(IUCN)并称为全球陆地三大生态系统[18]。农田生态系统不仅在提供地方和国家粮食安全保障、农民的就业保障、城市和乡村土地得以高效利用、农村天然生境的维护方面有重要的作用,还承担了一定的维护生物多样性、净化空气、涵养水源和调节气候等方面的功能[19-20]。但是在过去 50 年,由于侵蚀、盐碱化、污染以及城市化等原因,使得世界范围内 40％的农业用地出现退化[21]。中国污染农田已经占到总耕地面积的 1/6 左右,农田肥料污染的负荷平均为 47％,农田中有机农药残留量高达 50％～60％,喷施农药的 60％～70％散落于环境中[22]。据估算,全国每年受到重金属污染的粮食达 1200 万吨,造成的直接经济损失超过 200 亿元[23]。伴随着生态系统的退化和环境外部性问题的显现,有关生态系统的维护和再生也逐渐被越来越多的政府机关和学者所关注,其中生态补偿作为一种资源环境保护的经济手段,通过调整损害或保护生态环境的主体间的利益关系,将过去未考虑与无偿的生态环境受损的外部成本内部化,通过经济补偿来保护生态环境、促进自然资本或生态服务功能增值的方法而备受关注。

在商品经济下的市场交易中,交易双方即是补偿主体和补偿对象。但对于还未完全市场化的农田生态产品而言,补偿的主体是所有受益者,包括市民和承担较少耕地保护责任的地方政府,补偿的对象则是农地的种植者、农村集体经济组织和承担过多耕地保护责任的地方政府。农村集体经济组织和地方政府之间利益的均衡更多的是依靠行政手段,本节从推进农田生态补偿市场化运作的角度出发,重点探讨农户对于接受由政府或者市民给予生态补偿方式的偏好。生态补偿标准的确定是生态补偿工作的核心,常用的方法有意愿调查法,机会成本法和生态价值服务法[24]。在农田生态补偿领域,相关研究已在充分考虑相关主体的利益的前提下,运用意愿调查法分别测算了农户和视频对于给予和接受农田生态补偿的标准[25]。

生态补偿的主客体和标准建立之后,补偿方式就成为至关重要的问题,合理补偿方式的设计不仅是生态补偿政策顺利开展的客观要求,其实质上是由补偿主体的多元性与补偿对象的需求多样性共同决定的。选择交易成本低、具有操作性的补偿方式,实现农田生态产品的市场运作,是农田生态补偿制度实施的关键。但我国现行的生态补偿实践中,多以政府主导的模式为主,管理者常出于公平或执行操作性的便利,采用单一的补偿方式,忽视了生态服务提供者的能力建设及对生态补偿的绩效管理,导致补偿效率低下甚至入不敷出。而市场交易模式下的交易双方可以随时发现有价值的市场信息,利用市场反应比较灵敏的优势,并做出理性决策,还可以避免政府模式下的机会主义、有限理性等缺陷[26]。因此,基于市场的补偿方式开始引起人们的兴趣,发达国家诸如美国的农田保护计划(Farmland Protection Program)、土地退耕计划(Land Retirement Programs)、欧盟的环境敏感地项目(Environmentally Sensitive Areas)、英国的农业环境项目、瑞士生态补偿区域计划(Ecological Compensation Areas)、澳大利亚 Mullay-Darling 流域的水分蒸发信贷案例等都因实适时的引入了市场模式模式而取得了显著的成效。因而,当前亟须转变生态补偿方式的设计理念,加强市场方式在农田生态补偿工作中的推广,使得各种补偿方式的供给能与差异化、个性化的补偿需求在高水平上保持动态平衡。本节采用我国当前使用最广泛的农田生态补偿划分方式,即根据补偿途径划分的资金补偿、实物补偿、政策补偿和智力补偿 4 种方式[27],以武汉市为研究区域,探讨了武汉市农户对当前现有的农田生态补偿方式的满意程度,并分析了影响其选择补偿方式的社会、经济因素,在此基础上指出了当前我国农田生态补偿方式的缺陷,尝试将市场机制引入农田生态补偿领域,旨在建立适合我国实际情况的农田生态补偿机制,促进我国农田生态环境的保护和提高。

一、调研设计及样本特征

1. 研究区域概况

武汉市属鄂东南丘陵经江汉平原东缘向大别山南麓低山丘陵的过渡地区,境内中间低平,南北垄岗、丘陵环抱,北部低山耸立,形成以耕地、水域和林地为主的格局。根据武汉市 2008 年农业污染源普查结果,武汉市 20%～30%的农用地受到农药污染,20%～40%的农田受到化肥污染,化肥、农药已成为农用地的主要面污染源;《武汉市统计年鉴 2010》显示,2009 年武汉市农地面积 55.67 万公顷,占土地总面积的 65.12%。其中,农膜用量 6773.00 吨,创历史新高,农药施用量也连年攀升,2009 年全市农药用量已达 9165.00 吨,折纯化肥用量每年以 10%的速度递增,2009 年达到 162 551.00 吨。

2. 问卷设计和数据获取

(1) 问卷设计。

问卷包括 4 部分:①农户的社会经济特征,包括农民的性别、年龄、政治面貌、文化程度、家庭收入状况、兼业经营、是否支持环保活动等;②农户对当前农田生态补偿的认知,了解居民对农田生态服务的关注程度;③调差对象对现行补偿方式的响应情况;④农户是否愿意接受农田生态补偿以及其对各补偿方式的偏好。

(2) 数据获取。

在相关的调查培训后,10 多名课题组成员于结合 2010 年 10 月至 11 月在武汉市洪山、东西湖、蔡甸、江夏、新洲、黄陂等农田分布较多的地区对农户进行了面对面的问卷调查。农户调研在选择地点时,参考样本点与中心城区的距离远近、地区的经济发展程度、作物种植类型等因素,同时结合受访农户的性别、年龄、文化程度、家庭收入、是否兼业等个人及家庭特征,依据 Scheaffer 的抽样公式随机抽取,抽样样本总数为 400 份,回收 383 份,有效率为 95.75%。即为本文的数据来源。

（3）样本特征。

农户的样本特征：①性别，受访者中男性占样本总数的 56.39％，女性占样本总数的 43.61％；②年龄，被调查者年龄涵盖 18 岁以上的所有年龄段，年龄结构偏向于中老年，其中 40～49、50～59 岁的比例最大，分别占 30.81％、28.20％，其次是 60 岁以上的比例有 26.37％，30 岁以下占 6.53％；③文化程度，受访者的文化程度偏低，主要以初中为主，占 72.85％，未受教育和高中学历分别占 12.53％、12.27％；④家庭人口，家庭规模以 4～5 人居多，占 58.75％，大于 6 人的占 18.80％；⑤家庭年收入，受访者的家庭年收入多集中在 20 000～30 000 元，占样本的 27.37％，其次是 12 000～20 000 的占到 26.05％，高于 30 000 的有 25.79％；⑥家庭农业收入比例，有 90％以上的家庭有非农收入，非农收入占家庭总收入 50％以上的占 72.32％；⑦只有 6.53％的人曾参加过环保活动，但是有 95.00％的受访者表示支持环保活动。

二、农户对农田生态补偿方式的选择及影响因素

1. 农户对农田生态补偿的认知

农户对农田生态环境的认知程度直接关系到其对农田生态补偿方式的选择。调查结果表明：①48.83％的受访者对周围的生态环境不满意，有 84.07％的受访农户认为周围农田的生态环境质量在下降；下降的原因中，其中 63.87％的农户认为是城市不断扩张、建设用地占用耕地造成，25.48％的受访者认为化肥农药使用不当造成环境污染问题；80.94％的农户认为当前的农田生态环境有改进的必要。②访谈发现只有 10.71％的受访者听说过生态补偿等概念，44.13％的受访农户则完全没有听说过。③就"是否赞成以生态补偿的方式促进农田生态环境的改善和提高"的调研中，80.68％的农户选择赞成，但是只有 2.35％的农户对当前耕地环境保护的政策非常了解，比较了解和不了解的农户各占 38.64％、59.01％。

2. 农户接受农田生态补偿方式的偏好

根据对调研问卷的统计分析，农户接受各种农田生态补偿方式的情况如表 5-1 所示。

表 5-1　农户接受农田生态补偿方式的偏好统计

补偿方式	现金补偿	技术（智力）补偿	政策优惠	实物补偿
选择比例/％	31.67	17.71	18.18	17.04

31.67％的受访农户偏好现金补偿，一方面原因在于现金补偿最简单且可以根据自己的需要自由支配[28]；其次，可以杜绝被欺瞒和克扣的现象，保证补助资金按照规定发放到自己手中。36.19％的受访户偏好有利于能力建设的补偿方式的原

因在于他们认识到,在我国目前的环境政策形势下,可借助于生态补偿实现生计资本的优化和转型,提高可持续生计能力。因为技术补偿不仅可以提高农业生产技能,还可以提供新的生产技能,有助于他们从事非农产业,拓宽就业渠道;而政策补偿可为他们提供更多的优惠政策(例如减免税收、提供养老保险等)与更大的发展机会。偏好实物补偿的农民,一方面是可能是他们喜欢"看得见、摸得着"的实物,另一方面,实物补偿有助于他们更方便地发展生产,尤其是农业生产资料的提供部分缓解了他们购买难和购价高的问题。

3. 农户接受农田生态补偿方式的影响因素

运用二元 Logistic 逐步回归模型,分析影响农户选择补偿方式的相关因素。Logistic 回归模型是一种对二分类因变量(因变量取值有 1 或 0 两种可能)进行回归分析时经常采用的非线性分类统计方法[24]。根据 Logistic 回归建模的要求,设 $x_1, x_2, x_3 \cdots$ 是与 Y 相关的一组向量,设 P 是某事件发生的概率,将比数 $p/(1-p)$ 取对数得 $\ln[p/(1-p)]$,即对 P 作 Logistic 变换,记 $\mathrm{logit}(P)$ 为

$$P = \frac{\exp(\alpha + \beta_1 x_1 + \beta_2 x_2 + \beta_3 x_3 + \cdots + \beta_i x_i)}{1 + \exp(\alpha + \beta_1 x_1 + \beta_2 x_2 + \beta_3 x_3 + \cdots + \beta_i x_i)}$$

$$Y = \ln \frac{P}{1-P} = a + \beta_1 x_1 + \beta_2 x_2 + \beta_3 x_3 + \cdots + \beta_i x_i + \mu$$

其中:P 表示农户选择某一农田生态补偿方式的概率;α 为常数项;x_i 表示影响农户选择补偿方式的因素;β_i 表示变量 x_i 的回归系数;μ 表示随机误差。

将农户选择农田生态补偿方式作为被解释变量,并假设农户是否愿意选择某一农田生态补偿方式受到农户基本社会、经济特征(性别、年龄、村干部、文化程度、政治面貌、农业收入比例、家庭人口、家庭年收入水平)等 8 个因素的影响,各因素在模型中的定义见表 5-2。

表 5-2　计量模型中相关变量的定义

变量名称	变量定义
性别	男=1,女=2
年龄	<20=1,20~29 岁=2,30~39 岁=3,40~49 岁=4,50~59 岁=5,60 岁以上=6
文化程度	未受教育=1,小学=2,初中=3,高中=4,大专以上=5
家庭人口	≤2 人=1,3 人=2,4 人=3,5 人=4,≥6 人=5
需抚养人口	≤1 人=1,2 人=2,3 人=3,≥4 人=4
家庭年收入	<3000=1,3000~5000=2,5000~12000=3,12000~20000=4,20000~30000=5, ≥30000=6
农业收入比例	<20%=1,20%~30%=2,30%~40%=3,40%~50%=4,50%~60%=5,60%~ 70%=6,70%~80%=7,80%~90%=8,90%~100%=9

运用 SPSS13.0 统计软件包中 Binary logistic 的向后逐步回归（back conditional），对影响农户选择现金方式、实物方式、技术（智力）方式、政策方式和综合方式的相关因素进行 Logistic 回归处理，判断概率设为 0.15，模型的回归结果见表 5-3。

表 5-3 Logistic 模型回归结果

变量	现金补偿	实物补偿	技术（智力）补偿	政策补偿	各种方式相结合
性别	0.079 *	0.541	0.081 *	0.053 *	0.405
年龄	0.000 *	0.845	0.029 *	0.001 *	0.061 *
文化程度	0.345	0.502	0.624	0.494	0.003 *
家庭人口	0.039 *	0.100 *	0.048 *	0.929	0.970
抚养人口	0.519	0.184	0.749	0.134 *	0.866
家庭年收入	0.948	0.443	0.116 *	0.039 *	0.333
农业收入比例	0.053	0.908	0.860	0.143 *	0.697

* 表示在 15% 水平上显著。

根据表 5-3 所示，影响农户选择现金补偿方式的显著项因素有性别、年龄和家庭人口，女性对于现金补偿方式的偏好高于男性，这可能与现实中女性通过工作而获取报酬的机会低于男性有关，年龄越大，对于金钱的需求也越强烈，家庭人口越多，开支越大，人口与现金方式也呈正相关关系；家庭人口与农户选择实物补偿方式显著相关，相对于人数较少的家庭，人口较多的家庭对于实物的需求也比较高；技术（智力）补偿方式收到了受访农户的性别、年龄、家庭人口和家庭年收入的显著性影响，女性对于技术补偿的倾向概予男性，年龄越大越可以体会到技术对于改变自身福利状况的重要性，家庭年收入越高，其自身对于"知识改变命运"的认知越强烈；受访农户的性别、年龄、抚养人口和家庭农业收入比例分别显著的影响着其对政策补偿方式的偏好，女性常因自身对于稳定性的要求高于男性，因此对于长期性的政策补偿有更高的偏好，而抚养人口越多，农业收入比例越高，其因农业政策改变而受到的福利改善要越多；综合补偿方式受到年龄和文化程度的显著性影响，年龄越大，文化程度越高，其对于综合生态补偿方式能够满足各种差异化的补偿需求认知越充分。

三、农户对现行补偿方式的评价与缺陷分析

1. 农户对现金补贴方式的缺陷分析

武汉市目前实施的农业补贴实际上就属于政府补偿模式中的现金补贴方式，它主要包括粮食补贴和农业机械购置补贴两部分。它也是最急需、最迫切的方式，

有 31.67％的受访农户选择该方式,但是对受访农户的调查显示,57.22％的受访农户认为现金可以提高他们的收入,但是 49.02％的受访农户对当前的补偿额度不满意,不满意的原因有:补偿金额太少,无济于事(94.65％);当前的现金补贴治标不治本,无法从根本上提高农民收入(5.35％)。对于当前的补偿金额分别提高 25％、50％、75％、100％,农户的应答情况如表 5-4 所示。

表 5-4　农户对不同程度提高现金补偿金额的满意程度统计　单位:％

变量	金额提高 25％	金额提高 50％	金额提高 75％	金额提高 100％
不满意	38.93	34.01	23.81	12.82
满意	39.29	34.35	36.26	34.07
非常满意	21.79	31.63	39.93	53.11

2. 农户对能力补偿方式的缺陷分析

相对于现金方式,实物补偿和技术(智力)补偿和政策优惠补偿以及综合补偿方式都是属于有"造血式"的能力补偿方式,但是却并未受到武汉地区农户的特别偏好,但是虽然有一半多的农户选择了有助于能力建设的方式,期望从生态补偿制度中实现自身真正福利的全面提升。17.71％的农户希望得到技术(智力)补偿,而访谈中发现已有的技术(智力)补偿中,培训方式单一,针对性不强,技术人员流动性大,使补偿流于形式化;实物补偿虽然可以解决部分农民购买难,高价买的问题,但是实物补偿无法兼顾不同类型耕作类型农户对于农资千差万别的要求,同时农户对于政府代购的农资质量也存在不完全信任的情况;选择政策优惠补偿的受访农户占到总样本数的 18.18％,但是我国目前的政策补偿体制不灵活,全国统一的财政转移支付制度很难照顾到各地千差万别的生态环境问题,并且运行和管理成本高,许多专项资金往往由于高额的管理成本而难以发挥效益;各种补偿方式相结合是为了保证生态补偿项目的可持续性,也是目前国内常采用的一种政府补偿方式,它虽克服了单一补偿方式的缺陷,但却也因设计其各组成方式的多样性以及所要求配套机制的复杂性、管理运营陈本的高昂性而被管理者所弃用。

我国现行的生态补偿以政府模式为主导,其体系化、层次化和组织化的优势在补偿运行的初期阶段效果显著,但对于农民的实际需求和意愿考虑得较少,信息更新也比较慢,使得其常处于被动配合地位,无法调动农户的积极性和主动性,再加上以政府模式存在着信息不对称、官僚体制的低效率以及财政目标的随时转移等缺陷,从而降低了项目绩效。

四、主要结论

(1) 受访者对农田生态补偿的认知较浅,只有 10.71％的农户听说过生态补偿、生态危机等概念。但是改变周边农业生态环境的意愿比较强烈,有 84.07% 的受访者意识到了周围农田生态环境质量在下降,并有 80.68% 的农户赞成以生态补偿的方式促进农田生态环境的改善和提高。

(2) 对补偿方式的偏好分析发现,农户更偏好于更高额度的现金补偿方式,其中 31.67% 的农户希望提供现金补偿,17.71% 的农户选择技术(智力)补偿、18.18% 的农户选择政策补偿,另有 17.04% 的受访农户希望得到实物补偿,15.11% 的农户选择各种补偿方式相结合。

(3) 影响农户选择各种农田生态补偿方式的显著性因素如下:农户的性别、年龄和家庭人口是影响其选现金补贴的因素,原因可能在于现实中女性通过工作而获取报酬的机会低于男性有关,年龄越大,对于金钱的认知和需求也越强烈,家庭人口越多,开支越大;实物补偿方式则受到家庭人口的影响,主要在于相对于人数较少的家庭,人口较多的家庭对于实物的需求也比较高;技术(智力)补偿方式与农户的年龄、性别和家庭年收入相关,女性对于技术补偿的倾向高于男性,年龄越大越可以体会到技术对于改变自身福利状况的重要性,家庭年收入越高,其自身对于"知识改变命运"的认知越强烈;政策补偿方式与受访者的性别、年龄和家庭中需抚养人口呈相关关系,女性常因自身对于稳定性的要求高于男性,因此对于长期性的政策补偿有更高的偏好,而抚养人口越多,农业收入比例越高,其因农业政策改变而受到的福利改善要越多;选择综合补偿方式的受访农户受到其年龄和文化程度的显著性影响,年龄越大,文化程度越高,其对于综合生态补偿方式能够满足各种差异化的补偿需求认知越充分。

第三节　推进农田生态补偿市场化运作的政策建议

从国外生态补偿的实践看,政府与市场之间并不是完全对立的。单靠政府主导的生态补偿远远不够解决经济发展与环境发展日益尖锐的矛盾,并且我国现行以政府模式为主导的生态补偿,其体系化、层次化和组织化的优势在补偿运行的初期阶段效果显著,但若缺乏市场运营机制和对农户的激励,再加之财政目标随时转移的可能性,项目运行的成效和持续性就会受到质疑,基于市场的补偿方式开始引起人们的兴趣[29],具体包括开放的市场贸易、一对一交易和生态标记等方式。

(1) 构建农田生态服务的交易平台。

在现代市场经济中,人们所能接受并有现实支付能力的市场价格就成为衡量一切生产产品和自然资源市场价值的标准,无论是开放的市场贸易、一对一交易还是生态标记都是建立在公众对于农田生态服务充分认知的基础上的。公众认知程度的提高、法律意识的确立是决定人们是否进行支付的前提,也是补偿工作能否收到实质性成效的基础因素[30];此外市场机制需要经济、市场、法律等资源的配套作为运作条件[31],依赖于政府制定出初始的游戏规则来明确贸易双方的权利、义务,同时还应建立农田生态环境服务市场必需的交易标准、生态服务监测和评估系统。

(2)完善生态环境物品数量化体系的设计。

目前,我国现有的环境物品数量化技术和货币化技术不成熟,针对生态破坏的环境物品数量化的技术尤其稀缺,而无论是开放的市场贸易和一对一交易都依赖于可分割的具体数量的商品形式。在农田生态补偿方面,生态环境物品进行标准化的系统研发使得农田生态系统提供的可供交易的生态环境服务能够被标准化为可计量的、可分割的商品时,开放的市场贸易形式便可以在农田生态补偿领域广泛推广;一对一的补偿方式引入农田生态补偿时,农田生态服务使用权的清晰量化是前提,具体操作可以参照排污权,农田生态服务的使用者必须向所有者申请或购买使用权,农田生态服务的经营者还可以把自己所有或申请、购买获得的使用权出卖给其他农田生态服务使用的需求者,最终实现农田生态服务这一基本商品的市场运作。

(3)不断促进管理模式的多样化。

不同的生态区域、不同的经济发展阶段可以采取不同的管理模式,对于大尺度范围、已实现神态环境物品数量化体系设计的地区,农田生态补偿可以借鉴碳交易的模式,实行开放的市场贸易;在经济发到地区诸如上海、江苏等地可以鉴德国、瑞典等发达国家的做法,尝试建立农业生态补偿示范区,在示范区内部实现市场交易平台的搭建和环境物品数量化的设计,进行实现示范区内部、示范区和示范区之间的一对一交易。生态标记模式在加强对农田生态领域已有的生态标记的宣传、推广和管理的同时,还需政府推出一套有效的激励和管理模式来加强生态标记权威性和可信度的维持,如欧盟出台的生态标签体系案例[32],以此推进我国农业生产方式的向市场化的方向逐步转变。当然市场机制也不能脱离政府的管理而存在,它需要政府在市场补偿的过程中发挥其职能,纠正市场偏差和市场失灵,担当补偿政策立法等法律保障等角色[33]。在现阶段市场机制不成熟的情况下,政府的基础引导机制应首先到位的前提下,积极培育相关市场,引入市场模式。

参 考 文 献

[1] Coase R H. The problem of social cost [J]. The Journal of Law and Economic,1960,8(3): 1-44.

[2] Cuperus R, Canters K J, Haes H A U, et al. Guidelines for ecological compensation associated with highways [J].Biological Conservation,1999,90(1):41-51

[3] Wunder S. Payments for Environmental Services: Some Nuts and Bolts. Jakarta CIFOR,

2005[EB/OL]. http://www.cifor.cgiar.org/publications/pdf_files/OccPapers/OP-42.pdf.

[4] 庄国泰,高鹏,王学军.中国生态环境补偿费的理论与实践[J].中国环境科学,1995,15(6):413-418.

[5] 毛显强,钟瑜,张胜.生态补偿的理论探讨[J].中国人口资源与环境,2002,12(4):38-41.

[6] 毛峰,曾香.生态补偿的机理与准则[J].生态学报,2006,26(11):38-42.

[7] 徐中民,钟方雷,赵雪雁,等.生态补偿研究进展综述[J].财会研究,2008,23:67-72,80.

[8] 中国生态补偿机制与政策研究课题组.中国生态补偿机制与政策研究[M].北京:科学出版社,2007

[9] 陈源泉,高旺盛.农业生态补偿的原理与决策模型初探[J].中国农学通报,2007,23(10):163-166.

[10] 任勇,冯东方,俞海.中国生态补偿理论与政策框架设计[M].北京:中国环境科学出版社,2008.

[11] 洪尚群,马丕京,郭慧光.生态补偿制度的探索[J].环境科学与技术,2001,5:40-43.

[12] 杨莉菲,郝春旭,温亚利,等.世界湿地生态效益补偿政策与模式[J].世界林业研究,2010,23(3):13-17.

[13] 刘瑞煌,陈意昌,张嵩林.农地重划区生态保育工法之初步探讨[J].水土保持研究,2001,8(4):100-105.

[14] Rosa H., Barry D, Kande S, et al. Compensation for Environmental Services and Rural Communities: Lessons from the Americas [J]. International Forestry Review, 2004,6(2):187-194.

[15] 臧俊梅.农地发展权的创设及其在农地保护中的运用研究[D].南京:南京农业大学博士论文,2007.

[16] Pruetz R. Beyond Takings and Givings: Saving Natural Areas, Farmland and Historic Landmarks with Transfer of Development Rights and Density Transfer Charges [M]. Burbank,CA: Arje Press.2003.

[17] 张安录.可转移发展权与农地城市流转控制[J].中国农村观察,2000,2:20-25.

[18] 郝春旭,杨莉菲,王昌海.湿地生态补偿研究综述[J].经济理论研究,2009,11:138-140.

[19] Lynch,L., Musser,W.N. A relative efficiency analysis of farmland preservation programs [J].Land Economics,2001,77(4):577-594.

[20] 蔡银莺,张安录.江汉平原农地保护的外部效益研究[J].长江流域资源与环境,2008,17(1):98-104.

[21] 陈源泉,高旺盛.农牧交错带农业生态服务功能的作用及其保护途径[J].中国人口·资源与环境,2005,15(4):110-115.

[22] 陈声明.绿色食品与保护[J].环境污染与防治,1995,17(2):23-29.

[23] 杨正礼,梅旭荣,黄鸿翔,等.论中国农田生态保育[J].中国农学通报,2005,21(4):280~284,314.

[24] 蔡银莺,张安录.消费者需求意愿视角下的农田生态补偿标准测算[J].农业技术经济,2011,6:43-52.

[25] 杨欣,蔡银莺.武汉市农田生态环境保育补偿标准测算[J].中国水土保持科学,2011,9(1)
87-93.

[26] 彭喜阳.流域区际森林生态补偿两种基本模式的比较与选择[J].企业家天地,2008,10:2-9.

[27] 中国生态补偿机制与政策研究课题组.中国生态补偿机制与政策研究[M].北京:科学出版
社,2007.

[28] 许振成,叶玉香,彭晓春,等.流域水质资源有偿使用机制的思考——以东江为例[J].长江
流域资源与环境,2007,16(5):598-602.

[29] 王济川,郭志刚.Logistic 回归模型——方法与应用[M].北京:高等教育出版社,2001.

[30] 蔡银莺,叶昱婷,汤芳.不同群体对基本农田保护的认知及意愿分析——以武汉市为例[J].
华中农业大学学报(社科版),2010,88(4):74-80.

[31] 黄蓓佳,杨海真.中国碳减排承诺解读及碳交易发展研究[J].长江流域资源与环境,2010,
19(S2):11-12.

[32] Wu J. J., Skelton-Groth, K. Targeting conservation efforts in the presence of threshold
effects and ecosystem linkages[J].Ecological Economics,42(1):313-331.

[33] 葛颜祥,吴菲菲,王蓓蓓,等.流域生态补偿:政府补偿与市场补偿比较与选择[J].山东农业
大学学报(社会科学版),2007,35(4):48-53.

第六章 农田生态补偿发展权转移及资金分配——以武汉城市圈为例证

第一节 农田生态补偿转移制度设计的基本框架

一、农田生态补偿转移制度设计的缘由

农田生态系统提供气体调节、水源涵养、土壤保护、授粉、害虫的调节、遗传资源和景观娱乐及文化教育等功能。然而这些生态服务更多外在于经济主体之外，难以在市场中体现。受益者无需向保护者或者管理者支付任何费用就可以获得这种效用，生态保护主体缺乏应有的积极性，最终导致生态效益或生态服务的供应量减少，社会福利损失的同时农田的比较利益低下，保护型农田的经济价值较小，未能进入市场交易的外部效益较大。与此同时，工业用地和居住用地的经济效益低较高。比较利益的巨大差异促使大量的优质农田及基本农田转化为非农建设用地，准公共产品的特殊性决定了农田利用的私人最优决策与社会最优决策存在不一致，难以达到土地资源配置帕累托最优[1]。农田资源的数量不断减少，质量不断降低，造成了巨大的社会和经济效益的损失，因此对农田保有个人和集体进行补偿势在必行。

生态补偿作为一种资源环境保护的经济手段，通过调整损害或保护生态环境的主体间的利益关系，将过去未考虑与无偿的生态环境受损的外部成本内部化，通过经济补偿来保护生态环境、促进自然资本或生态服务功能增值[2]。因此，将农田纳入生态补偿的范畴，构建农田生态补偿制度有利于促进或约束农田供给者或消费者合理有效地提供或消费农田生态资源的行为，达到改善、维护和恢复生态系统的正常的服务功能。农田生态补偿制度是为了有效缓解农田资源的数量和质量和数量不降低而实施的一项政府干预的经济激励手段，能有效矫正环境利益与经济利益的扭曲、协调区域资源保护和经济发展的现实矛盾。

二、农田生态补偿发展权移转及资金分配的基本框架

区域间经济发展水平、自然资源禀赋的差异决定土地管理政策必须具有强烈

的区域特征。我国使用土地利用总体规划、主体功能区划等规划管制行政手段对农田向建设用地转用进行了严格限制,自然条件较好、发展缓慢的地区,可能要承担较多的农田保护责任,而经济比较发达地方,人多地少,承担的保护责任较少。例如,基本农田保护区与非基本农田保护区、粮食主产区与非粮食主产区所承担责任差异,造成社会福利水平差异。伴随着我国经济体制改革的逐步深入,市场经济体系的建立和完善,传统的主要依靠行政手段(包括土地利用规划和计划、土地用途管制、各项行政审批等)保护外部效益显著的农地资源、组织土地合理利用的政策措施已难以发挥其应有的效率,存在政策失效的现实。由于农田保护、国家粮食安全和社会稳定具有很强的外部性,很容易导致各区域在此问题上的"搭便车"行为。为此采取较为有效的经济手段,从社会公平与公正的角度出发,环境保护主体(权益受损者)应获得相应的补偿,而受益主体需要为保护环境做出贡献的地区予以回馈,即对农地生态服务的供给主体所提供的土地生态服务价值进行补偿,生态补偿机制是调整生态环境保护和建设相关各方之间利益关系的重要环境经济政策。如果通过生态效益的转移支付等方式对过多承担了农田保护任务的区域进行经济补偿,可以有效协调区域农田保护利益,从而能达到满足社会经济发展对农地非农化的合理需求,又能最大限度地满足我国粮食安全要求和目标,能有效改变目前保护农田无利可图、占用农田获得较大发展的利益分配不均衡状态,通过区域间的转移支付可以抵补农田保护者保护农田的所丧失机会成本,同时降低农田占用者的巨大获益,平衡利益相关者的利益[3]。但在政策制度建立之前,区域间协调与核算等问题成为补偿成效的关键问题。

在确定不同地区支付或获得生态补偿量时,就要从本地区生态价值的供应量和消耗量出发。如果某一地区的社会经济发展所消耗的生态价值量大于其自身的生态价值供应量,此时就占有了其他地区的生态价值量,就应当拿出社会经济发展成果的一部分对其他地区予以补偿;反之,就应当获得生态补偿。但是由于生态价值的流动是非定向的,具有极强的扩散性,公共产品特性,双方利益主体交易非主动性,因此,两类地区之间就不能直接进行交易,此时就必须有第三方的参与,由第三方按照某一标准收缴受益地区应当支付的生态补偿,并将其支付给生态受损地区(也可将受损的生态价值视为受益地区社会经济发展所做出的贡献)。可以通过征收生态税、发行生态彩票、财政转移等建立跨区域生态补偿基金,并以此支付给发展受限也即生态价值消耗量小的地区。多种融资渠道不仅可以集中财力支持重点生态区域的生态保护与建设,而且还可时刻提醒每个人要节约利用资源,遏制污染环境和破坏生态的不良行为,自觉地保护生态环境,培育和发展生态资本市场。

根据以上分析,跨区域农田生态补偿的总体框架如图 6-1 所示。其中,A 类地区的生态价值消耗量大于自身生态价值供应量，是生态赤字区，故应支付补偿金；B 类地区的生态价值消耗量小于自身生态价值供应量，是生态盈余区，故应获得生态补偿。结合我们国国情及其利益主体博弈结果，农田资源的保护者和受益者作为理性的"经济人"，其目标是私人利益最大化。只有满足双方利益，才能真正使制度发挥作用，政府作为全体公民的代表其目标是整个社会福利最大化，而在保护者和受益者自由协商与博弈难以达成保护补偿的协议时，往往需要代表公共利益的政府出面提供协商与仲裁，依据供给者的需求意愿和消费者的支付能力与意愿，由双方博弈确定。

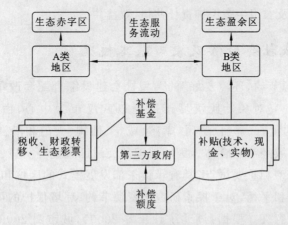

图 6-1　农田生态补偿资金区域移转及分配的操作框架

中国规划规则和建设占用指标，按省域下达，由省级进一步下达到县级、乡，最后到村、地块，行政制约与管制所形成区域之间保护量的非均衡性在一定程度上限制了落后地区经济发展，区域之间资源保护的公平性产生缺失[4]。地方政府之间的补偿依赖于受损与得益，发展受限地区产业发展受限导致地方财政收入和区域经济增长机会的丧失，就业机会丧失导致人口迁移最终造成地方公共服务的外溢。但是由于社会经济环境和市场的复杂性与不确定，很难从受限地区经济发展损失中剥离出哪些是由于履行保护责任、哪些是行政规划管制造成的，对于得益地区来说，也很难估计 GDP 增长、容纳的就业人口及其他公共服务中受损地区所做贡献率的多寡。

对于宏观区域之间的补偿，很多学者不断进行探索。吴晓青等采用经济损失量与受益量的差额法对区际生态补偿进行核算[5]；张效军等[6]、牛海鹏等[7]利用区域农田赤字和盈余来解决农田资源跨区域补偿问题；程明通过经验法、机会成本法两种理论方法探讨北京跨界水源功能区的生态补偿问题[8]。马爱慧等基于生态足迹和生态承载力理论，对区域土地生态补偿进行计算和测定[3]；王女杰等综合考虑区域的生态系统服务价值和经济发展水平,提出了生态补偿优先级作为区域间补偿的重要依据[9]。政府之间转移支付可以通过间接生态赤字与生态盈余来确定,农田保护利益主体消费者与供给者之间的支付意愿与受偿意愿能有效解决这一问题。该区域的支付意愿说明消费者愿意为享受到的农田所提供的服务支付的费用,而受偿意愿说明供给者认为自己提供的服务应值金额。支付意愿与受偿意愿可能存在赤字与盈余,支付意愿大于受偿意愿,意味着该区域消费者消费了其他区域农田所提供的服务;支付意愿小于受偿意愿,意味着其他区域消费了该区域农田所提供的服务,从而能确定该区域应得到补偿或者应支付补偿,实现各区域相关利益主体福利均衡及农田生态保护责任共担、效益共享。

三、研究区域社会经济及农田基本概况

本章以"资源节约,环境友好"的两型社会建设综合配套改革实验区——武汉城市圈作为研究对象。武汉城市圈是以武汉市为中心,由武汉及其周边100 km 范围内的黄石、鄂州、黄冈、孝感、咸宁、仙桃、天门和潜江 9 个城市构成的中部最大的区域经济联合体。区域地理和交通区域优势明显、科教资源丰富,是中部崛起的典型和重要试点,具有承接东部发展模式的区位和软实力,区域内生态补偿的核算和平衡,对于探索研究出资源节约、环境保护的可持续发展道路具有重要的指导意义。根据《湖北统计年鉴 2009》,城市圈 2008 年土地面积为580.52 万公顷,其中农田面积为 183.52 万公顷,常住人口为 2994.60 万人,GDP达到 6972.11 亿元,农林牧副渔总产值为 1261.85 亿元,固定资产投资 3472.22亿元,财政收入为 385.83 亿元,居民人居可支配收入 15 367 元,农村居民人均纯收入为 4573 元。地方财政收入为 385.93 亿元,地方财政支出 738.29 亿元,税收收入为 287.69 亿元。

武汉城市圈土地资源总量较多,但是农业用地需求相对不足的矛盾却十分突出。由于人口众多,我国人均农田面积仅相当于世界人均水平的 1/4。武汉城市圈 2008 年农田的分布状况如图 6-2 示。

武汉城市圈农田总量呈现分阶段的下降态势(图 6-3)。1996～2008 年 14 年间武汉城市圈农田面积共减少 184 029.27 hm²,年均递减率为 0.91%。十七届三中全会审议通过《关于推进农村改革发展若干重大问题的决定》,提出"坚持最严格的农田保护制度,层层落实责任,坚决守住 18 亿亩农田红线。划定永久基本农田,建立保护机制,确保基本农田总量不减少,用途不改变,质量有提高"。从这一政策的核心中也看出了农田资源稀缺问题的严峻性。

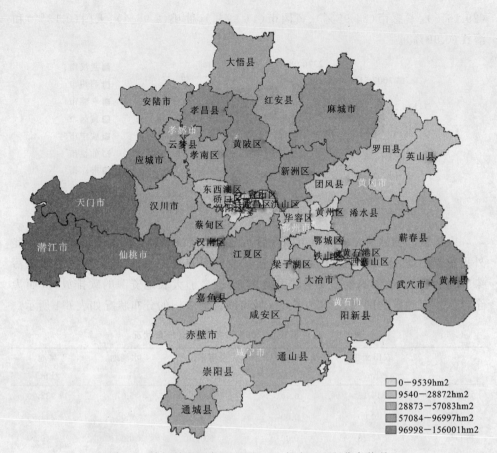

图例中：
- 0—9539hm2
- 9540—28872hm2
- 28873—57083hm2
- 57084—96997hm2
- 96998—156001hm2

图 6-2 武汉城市圈各县市区 2008 年农田面积分布状况

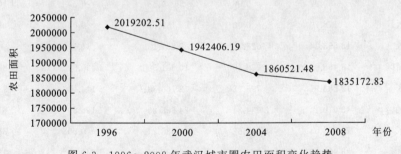

图 6-3 1996～2008 年武汉城市圈农田面积变化趋势

从图 6-4 可以看出，近年来农田面积逐年减少已经是不争的事实，为此国家有关部门提出了 2010 年和 2020 年分别保持在 18.18 亿亩和 18.05 亿亩的农田红线，分析农田减少的城市中，其中除了黄石市表现出递增的趋势外，其余 8 个城市均表现出递减的趋势，各城市的贡献比例依次为咸宁市（31.20％）、武汉市

（29.16％）、孝感市（24.95％）、黄冈市（11.59％）、仙桃（2.95％）、天门（0.13％）和
潜江（0.99％）。

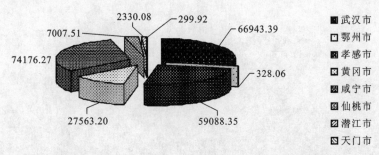

图 6-4　1996～2008 年武汉城市圈农田面积减少分布

　　农地资源稀缺将是武汉城市圈今后乃至长期经济和社会发展的重要瓶颈。此
外更重要的是，不合理的农地利用，包括农地资源非农占用，以及农地资源环境污
染，不仅危害农地资源生态安全和固碳能力，还会加大农地资源的碳排放，进而为
全球气候变暖推波助澜。2008 年武汉城市圈优质农田的分布状况如表 6-1 所示。

表 6-1　武汉城市圈 2008 年各类农田分布状况

区域	农田面积 /hm²	基本农田面积 /hm²	灌溉水田 /hm²	水浇地 /hm²	菜地 /hm²
江岸区	310.13	0.00	58.60	5.07	11 932.00
江汉区	0.00	0.00	0.00	0.00	244.65
桥口区	42.23	0.00	0.00	0.00	0.00
汉阳区	1 173.24	40.80	24.74	0.00	40.19
武昌区	30.97	0.00	9.58	0.00	1 106.89
青山区	178.70	0.00	151.77	0.00	17.85
洪山区	13 553.24	626.70	5 884.13	14.11	0.67
东西湖区	18 458.93	1 279.80	10 851.50	4 490.59	4 869.39
汉南区	12 283.91	795.92	2 760.33	8 144.13	1 995.59
蔡甸区	45 010.14	3 034.81	24 668.23	196.80	616.92
江夏区	76 323.04	5 048.52	42 686.21	0.00	382.43
黄陂区	96 996.55	6 096.66	69 688.74	1 348.32	198.77
新洲县	71 746.78	4 514.14	40 059.93	23 175.95	1 232.73
黄石港区	58.00	0.00	0.00	0.00	44.43
西塞山区	1 562.25	71.76	387.14	7.17	390.62
下陆区	690.15	23.10	43.78	0.00	198.07

续表

区域	农田面积 /hm²	基本农田面积 /hm²	灌溉水田 /hm²	水浇地 /hm²	菜地 /hm²
铁山区	199.09	6.94	1.39	0.00	86.57
阳新县	57 083.03	3 317.81	30 595.03	49.90	2 982.77
大冶市	47 790.65	2 838.61	32 689.09	5.31	405.54
梁子湖区	16 888.79	907.96	7 081.19	0.32	365.94
华容区	19 044.21	999.61	7 192.31	4.37	903.49
鄂城区	18 202.41	1 043.86	5 638.47	9.89	1 754.73
孝南区	47 813.87	2 294.49	34 238.11	0.00	2 331.07
孝昌县	61 527.75	2 616.48	43 119.11	0.00	1 211.46
大悟县	37 690.15	2 273.77	30 760.70	61.49	940.58
云梦县	32 568.71	1 802.31	22 221.27	1.63	1 528.33
汉川市	80 647.95	4 582.07	42 860.46	10.85	2 615.97
应城市	51 967.59	2 898.83	39 634.43	8.69	725.03
安陆市	50 349.05	2 996.52	42 225.09	134.97	702.16
黄州区	9 538.59	546.76	5 797.08	2 459.27	707.71
团风县	19 219.84	1 116.74	12 562.76	946.17	650.20
红安县	41 166.72	2 456.03	24 095.79	0.00	1 758.03
罗田县	26 843.48	1 656.59	13 646.30	72.96	730.55
英山县	15 154.13	939.72	9 186.37	27.02	760.27
浠水县	46 145.44	2 742.97	29 936.01	91.32	1 152.14
蕲春县	50 950.63	3 069.47	3 4947.41	15.09	1 959.41
黄梅县	62 320.49	3 537.31	36 807.72	12 038.65	1 949.73
麻城市	75 788.71	4 317.38	55 380.93	0.00	2 840.01
武穴市	36 719.93	2 230.60	2 2216.95	3 000.15	1 745.96
咸安区	37 321.43	2 232.43	26 578.55	0.00	1 491.65
赤壁市	35 128.61	1 986.07	23 284.35	10.82	1 626.82
嘉鱼县	31 358.57	1 713.09	18 244.88	1.67	1 973.23
通城县	28 872.45	1 629.75	21 389.65	0.00	1 537.89
崇阳县	35 150.97	2 013.58	21 613.49	0.00	2 292.27
通山县	26 603.43	1 590.57	16 636.61	0.00	2 167.59
仙桃市	129 648.39	7 653.53	67 843.60	93.06	6 703.57
天门市	111 048.74	6 369.09	59 137.56	106.42	7 068.71
潜江市	156 000.78	8 849.09	49 948.59	0.00	11 377.60
合计	1 835 172.8	106 762.24	1 084 785.9	56 532.16	90 318.18

武汉城市圈土地资源相对丰富,但是农田需求相对不足的矛盾却十分突出。由于人口众多,我国人均农田面积仅相当于世界人均水平的1/4、美国的1/7、印度的1/2,此外,我国农地后备资源也严重不足,高产田比重小,中低产田比重大。并且近年来,武汉城市圈建设占用农田面积不断攀升,农田总量呈现分阶段的下降态势严重。因而要严格控制建设用地审批,更要严厉打击不合法的农田占用行为,以确保农田面积的稳定和农业生态环境的安全。

四、农田生态补偿发展权转移制度设计的技术路线

研究遵循的思路为划分武汉城市圈农田生态补偿区域→区域间农田生态补偿量核算(农田生态足迹法、粮食安全法)→补偿区内农田生态补偿量核算(农田生态系统服务价值法、发展权转移法)→结论和讨论,技术路线具体如图6-5所示。

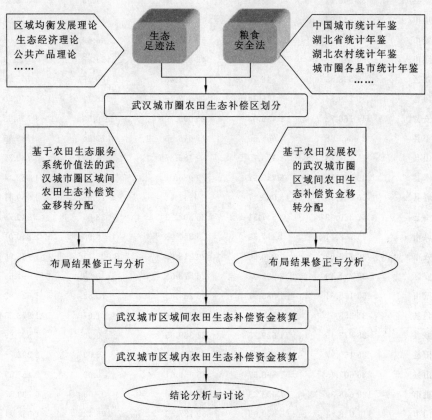

图 6-5　武汉城市圈农田生态补偿发展权转移制度设计技术路线

第二节　武汉城市圈农田生态补偿区域的划分

一、基于生态足迹模型的城市圈农田补偿区划分

1. 研究基础

生态足迹模型(ecological footprint model)是加拿大生态经济学家 William. Rees 及其博士生 Wackernagel 于 1992 年在其博士论文《我们的生态足迹——减轻人类对地球的冲击》中提出的用来度量地区可持续发展程度的模型[10],后来 Wackernagel 等于 1996 年完善了生态足迹的方法和模型[11]。它通过测定现今人类为了维持自身生存而利用自然的量来评估人类对生态系统的影响,通过测量人类对自然生态服务的需求与自然所能提供的生态服务之间的差距,在地区、国家和全球尺度上比较人类对自然的消费量与自然资源的承载量,判定地区、国家或全球的可持续发展状况。近几年,生态足迹方法由于具有较为科学、完善的理论基础和精简统一的指标体系得到国内外学者的大量应用[12]。

生态足迹概念在 1999 年引入我国后,张恒义[13]、徐中民[14]、尹璇[15]、白艳莹[16]、闵庆文[17]、马爱慧[8]等先后利用生态足迹模型,分别从区域、省份或者地区等中小尺度与全国尺度区域进行了一些尝试性的实证研究。生态足迹分析法从需求方面计算生态足迹的大小,从供给方面计算生态承载力的大小,生态承载力是指生态系统的自我维持、自我调节能力及资源环境的供容能力,它强调生态系统的承载功能,同时突出对人类活动的承载能力。生态承载力的计算方法是将区域内各类生物生产性土地面积乘以等量化因子及产量调整系数后,求和得到总生态承载力。通过二者的比较,评价研究对象的可持续发展状况。即:计算区域的农田、草地、林地、水域、建筑面积等对应的土地面积,通过对比分析该区域的生态足迹产出和承载来评价该区域发展的可持续性程度。

就农田生态足迹而言,只计算由农田产出的生物资源消费部分。农田是所有生物生产性土地中生产力最高的、向人类提供的生物量也最多[18],主要的农产品包括(粮食、棉花、油料、麻类、烟叶、蔬菜、水果、茶叶)等。相应的承载力也只计算现有农田的承载能力。

2. 研究方法与数据来源

生态足迹是在一定的社会经济规模条件下,维持特定人口的资源消费和废弃物吸收所必需的生物生产土地面积。一般计算公式为

$$EF = N \times ef = N \times \sum (\alpha a_i) = N \times \sum \alpha (c_i / p_i)$$

其中,EF 为区域总生态足迹,N 为人口数,ef 为人均生态足迹,α 为均衡因子;a_i

为人均 i 种消费项目折算的生态生产性面积；i 为消费项目类型；p_i 为 i 种消费品的平均生产能力；c_i 为 i 种消费品的人均年消费量。

生态承载力计算公式：

$$EC = N \times ec = 0.88 \times a \times r \times y$$

式中：ec 为（人均）生态承载力，即实际生态生产性土地面积（hm²/cap*）；a 为（人均）农田生态生产性土地面积；r 为均衡因子；y 为产量因子（计算区产量与世界平均产量之比）；EC 为区域总生态承载力；N 为区域人口数。

根据世界环境发展委员会报告，生态承载力计算时应扣除 12％生态系统中生物多样性的保护面积。

当 EF＞EC 时，说明该区域农田处于生态赤字状态，即为农田生态补偿的支付区；

当 EF＜EC 时，说明该区域农田处于生态盈余状态，即为农田生态补偿的受偿区。

农田是所有生物生产性土地中生产力最高的，向人类提供的生物量也最多。其提供的生物资源产品主要为农产品：粮食、棉花、油菜、麻类、薯类、糖类、烟叶、蔬菜等。数据来源为《中国县市州经济社会统计年鉴 2009》《湖北统计年鉴 2009》《湖北农村统计年鉴 2009》和城市圈各县市统计年鉴。

3. 计算结果与分析

根据前计算方法、数学模型和数据来源，进行计算之后得到武汉城市圈基于农田生态足迹模型的农田补偿区划分结果如表 6-2。

表 6-2　基于农田生态足迹模型的武汉市城市圈补偿区域划分

区域	区域生态足迹 /(hm²/cap)	区域承载力 /(hm²/cap)	差值 /(hm²/cap)	区域类型
江岸区	157 751.293 7	336.344 4	−157 414.949 3	支付区
江汉区	111 315.741 4	0.000 0	−111 315.741 4	支付区
桥口区	126 756.476 8	45.803 7	−126 710.673 1	支付区
汉阳区	130 133.068 0	1 272.424 3	−128 860.643 7	支付区
武昌区	278 171.570 1	33.584 6	−278 137.985 6	支付区
青山区	106 166.464 1	193.807 1	−105 972.657 0	支付区
洪山区	243 231.036 8	14 699.015 0	−228 532.021 8	支付区
东西湖区	96 815.400 2	20 019.429 9	−76 795.970 3	支付区
汉南区	48 599.407 4	13 322.373 7	−35 277.033 7	支付区
蔡甸区	158 294.933 7	104 932.730 4	−53 362.203 2	支付区
江夏区	166 335.466 4	207 352.487 0	41 017.020 5	受偿区

---

* cap, capita（人均）的简写。

续表

区域	区域生态足迹 /(hm²/cap)	区域承载力 /(hm²/cap)	差值 /(hm²/cap)	区域类型
黄陂区	278 247.500 9	354 332.382 6	76 084.881 7	受偿区
新洲县	260 728.437 7	278 854.400 0	18 125.962 3	受偿区
黄石港区	43 275.798 6	80.176 0	−43 195.622 6	支付区
西塞山区	53 401.514 6	2 159.573 1	−51 241.941 5	支付区
下陆区	27 324.784 0	954.030 0	−26 370.754 0	支付区
铁山区	13 583.856 0	275.206 5	−13 308.649 6	支付区
阳新县	319 681.323 9	222 525.217 4	−97 156.106 5	支付区
大冶市	221 034.621 4	205 282.318 8	−15 752.302 6	支付区
梁子湖区	47 639.733 0	66 652.648 3	19 012.915 3	受偿区
华容区	67 420.448 1	75 159.117 9	77 38.669 9	受偿区
鄂城区	154 127.249 9	71 836.929 4	−82 290.320 4	支付区
孝南区	233 684.625 5	176 204.058 0	−57 480.567 5	支付区
孝昌县	161 613.907 5	219 158.260 9	57 544.353 3	受偿区
大悟县	151 195.912 1	188 447.536 2	37 251.624 1	受偿区
云梦县	152 102.254 4	189 365.797 1	37 263.542 7	受偿区
汉川市	318 287.484 8	324 044.058 0	5 756.573 1	受偿区
应城市	169 743.203 3	251 603.478 3	81 860.275 0	受偿区
安陆市	151 388.283 0	270 784.927 5	119 396.644 5	受偿区
黄州区	103 158.477 0	40 126.979 7	−63 031.497 3	支付区
团风县	93 691.743 0	154 084.173 9	60 392.430 9	受偿区
红安县	162 150.621 8	232 627.107 2	70 476.485 5	受偿区
罗田县	151 427.841 1	167 347.942 0	15 920.101 0	受偿区
英山县	109 709.465 8	125 510.956 5	15 801.490 8	受偿区
浠水县	267 903.701 9	370 390.724 6	102 487.022 8	受偿区
蕲春县	249 844.418 0	364 254.701 4	114 410.283 5	受偿区
黄梅县	294 436.908 0	362 213.101 4	67 776.193 4	受偿区
麻城市	302 762.605 5	428 626.829 0	125 864.223 5	受偿区
武穴市	217 564.668 3	244 896.092 8	27 331.424 4	受偿区
咸安区	152 758.654 8	131 209.275 4	−21 549.379 4	支付区
赤壁市	152 682.749 8	167 541.797 1	14 859.047 3	受偿区
嘉鱼县	144 235.345 8	112 282.898 6	−31 952.447 3	支付区

区域	区域生态足迹 /(hm²/cap)	区域承载力 /(hm²/cap)	差值 /(hm²/cap)	区域类型
通城县	116 287.679 8	161 297.623 2	45 009.943 4	受偿区
崇阳县	123 755.198 5	146 289.159 4	22 533.961 0	受偿区
通山县	120 924.745 2	37 403.826 1	−83 520.919 1	支付区
仙桃市	456 616.058 7	461 681.159 4	5 065.100 7	受偿区
天门市	379 999.757 5	227 524.637 7	−152 475.119 8	支付区
潜江市	534 598.379 7	360 468.405 8	−174 129.973 9	支付区
合计	8 582 560.817 5	7 555 705.507 2	−1 026 855.310 2	

由表 6-2 可知,2008 年武汉城市圈总的生态足迹为 8 582 560.8175 hm²/cap,生态承载力为 7 555 369.1628 hm²/cap,总体上呈现出农田生态赤字的状态,赤字面积为 1 027 191.6546 hm²/cap。具体来看武汉城市圈农田生态盈余区为:江夏区,黄陂区,新洲县,梁子湖区,华容区,孝昌县,大悟县,云梦县,汉川市,应城市,安陆市,团风县,红安县,罗田县,英山县,浠水县,蕲春县,黄梅县,麻城市,武穴市,赤壁市,通城县,崇阳县,仙桃市。这些区域为武汉城市圈生态环境的维护和平衡做出了找出自身需要的贡献,理应接受补偿的区域归类为受偿区,其中盈余面积最大的区(县)为麻城市,盈余面积为 125 864.2235 hm²/cap,盈余面积最小的区(县)为仙桃市,盈余面积 5065.1007 hm²/cap。其余的 24 个县市区自身的农田生态足迹大于其农田生态承载力,为农田生态足迹亏损区,即需要对其他区域支付生态补偿。亏损面积最大的区(县)为武昌区,亏损面积为 278 137.9856 hm²/cap,亏损面积最小的区(县)为铁山区,亏损面积 13 308.6469 hm²/cap。具体结果如图 6-6所示。

二、基于粮食安全法的城市圈农田生态补偿区划分

1. 研究基础

农田利用目的是提供人类生活所需的农产品,这决定了农田利用方式主要是用于种植业生产,人类对农产品的需求引致了对农田的需求。农产品的供给不仅取决于农田数量,还与农作物的单产、复种指数有关,如果农作物的单产和复种指数高,则对农田需要量少,反之,则对农田的需要量则多。在农田需求多样化的工业化社会,为确保食物安全,人们希望通过研究近年来国际粮食市场动荡,国际粮食危机与金融危机、能源危机交织在一起,对世界经济社会发展造成严重的影响。受自然因素和经济社会因素等的影响,我国近年粮食供给一直处于紧张的平衡状态,粮价上涨较快,粮食质量安全也存在一定的隐患。

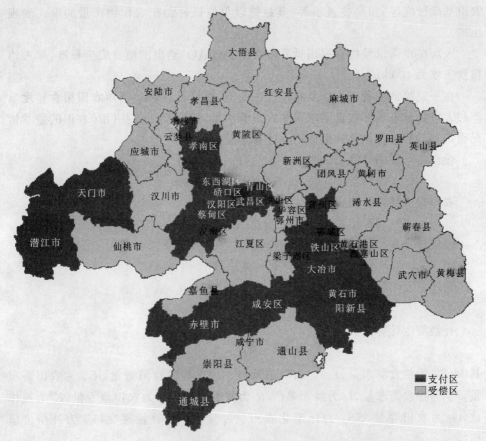

图 6-6　基于农田生态足迹模型的武汉市城市圈补偿区域划分

因此,研究人口食物消费对农田的需求量的多少,离不开对农作物的单产和农田农作物结构、复种指数的分析。通过对农作物生产状况进行分析,试图从农作物种植结构、粮食总产、单产的历年变化趋势,计算农田增产潜力,最终确定人口食物消费对农田的需求量,即农田的保有量。

2. 研究方法与数据来源

本节用到的指标主要有:人均粮食、区域人口、区域农田面积、区域粮食播种面积比重和复种指数以及区域农田最低保有量。

一个国家或地区人口数量的大小和消费水平的高低决定了该国或地区食物消费量的多少,进而决定了农田保有量的大小。在农田生产力和粮食自给率一定的情况下,人口数量越大,消费水平越高,所需的农田也就越多;反之亦然。

单位播种面积农作物产量:农田综合生产力是决定粮食产量的主要因素之一。影响农田综合生产力的因素主要有农田的肥力、气候、生产投入(化肥、农用机械、农田基础设施等)和科技进步等,其最终以单位播种面积农作物产量的形式表现出来。

人均粮食需求量根据采用世界粮农组织(FAO)给出的粮食安全标准:年人均粮食需求为 400 kg。

在一定粮食消费水平以及粮作比条件下,根据各县(市)当年农田粮食年度单产和人口数量来测算粮食需求量和农田需求量,然后根据各县(市)农田的盈亏情况确定补偿相关主体及补偿面积。计算过程如下:

粮食需求量的计算公式为

$$F_d = P_t \times P_a$$

农田需求量计算公式为

$$G_d = F_d \div L \div R$$

农田盈亏量(补偿面积)的计算公式为

$$S_d = G_s - G_d$$

标准化农田盈亏量的计算公式为

$$SS_d = SD \div K$$

补偿额度计算公式为

$$C_a = SS_d \times V_s$$

其中,F_d 为粮食需求量,P_t 为人口总量,P_a 为人均粮食消费量,G_d 为农田需求量,F_d 为粮食需求量,L 为播面单产,R 为复种指数,S_d 为农田盈亏量,K 为粮作比,G_s 为农田存量,SS_d 为标准化农田盈亏量,C_a 为补偿额度,V_s 为补偿价值标准。

在研究中用到的人口、农田有效灌溉面积、化肥施用量、农业机械总动力和粮食商品零售价格指数等数据来源于相关年份的中国统计年鉴、2009 年全各省及各级县市区的国民经济和社会发展统计公报以及相关年份的《湖北土地年鉴》、《湖北农村统计年鉴》和各县市统计年鉴。

3. 计算结果

由于城市圈各区域土地质量、自然气候和土地利用方式有一定差异,因而各地的农田综合生产力也存在较大的差异。所以,在确定农田保有量时应以各区域的综合生产力和人口来计算。

由表 6-3 可知,基于粮食安全法的武汉城市圈 2009 年所需的农田面积为 2 802 701.89 hm²,根据全国第二次土地大调查的数据,武汉城市圈实有的农田面积为 1 835 172.83 hm²,存在 967 529.06 hm² 的农田亏损缺口。从各县市区自身来看,农田生态盈余区较少,只有安陆市(13 830.75 hm²)、江夏区(4625.48 hm²)、麻城市(4119.67 hm²)、应城市(2786.16 hm²)、英山县(2057.23 hm²)、团风县

(1717.66 hm²)孝昌县（1696.86 hm²）、嘉鱼县（1357.76 hm²）、梁子湖区(1006.04 hm²)和汉南区(101.12 hm²)10个县市区。这些区域为武汉城市圈农田生态环境的维护和平衡做出了超出自身需要的贡献,归类为受偿区。其余的38个县市区自身的农田生态足迹大于其农田生态力,为农田生态足迹亏损区,即需要对其他区域支付生态补偿。其中,支付区中亏损面积最大的为武昌区,亏损面积达到了134 252.66 hm²,最小的为崇阳县,亏损面积为434.96 hm²。

表 6-3　基于粮食安全法的武汉城市圈农田补偿区划分

区域	所需农田面积/hm²	现有农田面积/hm²	差值/hm²	区域类型
江岸区	75 883.61	310.13	−75 573.49	支付区
江汉区	53 747.58	0.00	−53 747.58	支付区
桥口区	61 164.17	42.23	−61 121.94	支付区
汉阳区	61 755.68	1 173.24	−60 582.44	支付区
武昌区	134 283.62	30.97	−134 252.66	支付区
青山区	51 097.17	178.70	−50 918.47	支付区
洪山区	104 992.62	13 553.24	−91 439.38	支付区
东西湖区	29 791.51	18 458.93	−11 332.58	支付区
汉南区	12 182.78	12 283.91	101.12	受偿区
蔡甸区	50 835.54	45 010.14	−5 825.40	支付区
江夏区	71 697.56	76 323.04	4 625.48	受偿区
黄陂区	128 061.42	96 996.55	−31 064.87	支付区
新洲县	112 284.09	71 746.78	−40 537.31	支付区
黄石港区	14 408.42	58.00	−14 350.42	支付区
西塞山区	17 392.18	1 562.25	−15 829.93	支付区
下陆区	8 927.72	690.15	−8 237.57	支付区
铁山区	4 475.64	199.09	−4 276.55	支付区
阳新县	89 842.58	57 083.03	−32 759.55	支付区
大冶市	67 016.82	47 790.65	−19 226.16	支付区
梁子湖区	15 882.75	16 888.79	1 006.04	支付区
华容区	23 069.92	19 044.21	−4 025.71	支付区
鄂城区	55 829.20	18 202.41	−37 626.78	支付区
孝南区	85 900.41	47 813.87	−38 086.54	支付区
孝昌县	59 830.90	61 527.75	1 696.86	受偿区
大悟县	40 719.51	37 690.15	−3 029.36	支付区

区域	所需农田面积/hm²	现有农田面积/hm²	差值/hm²	区域类型
云梦县	35 509.83	32 568.71	−2 941.12	支付区
汉川市	88 935.93	80 647.95	−8 287.98	支付区
应城市	49 181.43	51 967.59	2 786.16	支付区
安陆市	36 518.30	50 349.05	13 830.75	支付区
黄州区	27 172.98	9 538.59	−17 634.40	支付区
团风县	17 502.18	19 219.84	1 717.66	支付区
红安县	42 769.69	41 166.72	−1 602.97	支付区
罗田县	30 987.33	26 843.48	−4 143.85	支付区
英山县	13 096.90	15 154.13	2 057.23	受偿区
浠水县	49 601.11	46 145.44	−3 455.67	支付区
蕲春县	54 150.22	50 950.63	−3 199.59	支付区
黄梅县	63 318.55	62 320.49	−998.06	支付区
麻城市	71 669.04	75 788.71	4 119.67	受偿区
武穴市	43 252.41	36 719.93	−6 532.47	支付区
咸安区	61 279.75	37 321.43	−23 958.32	支付区
赤壁市	38 739.15	35 128.61	−3 610.54	支付区
嘉鱼县	30 000.81	31 358.57	1 357.76	受偿区
通城县	33 556.57	28 872.45	−4 684.13	支付区
崇阳县	35 585.93	35 150.97	−434.96	支付区
通山县	73 356.12	26 603.43	−46 752.68	支付区
仙桃市	143 501.37	129 648.39	−13 852.97	支付区
天门市	134 231.96	111 048.74	−23 183.22	支付区
潜江市	197 710.97	156 000.78	−41 710.19	支付区
合计	2 802 701.89	1835 172.83	−967 529.06	

随着人口的增加和消费水平的提高,武汉城市前农田供给将很难满足人们的生活需求,说明城市圈保护农田和确保粮食安全的任务相当艰巨。我们认为农田保护的重点在开源和节流两方面。开源主要包括通过提高农田综合生产力来提高单位播种面积产量;通过提高复种指数增加粮食播种面积;通过增加农民务农收入、减轻农民负担来提高农民种粮的积极性,增加粮食单产;通过加大土地开发、复垦和整理增加农田面积。节流主要是通过利用土地总体规划等农田保护制度,限制和禁止建设占用农田,尤其是占用优质农田。

第三节　武汉城市圈农田生态补偿资金计算

生态补偿机制是调整生态环境保护和建设相关各方之间利益关系的重要环境经济政策。但在政策制度建立之前,必须解决如何确定补偿标准、区域间协调等基本问题[19]。构建生态补偿机制协调区域生态环境保护和经济发展矛盾的有效手段,但生态补偿标准及其确定方法一直是生态补偿机制建立中的重点和难点。生态补偿标准的核算是实施生态补偿的关键环节,不管是区域之间生态补偿的核算还是区域内生态补偿标注年的确定,一个合理的生态补偿量不仅可以充分调动农田保有个体和集体进行农田保护的积极性,还可以节省财政基金。

由于生态补偿对象的多样性以及范围的不确定性等原因,目前在学术界并没有形成公认的生态补偿标准的确定方法[20]。比较常用的方法包括生态系统服务功能价值法、机会成本法、意愿调查法、市场法等诸多方法,这些方法在应用过程中各有利弊。本文运用生态服务价值模型、生态足迹法和意愿调查法分别对武汉城市圈区域间和区域内的农田生态补偿量进行计算。

一、武汉城市圈县域间农田生态补偿资金核算

区域间环境问题是影响地区间关系和团结的重要因素[21]。一个地区环境问题常跨越行政边界,侵害相邻地区,使相邻地区和企业深受其害,遭受严重损失。生态补偿是协调环境保护与区域发展机会公平的重要手段[22],如何结合区域自身情况,建立有效的生态补偿机制是解决该问题的主要途径之一。农田生态系统提供清新空气,优美舒适环境,开阔的空间等无法在市场中体现的外部性生态产品。受益者无需向保护者或者管理者支付任何费用就可以获得这种效用,造成生态保护人缺乏积极性,最终导致生态效益或生态服务的供应量减少和损失。因此,寻找一种评价农田生态服务的方法,促使外部于经济主体之外的服务通过市场交易和价格机制反映出来,从效率和公共角度激励农田生态服务的供给者,从社会公平与公正的角度出发,环境保护主体(权益受损者)应获得相应的补偿,而受益主体需要对为保护环境做出贡献的地区予以反馈,即对农地生态服务的供给主体所提供的土地生态服务价值进行补偿,最终使社会福利共享。

(一)基于农田生态服务价值的县域间农田生态补偿标准确定

生态系统服务功能是指生态系统与生态过程所形成及所维持的人类赖以生存的自然环境条件与效用[23]。它不仅为人类提供生产生活原料,更重要的是维持了人类赖以生存的生命支持系统,维持整个生命物质的物质循环。100多年来,生态

系统服务功能的重要性已引起学术界的普遍重视,国外相关学者率先对生态服务功能进行量化研究,但由于地球生态系统服务的大部分价值难以量化,价值评估理论和方法尚不成熟,研究进展较为缓慢。直到1997年,Costanza按20种不同生物群区将生态系统服务功能用货币形式进行测算,从而推算出每一类子系统的服务价值[23],当他在Nature上发表了全球生态系统服务价值的研究成果后,有关生态系统服务价值的评价成为当前生态学与生态经济学研究的前沿课题。

国内学者谢高地[24]等应用Costanza的估算方法,在对200位生态学者进行问卷调查的基础上,制定出中国生态系统生态服务价值当量因子表,建立了中国陆地生态系单位面积服务价值表。许多学者[25-30]采取机会成本法、市场价格法、影子价格法、碳税法、重置成本法等对全国各区域、流域、生态系统或者建筑工程等的生态系统服务价值进行评估,已成为对区域生态系统进行评价的主流方法之一。

1. 单位面积农田生态服务价值测算

根据生态系统的概念,以土地利用类型为基本生态系统单元,估算2008年各区域的生态系统服务价值。生态系统服务价值的计算公式为

$$V = \sum PA$$

其中,V 为研究区生态系统服务总价值(元);P 为单位面积农田生态服务总价值(元 $/hm^2$);A 为研究区内农田面积(hm^2)。

表6-4　我国农田生态系统单位面积生态服务价值

服务类型	价值/(元/hm^2)	来源
气体调节	442.4	谢高地[24]
气候调节	787.5	谢高地
水源涵养	530.9	谢高地
土壤形成与保护	1291.9	谢高地
废物处理	1451.2	谢高地
生物多样性保护	628.2	谢高地
食物生产	884.9	谢高地
原材料	88.5	谢高地
娱乐文化	8.8	谢高地
合计	6114.3	

2. 模型修正系数

谢高地等人只是提供了一个全国平均状态的生态系统生态服务价值的单价,但是,生态系统的生态服务功能大小与该生态系统的生物量有密切关系,一般来说,生物量越大,生态服务功能越强,为此,假定生态服务功能强度与生物量呈线性

关系,提出生态服务价值的生物量因子按下述公式来进一步修订生态服务单价。

$$a = b_i / B$$

其中:a 为生态服务价值修正系数;b_i 为被评价地生态系统的潜在经济产量;B 为全国一级生态系统单位面积平均潜在经济产量。

不同的生态系统有不同的经济产量,这里取农地的经济产量近似来进行核算。武汉经济圈处于二级农业区即长江中游平原,根据光温水热等条件测算出该区潜在经济产量 B 值为 15.6 t/hm²,修正后当量值为 1.459 t/hm²,长株潭处于江南丘陵区,土地的经济产量为 1.42 t/hm²,修正后当量值为 1.328 t/hm²。因此修正后的生态服务总价值计算公式为

$$V_1 = a * V$$

其中:V_1 为修正后的区域农田生态服务价值;a 为生态服务价值修正系数;V 为全国平均区域农田生态服务价值。

3. 基于生态服务价值的武汉城市圈农田生态补偿资金测算

不同区域之间生态价值的流动是一个自然并持续的过程,人们无法干预,所以生态补偿不能简单地依靠不同地区生态价值量的大小,要综合运用生态服务价值和生态足迹的理论和法,来解决宏观尺度的生态补偿的量化问题[31]。

应以区域生态价值量的大小作为计算基础,不同区域经济发展水平作为生态补偿经济调节系数,生态赤字 / 盈余与区域提供的生态承载力之比作为输出/输入系数。

$$EC_i = ES_i \times R_i \times Q_i$$

$$R_i = GDP_i / GDP$$

$$Q_i = \frac{EF_i - A_i}{A_i}$$

EC_i 是 i 国家或地区的支付/获得的生态补偿量(元/a),若 $EC_i > 0$,则该国家或地区应支付生态补偿;若 $EC_i < 0$,则该国家或地区应获得生态补偿;若 $EC_i = 0$,则该国家或地区消费与供给平衡,不支付也不获得生态补偿。EF_i 是 i 国家或地区的总生态足迹(hm²);A_i 是 i 国家或地区可利用的生态承载力(hm²);ES_i 是 i 国家或地区的总生态系统服务价值(元/a);R_i 是经济调节系数;Q_i 是输入或输出系数。

表 6-5　基于生态足迹的武汉城市圈县域间农田生态补偿额度测算

区域	区域生态服务价值/元	GDP 调节系数	输入输出系数	补偿额度/万元
江岸区	2 766 566.71	0.041 57	−468.017 14	−5 381.913
江汉区	0.00	0.053 92	−1	−6 002.117
桥口区	376 753.59	0.042 71	−2 766.385 72	−4 451.615
汉阳区	10 466 196.80	0.053 75	−101.271 75	−5 696.682

续表

区域	区域生态服务价值/元	GDP 调节系数	输入输出系数	补偿额度/万元
武昌区	276 246.32	0.057 02	−8 281.723 79	−13 046.015
青山区	1 594 140.47	0.071 50	−546.794 54	−6 232.465
洪山区	120 905 251.41	0.048 6 8	−15.547 44	−9 150.895
东西湖区	164 667 782.42	0.023 39	−3.836 07	−1 477.602
汉南区	109 581 828.69	0.006 61	−2.647 95	−191.831
蔡甸区	401 524 823.04	0.016 77	−0.508 54	−342.361
江夏区	680 859 804.71	0.028 21	0.197 81	379.958
黄陂区	865 283 272.53	0.028 07	0.214 73	521.581
新洲县	640 036 070.62	0.025 67	0.065 00	106.797
黄石港区	517 404.29	0.013 93	−538.759 95	−388.356
西塞山区	13 936 492.83	0.016 86	−23.727 81	−557.438
下陆区	6 156 694.80	0.007 83	−27.641 43	−133.197
铁山区	1 776 005.11	0.003 81	−48.358 78	−32.714
阳新县	509 224 192.17	0.016 78	−0.436 61	−373.048
大冶市	426 329 125.46	0.029 52	−0.076 73	−96.576
梁子湖区	150 660 934.50	0.003 46	0.285 25	14.868
华容区	169 888 867.53	0.011 51	0.102 96	20.132
鄂城区	162 379 428.12	0.012 31	−1.145 52	−229.021
孝南区	426 536 265.59	0.020 39	−0.326 22	−283.660
孝昌县	548 874 548.48	0.007 26	0.262 57	104.627
大悟县	336 224 892.23	0.009 03	0.197 68	60.031
云梦县	290 537 736.19	0.013 25	0.196 78	75.763
汉川市	719 441 275.10	0.025 03	0.017 76	31.988
应城市	463 590 560.71	0.015 62	0.325 35	235.581
安陆市	449 152 007.31	0.011 36	0.440 93	224.895
黄州区	85 091 477.69	0.012 66	−1.570 80	−169.173
团风县	171 455 650.99	0.005 14	0.391 94	34.574
红安县	367 238 581.42	0.008 50	0.302 96	94.607
罗田县	239 464 341.97	0.006 95	0.095 13	15.837
英山县	135 186 442.54	0.006 55	0.125 90	11.148
浠水县	411 652 566.07	0.013 58	0.276 70	154.647
蕲春县	454 518 560.33	0.013 00	0.314 09	185.657

区域	区域生态服务价值/元	GDP 调节系数	输入输出系数	补偿额度/万元
黄梅县	555 946 335.22	0.011 78	0.187 12	122.528
麻城市	676 093 143.30	0.014 55	0.293 65	288.778
武穴市	327 569 848.35	0.015 27	0.111 60	55.822
咸安区	332 935 628.24	0.017 26	−0.164 24	−94.382
赤壁市	313 373 999.18	0.017 77	0.088 69	49.384
嘉鱼县	279 742 363.20	0.010 42	−0.284 57	−82.965
通城县	257 564 274.15	0.007 65	0.279 05	54.966
崇阳县	313 573 526.93	0.007 31	0.154 04	35.285
通山县	237 322 942.38	0.005 78	−2.232 95	−306.559
仙桃市	1 156 562 681.01	0.040 61	0.010 97	51.532
天门市	990 639 568.72	0.032 57	−0.670 15	−2 162.122
潜江市	1 391 646 095.40	0.036 84	−0.483 07	−2 476.471
合计	16 371 143 194.83	—	—	

　　计算结果（表 6-5）表明，武汉城市圈 48 个县市区 2008 年农田生态系统服务价值的总值为 1637.11 亿元。其中，农田生态系统服务价值最大的区为潜江市，价值量达到 13.91 亿元。

　　基于生态系统服务价值量算法的补偿额度中，区域农田生态系统服务价值为正值，即需要获取农田生态补偿的县市区有黄陂区、麻城市、梁子湖区和英山县等23 个县市区，在应获取农田生态补偿的县市区中，其中黄陂区应该获取的农田生态补偿额最大，为 521.58 万元，最少的为英山县，金额为 11.15 万元。其中，在应支付农田生态补偿的县市区中，武昌区的支付补偿量最大，达到 13 046.10 万元，铁山区最少，应支付 32.71 万元的农田生态补偿

　　通过建立区域农田补偿机制，协调区域间经济协调发展，缩小农地与建设用地间巨大利益差，提高农田盈余区保护农田的积极性，抑制农田赤字区过速的农地非农化。

（二）基于发展权的城市圈县域间农田生态补偿资金测算

（1）农地发展权内涵界定。

　　联合国大会 1986 年通过的《发展权利宣言》把发展权规定关于发展机会均等和发展利益共享的权利。土地发展权是发展权在经济上重要的实现方式[32]，是指土地变更用途使用和对土地原有集约度的改变之权，土地发展权包括农地发展权和市地发展权。农地发展权是指土地用途由农用地转为非农用地的权利及在农地

使用性质不变的情况下扩大投入的权利[33]。国外研究及实践表明,农地发展权本质上就是一种工具,实行农地发展权制度的一个重要目的就是保护农地、维持自然环境开敞空间,实现社会的可持续发展[34]。

为保护农田、让土地所有者能够获得正常的农田发展权权益,土地发展权转移制度应运而生,发展权转移制度的观念始于英国[35],扩展于美国,美国在分区制度基础上,创立了可转让的发展权制度(TDR)、可购买的发展权制度(PDR)和可市场化的发展权制度(MDR)。认为土地发展权移转是属于土地所有权权利束中的一束,是一种财产权。美国有 30 多个州采用 TDRs,将近 142 个项目区,发展权移转制度已保护了美国近 90 000 英亩的土地[36]。土地发展权已成为补偿受损地区相关权利人、促进公平分配的一项重要制度。

(2) 理论模型构建与数据来源。

农地发展权价值实际上就是农地价值补偿标准,其作为一种新型的价值补偿方式,补偿标准在数值上等于受管制的农地发展权市场价值,这种补偿标准既符合一定理论基础又具有较高的可操作性,是当前条件下比较科学、合理的经济补偿标准。补偿标准是区域农田生态补偿的关键所在,当用农地发展权价值作为标准进行补偿时,发展权价值的准确衡量边成为了研究的核心。周建春[37]认为,农地发展权价值是假设农业生产处在正常生产条件下能获得正常的社会投资平均利润的情况下,因失去将农地改为建设用地的权利而应得到的补偿,这才是农地发展权的补偿价值。

本文农地发展权价格涵义定为农地可开发转为非农用途所带来增值收益的价值[38]。由于各区域受土地非农开发限制的不同,财政收入、非农就业机会和收入也不尽相同。农地非农用途与农地农业用途价值之差来衡量机会成本的评价可以借用土地评估中的市场比较法,即选择与研究区域发展条件相似的地区为参考系,通过地方生产总值、居民人均收入、农户纯收入等要素进行修正,也是采用上述方法的关键,进而估算研究区域发展权的损失额度。

具体公式如下:

$$E_i = (P_1 - P_0) \times \Delta Q_i \times \delta_i$$

式中:E_i 为区域 i 进行区域间转移的农田生态补偿数额;P_1 为单位面积农地非农用的年纯收益;P_0 为单位面积农地农用的年纯收益;ΔQ_i 为 δ_i 区域 i 的农田盈亏面积,取粮食安全法计算下的农田盈亏面积;δ_i 为区域 i 内的修正系数,参考基于发展权的区域间补偿时采用的修正系数。

$$\delta_i = \frac{G_i}{G} \times \frac{R_i}{R} \times \frac{F_i}{F}$$

式中,δ_i 为区域 i 的综合调整系数;G 为参照地区(江夏区)人均地方生产总值;G_i 为区域 i 的人均地方生产总值;F 为参照地区(江夏区)农民人均纯收入;R_i 为区

域 i 的农民人均纯收入；R 为参照地区（江夏区）城镇居民人均可支配收入；F_i 为区域 i 的城镇居民可支配收入。

（3）运算结果与解读。

计算结果（表 6-6）表明，武汉城市圈 48 个县市区 2008 年单位面积农田发展价值最高的是东西湖区，单位面积的农田发展权价值为 108 698.41 元/hm²，最低的为孝昌县，单位面积的农田发展权价值仅为 217.60 元/hm²。这与各县市区所在的经济发展程度、地理交通位置和社会发展规划及转非农用的机会有直接关系。

表 6-6 基于发展权的武汉城市圈区域间农田生态补偿额度测算

区域	综合修正系数	单位面积发展权补偿标准/(元/hm²)	生态足迹下盈亏面积/hm²	粮食安全法下盈亏面积/hm²	生态足迹下补偿额度/万元	粮食安全法下补偿额度/万元
江岸区	4.509 2	46 768.93	−562 19.624 8	−75 573.486 7	−262 933.151 0	−353 449.09
江汉区	7.672 1	79 574.63	−39 755.621 9	−53 747.575 0	−316 353.905 3	−427 694.36
桥口区	2.716 0	28 170.67	−45 253.811 8	−61 121.938 3	−127 483.005 6	−172 184.58
汉阳区	3.226 6	33 466.72	−46 021.658 4	−60 582.439 4	−154 019.377 9	−202 749.53
武昌区	1.275 6	13 230.94	−99 334.994 9	−134 252.657 3	−131 429.557 8	−177 628.92
青山区	6.689 9	69 387.43	−37 847.377 5	−50 918.465 5	−262 613.242 3	−353 310.17
洪山区	1.318 7	13 677.68	−81 618.579 2	−91 439.377 5	−111 635.265 4	−125 067.84
东西湖区	10.480 0	108 698.41	−27 427.132 3	−11 332.579 7	−298 128.572 2	−123 183.34
汉南区	1.763 0	18 285.65	−12 598.940 6	101.123 0	−23 037.979 4	184.91
蔡甸区	1.044 5	10 833.73	−19 057.929 7	−5 825.397 1	−20 646.838 5	−6 311.08
江夏区	1.000 0	10 371.98	14 648.935 9	4 625.481 2	15 193.843 5	4 797.54
黄陂区	0.328 2	3 404.04	27 173.172 0	−31 064.871 3	9 249.869 5	−10 574.62
新洲县	0.293 0	3 039.09	6 473.558 0	−40 537.307 5	1 967.375 5	−12 319.67
黄石港区	3.526 1	36 572.21	−15 427.008 1	−14 350.419 2	−56 419.972 2	−52 482.65
西塞山区	1.405 7	14 579.67	−18 300.693 4	−15 829.925 7	−26 681.809 5	−23 079.51
下陆区	3.341 6	34 659.43	−9 418.126 4	−8 237.570 2	−32 642.693 3	−28 550.95
铁山区	2.419 3	25 093.09	−4 753.089 1	−4 276.553 1	−11 926.970 8	−10 731.19
阳新县	0.052 6	545.47	−34 698.609 5	−32 759.552 6	−1 892.715 6	−1 786.95
大冶市	0.698 0	7 239.22	−5 625.822 3	−19 226.163 1	−4 072.654 6	−13 918.24
梁子湖区	0.086 5	897.26	6 790.326 9	1 006.043 4	609.267 1	90.27
华容区	0.346 1	3 590.16	2 763.810 7	−4 025.709 5	992.253 0	−1 445.30
鄂城区	0.167 6	1 738.39	−29 389.400 2	−37 626.783 8	−5 109.021 1	−6 541.00
孝南区	0.124 6	1 292.55	−20 528.774 1	−38 086.538 5	−2 653.444 4	−4 922.87

区域	综合修正系数	单位面积发展权补偿标准/(元/hm²)	生态足迹下盈亏面积/hm²	粮食安全法下盈亏面积/hm²	生态足迹下补偿额度/万元	粮食安全法下补偿额度/万元
孝昌县	0.021 0	217.60	20 551.554 8	1 696.856 6	447.203 2	36.92
大悟县	0.051 0	528.84	13 304.151 5	−3 029.361 6	703.577 2	−160.20
云梦县	0.172 4	1 787.87	13 308.408 1	−2 941.123 8	2 379.363 9	−525.83
汉川市	0.208 7	2 164.19	2 055.919 0	−8 287.979 0	444.940 0	−1 793.68
应城市	0.280 7	2 911.78	29 235.812 5	2 786.158 3	8 512.827 6	811.27
安陆市	0.092 0	954.25	42 641.658 7	13 830.754 4	4 069.080 5	1 319.80
黄州区	0.383 7	3 979.36	−22 511.249 0	−17 634.397 8	−8 958.029 9	−7 017.36
团风县	0.046 0	477.60	21 568.725 3	1 717.657 2	1 030.132 9	82.04
红安县	0.071 4	740.53	25 170.173 4	−1 602.971 2	1 863.928 1	−118.70
罗田县	0.047 2	489.54	5 685.750 3	−4 143.854 4	278.340 5	−202.86
英山县	0.074 5	772.31	5 643.389 6	2 057.234 3	435.844 8	158.88
浠水县	0.049 8	517.03	36 602.508 1	−3 455.669 0	1 892.459 2	−178.67
蕲春县	0.055 9	579.34	40 860.815 5	−3 199.585 3	2 367.246 9	−185.37
黄梅县	0.046 9	486.10	24 205.783 4	−998.058 6	1 176.638 1	−48.52
麻城市	0.051 1	530.23	44 951.508 4	4 119.666 5	2 383.443 6	218.44
武穴市	0.212 0	2 199.14	9 761.223 0	−6 532.474 9	2 146.632 3	−1 436.58
咸安区	0.235 5	2 442.98	−7 696.206 9	−23 958.321 8	−1 880.167 6	−5 852.97
赤壁市	0.798 4	8 281.17	5 306.802 6	−3 610.539 8	4 394.656 0	−2 989.95
嘉鱼县	0.519 0	5 383.48	−11 411.588 3	1 357.760 1	−6 143.409 9	730.95
通城县	0.089 4	926.83	16 074.979 8	−4 684.126 0	1 489.869 8	−434.14
崇阳县	0.088 7	920.50	8 047.843 2	−434.956 2	740.801 6	−40.04
通山县	0.036 1	374.32	−29 828.899 7	−46 752.684 3	−1 116.542 1	−1 750.03
仙桃市	0.200 2	2 076.48	1 808.964 5	−13 852.972 5	375.627 7	−2 876.54
天门市	0.058 5	607.15	−54 455.399 9	−23 183.216 4	−3 306.257 3	−1 407.57
潜江市	0.739 8	7 673.70	−62 189.276 4	−41 710.187 4	−47 722.205 2	−32 007.16

　　基于生态足迹算法下盈亏面积进行计算的结果为:武汉城市圈 48 各县市区中农田生态补偿量为正值的有江夏区、仙桃市、黄陂区和罗田县等 23 个县市区,这些区域农田生态服务系统具有正的外部性,即应获得生态补偿。其中,应该获取农田生态补偿量最大的区为江夏区,应获得的农田生态补偿额为 15 193.84 万元,最小的区为罗田县,应获得的补偿额为 278.34 万元。而其他 25 个县市区都是负值,应

该支付农田生态补偿。其中,在应支付农田生态补偿的 25 个县市区中,江汉区的支付补偿量最大,达到−316 353.91 万元,应该进行生态补偿支付最小的区为通山县,支付额度为 1116.34 万元。

基于生态足迹算法下盈亏面积进行计算的结果为:武汉城市圈 48 各县市区中农田生态补偿量为正值的有江夏区、安陆市、应城市、嘉鱼县、麻城市、汉南区、英山县、梁子湖区、团风县和孝昌县 10 个县市区,这些区域农田生态服务系统具有正的外部性,即应获得生态补偿,其中,应该获取农田生态补偿量最大的区为江夏区,应获得的农田生态补偿额为 4757.94 万元,最小的区为孝昌县,应获得的补偿额为 36.92 万元。而其他 38 个县市区都是负值,应该支付农田生态补偿。其中,在应支付农田生态补偿的 38 个县市区中,江汉区因区域内无农田资源,支付补偿量最大,达到 427 694.36 万元,应该进行生态补偿支付最小的区为崇阳县,支付额为 40.04 万元。

区域之间生态补偿的核算,必须确定主体的生态消耗与盈余,从而确定应支付补偿或者获得补偿;生态补偿标准的确定既要考虑生态系统所提供的服务又要考虑不同地区的发展水平 经济承受能力和支付能力,协调好吃饭 建设和生态三者关系因此,本文跨区域土地生态补偿的研究是以土地生态系统服务价值量的估算为基础,运用粮食安全法和生态足迹方法为辅助,并加以经济发展水平和生态足迹与承载力的系数修正的结果。

二、武汉城市圈区域内农田生态补偿资金核算

20 世纪 80 年代以来,许多国家和地区在农业政策中逐渐融入了生态环境的保护目标,并制定了相应的生态补偿政策。按照市场机制和遵循农田保有主体自愿原则由政府提供补偿资金,对保有主体为开展生态保护、放弃耕作所承担的机会成本进行补偿,得到相应财政补贴和经济补偿[39],鼓励保有农田的农户和集体逐渐向绿色农业、生态农业或有机农业的方向发展。

1. 研究对象

在商品经济下,存在市场交易时交易双方即是补偿主体和补偿对象[40]。但对于市场上还不存在交易的生态产品而言,生态补偿主体是指由于对生态系统服务的利用而受益的个人或组织,生态补偿客体是因维护和改善生态系统服务而利益受损的个人或者集体。

针对农田而言,农田保护利益相关者有中央政府、地方政府、农田保护者和享用者。由于农村土地集体所有,集体成员——农民自然享有集体土地中属于自己的一份权利,即享有使用权和部分所有权分享。因此,对于生态产品的提供者农民来说,应是生态补偿客体。地方政府虽不是农田产权主体,但是独立的经济主体,有

发展地方经济诉求,为了保护农田,失去发展经济的机会。针对当地政府所做出的经济牺牲,其他承担较少农田保护责任的政府应给予补偿,以保证区域间利益均衡。

农田是农民最基本的社会保障,作为农田资源保护的主体地位,应该是保护的客体,但农田生态补偿的受益主体是全体公民,所有生活在这个社会上的自然人。因此,农田生态补偿主体是分享了农田保护效益,但未承担农田保护任务的地区或者个人,即除了农田种植者以外所有自然人或者地区。中央政府代表全体公民利益,每一项环境保护目标代表中央政府利益诉求,中央政府是补偿主体,地方政府是作为中央政府政策实施的管理者,对保护区建设有积极贡献,为了保护农田资源的开发利用,需要牺牲当地经济发展,作为受损者,地方政府也应该获得相应补偿,成为补偿主体,但区域地方政府之间总有保护和受益的二元选择,所以地方政府也可能成为补偿的主体。

由于生态环境效益的受益者处于不同区域层次,区域内的补偿主要是由本区域内农田保护的受益者或者享用者,包括市民和承担较少农田保护责任的集体对农田的使用者或者种植者、拥有农田承包经营权的农户、拥有农田所有权的农村集体经济组织进行财政转移和经济补偿,本节主要是以农户作为补偿对象而进行的区域内补偿。

2. 研究方法与数据来源

本节中的补偿标准来源于第四章中对武汉市江夏区农户进行受偿意愿调查时所采集的受偿数据,由于各区域异质性的存在,为了确保补偿量的科学性,需要对相关数据进行修正,即通过地方生产总值、居民人均收入、农户纯收入等要素进行修正,得出武汉城市球圈各区域自身的农田生态补偿标准。补偿面积是确定补偿量的另一个重要因素,本节中的补偿量即为武汉城市圈各县市区实际保有的农田面积,数据来源于全国第二次土地大调查。

具体公式如下:

$$E_i^{\min} = P_i^{\min} \times Q_i \times \delta_i$$
$$E_i^{\max} = P_i^{\max} \times Q_i \times \delta_i$$

其中:

$E_i^{\min}$、$E_i^{\max}$ 分别为区域 i 内政府需对保有农田农户或者集体进行转移的财政资金数额的上下限。

P_i 为区域 i 内的农户受偿标准,根据第四章中三种方式下的武汉市农户的受偿意愿的计算结果,可知农户对于保有农田的受偿意愿标准区间为 $6123.05 \sim 6602.85$ 元/hm^2。

Q_i 为区域 i 内补偿面积,即为城市圈各县市区的农田面积,数据来源于全国第二次土地大调查的数据。

δ_i 为区域 i 内的修正系数,参考基于发展权的区域间补偿时采用的修正系数。

$$\delta_i = \frac{G_i}{G} \times \frac{R_i}{R} \times \frac{F_i}{F}$$

式中,δ_i 为区域 i 的综合调整系数;G 为参照地区(江夏区)人均地方生产总值;G_i 为区域 i 的人均地方生产总值;F 为参照地区(江夏区)农民人均纯收入;R_i 为区域 i 的农民人均纯收入;R 为参照地区(江夏区)城镇居民人均可支配收入;F_i 为区域 i 的城镇居民可支配收入。

3. 研究结果

政府为了鼓励农民保护农田的积极性,给予一定生态补偿作为回报农田对社会带来生态效益。即农田生态补偿计划:受益者(包括政府)每年给农田的保护者一定的补偿,每年按照每个家庭拥有农田的数量、类型和保护的程度将补偿发放到村民手里,在国家现有经济财力之下,保护农田资源不受到破坏,每年每公顷地应该得到补偿额度。根据第四章中农户受偿意愿的区间,计算出的 48 各县市区内的农田生态补偿量也是一个区间值。

计算结果(表 6-7)表明,武汉城市圈 48 个县市区 2008 年因保有区域内的农田而得到的生态补偿量最大的区为东西湖区,其辖区内农户因保有农田而应得的生态补偿量介于 11 840.0569～20 423.9627 万元,最低的区为辖区内无农田资源的江汉区,补偿量为 0。

表 6-7 基于农户受偿意愿的武汉城市圈区域间农田生态补偿量核算

区域	综合修正系数	补偿标准上限/(元/hm²)	补偿标准下限/(元/hm²)	农田面积/hm²	补偿额度上限/万元	补偿额度下限/万元
江岸区	4.509 2	29 773.287 1	27 609.775 6	310.126 7	923.349 0	856.252 8
江汉区	7.672 1	50 657.532 3	46 976.442 1	0.000 0	0.000 0	0.000 0
桥口区	2.716 0	17 933.560 0	17 933.560 0	42.233 3	75.739 4	75.739 4
汉阳区	3.226 6	21 305.046 3	19 756.889 6	1 173.240 0	2 499.593 2	2 317.957 3
武昌区	1.275 6	8 422.871 1	7 810.813 1	30.966 7	26.082 8	24.187 5
青山区	6.689 9	44 172.320 2	40 962.485 7	178.700 0	789.359 4	731.999 6
洪山区	1.318 7	8 707.265 0	8 074.541 1	13 553.240 0	11 801.165 2	10 943.619 4
东西湖区	10.480 0	69 197.846 9	69 197.846 9	18 458.933 3	127 731.844 3	127 731.844 3
汉南区	1.763 0	11 640.717 2	10 794.830 5	12 283.906 7	14 299.348 3	13 260.269 1
蔡甸区	1.044 5	6 896.793 5	6 395.629 7	45 010.140 0	31 042.564 0	28 786.818 9
江夏区	1.000 0	6 602.842 7	6 123.039 3	76 323.040 0	50 394.903 0	46 732.897 1
黄陂区	0.328 2	2 167.028 6	2 009.558 9	96 996.546 7	21 019.429 3	19 492.027 3
新洲县	0.293 0	1 934.699 8	1 934.699 8	71 746.780 0	13 880.848 4	13 880.848 4

续表

区域	综合修正系数	补偿标准上限/(元/hm²)	补偿标准下限/(元/hm²)	农田面积/hm²	补偿额度上限/万元	补偿额度下限/万元
黄石港区	3.526 1	23 282.013 9	21 590.198 5	58.000 0	135.035 7	125.223 2
西塞山区	1.405 7	9 281.477 5	8 607.027 8	1 562.253 3	1 450.001 9	1 344.635 8
下陆区	3.341 6	22 064.335 4	22 064.335 4	690.153 3	1 522.777 5	1 522.777 5
铁山区	2.419 3	15 974.364 0	14 813.567 7	199.086 7	318.028 3	294.918 4
阳新县	0.052 6	347.250 3	322.017 0	57 083.026 6	1 982.210 0	1 838.170 4
大冶市	0.698 0	4 608.514 4	4 273.631 2	47 790.653 3	11 840.056 9	20 423.962 7
梁子湖区	0.086 5	571.197 6	529.690 9	16 888.793 3	964.683 9	894.584 0
华容区	0.346 1	2 285.512 1	2 119.432 7	19 044.206 7	4 352.576 6	4 036.291 4
鄂城区	0.167 6	1 106.665 5	1 026.248 3	18 202.413 3	2 014.398 2	1 868.019 6
孝南区	0.124 6	822.841 8	763.049 1	47 813.873 3	3 934.325 5	3 648.433 1
孝昌县	0.021 0	138.525 5	128.459 4	61 527.753 3	852.316 1	790.381 5
大悟县	0.051 0	336.661 9	312.197 9	37 690.146 7	1 268.883 5	1176.6786
云梦县	0.172 4	1 138.162 1	1 055.456 2	32 568.706 7	3 706.846 9	3 437.484 4
汉川市	0.208 7	1 377.732 3	1 377.732 3	80 647.946 7	11 111.127 8	11 111.127 8
应城市	0.280 7	1 853.651 4	1 718.953 6	51 967.586 7	9 632.978 8	8932.9868
安陆市	0.092 0	607.479 4	563.336 2	50 349.053 3	3 058.601 4	2 836.344 5
黄州区	0.383 7	2 533.274 8	2 533.274 8	9 538.586 7	2 416.386 1	2 416.386 1
团风县	0.046 0	304.045 2	281.951 4	19 219.840 0	584.370 0	541.906 1
红安县	0.071 4	471.424 7	437.168 0	41 166.720 0	1 940.700 8	1 799.677 5
罗田县	0.047 2	311.643 4	288.997 5	26 843.480 0	836.559 5	775.769 9
英山县	0.074 5	491.655 8	455.929 1	15 154.133 3	745.061 8	690.921 0
浠水县	0.049 8	329.143 3	329.143 3	46 145.440 0	1 518.846 4	1 518.846 4
蕲春县	0.055 9	368.812 7	342.012 5	50 950.633 3	1 879.124 2	1 742.575 4
黄梅县	0.046 9	309.451 9	286.965 2	62 320.486 7	1 928.519 3	1 788.381 1
麻城市	0.051 1	337.543 7	313.015 7	75 788.706 7	2 558.200 0	2 372.305 3
武穴市	0.212 0	1 399.983 1	1 298.251 7	36 719.933 3	5 140.728 7	4 767.171 5
咸安区	0.235 5	1 555.210 6	1 442.199 4	37 321.426 7	5 804.267 9	5 382.493 8
赤壁市	0.798 4	5 271.829 2	4 888.745 4	35 128.606 7	18 519.201 5	17 173.481 5
嘉鱼县	0.519 0	3 427.147 3	3 178.109 6	31 358.566 7	10 747.042 9	9 966.096 1
通城县	0.089 4	590.020 7	590.020 7	28 872.446 7	1 703.534 2	1 703.534 2
崇阳县	0.088 7	585.992 1	543.410 3	35 150.973 3	2 059.819 3	1 910.140 0

续表

区域	综合修正系数	补偿标准上限/(元/hm²)	补偿标准下限/(元/hm²)	农田面积/hm²	补偿额度上限/万元	补偿额度下限/万元
通山县	0.036 1	238.290 8	220.975 1	26 603.433 3	633.935 3	587.869 6
仙桃市	0.200 2	1 321.894 9	1 321.894 9	129 648.393 3	17 138.154 9	17 138.154 9
天门市	0.058 5	386.513 9	358.427 4	111 048.740 0	4 292.187 8	3 980.290 9
潜江市	0.739 8	4 885.110 4	4 530.128 0	156 000.780 0	76 208.103 1	70 670.350 1

目前中国政府每年纵向财政支付的农业补贴,是农业生态补偿的一种模式,但这种补偿的标准较低,目的不明确。生态补偿量的计算为其提供了补偿的标准依据区域之间生态赤字或盈余计算出的生态补偿量作为生态补偿基金,某区域消耗其他区域的生态足迹就应该支付生态补偿,而提供生态足迹的地区应获得生态补偿 政府的纵向财政支付向横向财政支付转变,不但可以减轻政府的财政压力,而且可以通过经济利益来刺激土地环境相关主体对生态补偿的认知。

第四节　研究结论与建议

一、研究结论

首先,分别运用了生态足迹法和粮食安全法对武汉城市圈 48 各县市区进行了补偿区划分,依据计算出的盈亏结果,划分出受偿区和支付区两大类型区;接着,运用生态服务价值和发展权模型对城市圈区域间的农田生态补偿量进行测算;最后,依据意愿调查法的农户受偿意愿计算了武汉城市圈的区域间农田生态补偿量。相关的结果详见表 6-8 所示。

表 6-8　武汉城市圈农田生态补偿发展权转移结果

区域	生态足迹法区域类型	粮食安全法区域类型	生态服务价值法区域间补偿量/万元	发展权下的区域间补偿量/万元		区域内补偿量上限/万元	区域内补偿量下限/万元	地方财政收入/万元
				生态足迹盈亏量	粮食安全法盈亏量			
江岸区	支付区	支付区	−5 381.91	−262 933.15	−353 449.09	923.35	856.26	165 239.00
江汉区	支付区	支付区	−6 002.12	−316 353.91	−427 694.36	0.00	0.00	171 632.00
桥口区	支付区	支付区	−4 451.62	−127 483.01	−172 184.58	75.74	75.74	106 073.00
汉阳区	支付区	支付区	−5 696.68	−154 019.38	−202 749.53	2 499.59	2 317.96	103 443.00
武昌区	支付区	支付区	−13 046.02	−131 429.56	−177 628.92	26.08	24.19	185 007.00

续表

区域	生态足迹法区域类型	粮食安全法区域类型	生态服务价值法区域间补偿量/万元	发展权下的区域间补偿量/万元		区域内补偿量上限/万元	区域内补偿量下限/万元	地方财政收入/万元
				生态足迹盈亏量	粮食安全法盈亏量			
青山区	支付区	支付区	−6 232.47	−262 613.24	−353 310.17	789.36	732.00	68 975.00
洪山区	支付区	支付区	−9 150.90	−111 635.26	−125 067.84	11 801.17	10 943.62	114 322.00
东西湖区	支付区	支付区	−1 477.60	−298 128.57	−123 183.34	127 731.84	118 450.06	175 122.00
汉南区	支付区	受偿区	−191.83	−23 037.98	184.91	14 299.35	13 260.27	30 529.00
蔡甸区	支付区	支付区	−342.36	−20 646.84	−6 311.08	31 042.56	28 786.82	54 656.00
江夏区	受偿区	受偿区	379.96	15 193.84	4 797.54	50 394.90	46 732.90	83 760.00
黄陂区	受偿区	支付区	521.58	9 249.87	−10 574.62	21 019.43	19 492.03	70 523.00
新洲县	受偿区	支付区	106.80	1 967.38	−12 319.67	13 880.85	13 880.85	62 414.00
黄石港区	支付区	支付区	−388.36	−56 419.97	−52 482.65	135.04	125.22	50 600.00
西塞山区	支付区	支付区	−557.44	−26 681.81	−23 079.51	1 450.00	1 344.64	37 200.00
下陆区	支付区	支付区	−133.20	−32 642.69	−28 550.95	1 522.78	1 522.78	46 300.00
铁山区	支付区	支付区	−32.71	−11 926.97	−10 731.19	318.03	294.92	17 200.00
阳新县	支付区	支付区	−373.05	−1 892.72	−1 786.95	1 982.21	1 838.17	28 435.00
大冶市	支付区	支付区	−96.58	−4 072.65	−13 918.24	22 024.39	20 423.97	62 285.00
梁子湖区	受偿区	支付区	14.87	609.27	90.27	964.68	894.58	5 415.00
华容区	受偿区	支付区	20.13	992.25	−1 445.30	4 352.58	4 036.29	10 625.00
鄂城区	支付区	支付区	−229.02	−5 109.02	−6 541.00	2 014.40	1 868.02	33 358.00
孝南区	支付区	支付区	−283.66	−2 653.44	−4 922.87	3 934.33	3 648.43	23 638.00
孝昌县	受偿区	受偿区	104.63	447.20	36.92	852.32	790.38	13 110.00
大悟县	受偿区	支付区	60.03	703.58	−160.20	1 268.88	1 176.68	17 074.00
云梦县	受偿区	支付区	75.76	2 379.36	−525.83	3 706.85	3 437.48	24 138.00
汉川市	受偿区	支付区	31.99	444.94	−1 793.68	11 111.13	11 111.13	34 243.00
应城市	受偿区	支付区	235.58	8 512.83	811.27	9 632.98	8 932.99	18 878.00
安陆市	受偿区	支付区	224.90	4 069.08	1 319.80	3 058.60	2 836.34	42 168.00
黄州区	支付区	支付区	−169.17	−8 958.03	−7 017.36	2 416.39	2 416.39	16 070.00
团风县	受偿区	支付区	34.57	1 030.13	82.04	584.37	541.91	11 387.00
红安县	受偿区	支付区	94.61	1 863.93	−118.70	1 940.70	1 799.68	20 931.00
罗田县	受偿区	支付区	15.84	278.34	−202.86	836.56	775.77	14 657.00
英山县	受偿区	受偿区	11.15	435.84	158.88	745.06	690.92	10 874.00

续表

区域	生态足迹法区域类型	粮食安全法区域类型	生态服务价值法区域间补偿量/万元	发展权下的区域间补偿量/万元		区域内补偿量上限/万元	区域内补偿量下限/万元	地方财政收入/万元
				生态足迹盈亏量	粮食安全法盈亏量			
浠水县	受偿区	支付区	154.65	1 892.46	−178.67	1 518.85	1 518.85	24 245.00
蕲春县	受偿区	支付区	185.66	2 367.25	−185.37	1 879.12	1 742.58	29 271.00
黄梅县	受偿区	支付区	122.53	1 176.64	−48.52	1 928.52	1 788.38	31 425.00
麻城市	受偿区	受偿区	288.78	2 383.44	218.44	2 558.20	2 372.31	34 117.00
武穴市	受偿区	支付区	55.82	2 146.63	−1 436.58	5 140.73	4 767.17	36 021.00
咸安区	支付区	支付区	−94.38	−1 880.17	−5 852.97	5 804.27	5 382.50	18 791.00
赤壁市	受偿区	支付区	49.38	4 394.66	−2 989.95	18 519.20	17 173.48	17 420.00
嘉鱼县	支付区	受偿区	−82.97	−6 143.41	730.95	10 747.04	9 966.10	12 938.00
通城县	受偿区	支付区	54.97	1 489.87	−434.14	1 703.53	1 703.53	10 738.00
崇阳县	受偿区	支付区	35.29	740.80	−40.04	2 059.82	1 910.14	10 118.00
通山县	支付区	支付区	−306.56	−1 116.54	−1 750.03	633.94	587.87	36 147.00
仙桃市	受偿区	支付区	51.53	375.63	−2 876.54	17 138.15	17 138.15	42 129.00
天门市	支付区	支付区	−2 162.12	−3 306.26	−1 407.57	4 292.19	3 980.30	47 126.00
潜江市	支付区	支付区	−2 476.47	−47 722.21	−32 007.16	76 208.10	70 670.35	28 000.00
合计	—	—	−56 428.19	−1 853 661.57	−2 158 527.01	499 468.15	463 173.70	2 308 767

(1) 根据表 6-8 可知,按第四章测算的农田生态补偿标准可计算出整个武汉城市圈补偿给农民所需的农田生态补偿资金总量在 46.31～49.95 亿元。武汉城市圈县域间的农田生态补偿资金则根据计算方法的不同而有所区别:依据生态系统服务价值法计算出整个武汉城市圈县域间所涉及的补偿资金转移额度为 5.64 亿元,表明城市圈内划分支付区和补偿区后,支付区域除向受偿区移转所需的补偿资金外,还需要向为城市圈提供农田生态服务的其他区域提供 5.64 亿元的补偿支付;以发展权的角度计算出县域间的补偿资金转移额度的上限为 215.85 亿元(以粮食安全法的农田盈亏量为基础),下限为 185.36 亿元(以生态足迹的农田盈亏量为基础),表明基于土地发展权移转的角度,城市圈县域间通过财政补偿资金的移转,能够实现县域间补偿资金分配的平衡,同时还需向城市圈以外的区域提供 185.36～215.85 亿元的补偿资金。

(2) 武汉城市圈共有 48 个县市区,在基于生态足迹算法的补偿区划分中,自身农田生态足迹为正值,需要获取农田生态补偿的县市区即受偿区共有 24 个,分别为麻城市、安陆市、蕲春县、浠水县、应城市、黄陂区、红安县、黄梅县、团风县、孝昌县、通城县、江夏区、云梦县、大悟县、武穴市、崇阳县、梁子湖区、新洲县、罗田县、英山县、赤壁市、华容区、汉川市 24 个县市区;应获取农田生态补偿的县市区中即支付区也有 24 个,依次为铁山区、大冶市、咸安区、下陆区、嘉鱼县、汉南区、黄石港区、西塞山区、蔡甸区、孝南区、黄州区、东西湖区、鄂城区、通山县、阳新县、青山区、江汉区、桥口区、汉阳区、天门市、江岸区、潜江市、洪山区、武昌区。

依据粮食安全法进行的补偿区类型划分中,受偿区有 10 个,分别为安陆市、江夏区、麻城市、应城市、英山县、团风县、孝昌县、嘉鱼县、梁子湖区、汉南区;相应的,支付区则有 38 个,分别是崇阳县、黄梅县、红安县、云梦县、大悟县、蕲春县、浠水县、赤壁市、华容区、罗田县、铁山区、通城县、蔡甸区、武穴市、下陆区、汉川市、东西湖区、仙桃市、黄石港区、西塞山区、黄州区、大冶市、黄冈市、潜江市、孝感市、咸安区、黄陂区、阳新县、鄂城区、孝南区、新洲县、鄂州市、天门市、通山县、青山区、江汉区、咸宁市、汉阳区、桥口区、江岸区、洪山区、黄石市、武昌区。

两种划分方法中各县市区在武汉城市圈的位置如图 6-7 所示。

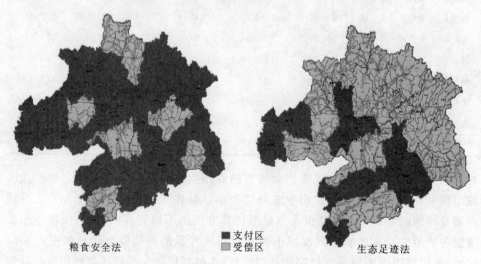

粮食安全法　　　■ 支付区　□ 受偿区　　　生态足迹法

图 6-7　武汉城市圈农田生态补偿区域类型划分

(3)根据武汉城市圈县域间和县域内的农田生态补偿所需的转移资金额度可知,从财政实力来看,基于生态服务价值法的县域间补偿资金最低,以此作为补偿依据。整个武汉城市圈考虑县域间及县域内的补偿,资金总量在 51.96~55.59 亿元,占武汉城市圈 2008 年的财政收入总额 230.88 亿元的 22.51%~24.08%,武汉城市圈的财政收入具备初步构建农田生态补偿制度的支付能力。

武汉城市圈中当年财政收入不足以支付其当年的农田生态补偿总量的县市区有 24 个,分别为江岸区(−270 094.67 万元)、江汉区(−144 721.91 万元)、桥口区(−21 485.75 万元)、汉阳区(−164 533.61 万元)、青山区(194 427.60 万元)、洪山区（－133 530.94 万元）、东西湖区（－250 738.42 万元）、汉南区（－6808.33 万元）、蔡甸区（－80 818.38 万元）、新洲县（－24 678.86 万元）、黄石港区（－5955.01 万元）、下陆区（－35 710.79 万元）、大冶市（－46 617.58 万元）、鄂城区（－9220.46 万元）、大悟县（－1681.95 万元）、安陆市（－9817.56 万元）、团风县（61.57 万元）、英山县（－988.99 万元）黄梅县（2417.73 万元）、咸安区（－13 161.31 万元）、嘉鱼县（－3952.45 万元）、通城县（－1938.44 万元）、仙桃市（－32 603.79 万元）、潜江市（－95 930.31 万元）。其中补偿超出其财政收入,差额占其财政收入比例最大的四个县市区为潜江县（342.61%）、武昌区（281.88%）、江汉区（163.46%）和汉阳区（159.06%）,这些区域主要是经济发展程度较高,辖区内人口较多而同时农田面积较少且农民因自身生活成本较高而具有较高的农田受偿意愿。

　　当以生态补偿的下限标准计算时,则城市圈48个县市区的财政收入除了潜江县以外,其他47个县市区都具备生态补偿转移支付的能力。其中生态补偿额占其财政收入的比例最高的4个县市区分别为嘉鱼县（77.61%）、蔡甸区（55.30%）、汉南区（44.06%）和华容区（37.80%）,所需的农田生态补偿资金总额占其当年财政收入比例最小的4个县市区则为下陆区（3.34%）、通山县（2.34%）、铁山区（1.66%）和黄石港区（0.50%）,这些县市区中,农田面积较少或是其农户的整体平均受偿意愿较低,使得其财政收入相对于农田补偿额而言,盈余量较大,虽然要进行县域间和县域内的农田进行生态补偿和转移支付,但对其财政不构成负担。因此总体而言在武汉城市圈进行县域间和县域内的农田生态补偿具有一定的可行性。

　　同时,城市圈中还存在区域间和区域内转移支付之后,净的农田生态补偿总额为正、不需要占用财政收入的县市区。当按生态补偿的上限计算时,总生态补偿资金盈余的县市区有:汉川市（1010.48 万元）、蕲春县（488.12 万元）、团风县（445.76 万元）、浠水县（373.61 万元）。当生态补偿按照补偿下限计算时,这类的县市区分别为江夏区（50 774.86 万元、）、赤壁市（18 568.59 万元）、云梦县（3782.61 万元）、孝南区（3650.67 万元）、汉川市（3283.50 万元）、麻城市（2846.98 万元）、崇阳县（2095.10 万元）、红安县（2035.31 万元）、浠水县（1673.49 万元）、梁子湖区（979.55 万元）、铁山区（285.31 万元）。这些县市区多为农田面积较大而区域中农户的农田生态补偿平均受偿意愿水平又较低的地方,是无偿或低价为其他区域分担农田保护任务的县市区,其在进行农田生态转移支付时不需要占用其自身的财政收入,还可以从外县市区接受农田生态补偿资金的转移支付。

二、研究讨论

　　该章节探讨了跨区域和区域内的农田生态价值补偿标准和补偿量的测算思路,但也存在需进一步研究的方向:

（1）在基于发展权的区域间补偿量计算时,均以武汉市江夏区为参照进行核算。尽管进行了区域生产总值、居民收入和农民纯收入等因素的修正,但是各区域农地所面临的非农机会不尽相同,特别是江夏区内的五里界镇和流芳办事处都已托管到东湖高新区,东湖高新区作为国家级重点经济技术开发区,其所面临的农地非农化的机会远高于其他区域,因此,从这个角度出发,本文基于发展权的区域间农田补偿量计算结果偏高。

（2）在区域承载力和生态足迹的核算时,没有考虑流动人口,而区域之间的生态系统产品服务的流动和空间的实现与人口流动密不可分大城市在经济文化医疗教育公共设施等各方面具有明显优势,对流动人口形成了强大的吸引力,经济发达地区的集聚效应尤其明显流动人口加大了区域间的生态流、资源流的循环和流动,对流入地区的资源消耗环境问题造成较大影响,因此,区域之间补偿量核算应考虑流动人口对其影响人口流入地区应得到人口流出地区的补偿,即人口流入地区（经济发达地区）要支付的补偿低于所核算的结果,人口流出地区（经济较落后地区）收到补偿将低于核算结果。

（3）进行区域内补偿量核算时,只是以实际调研时农户的受偿意愿作为区域内进行补偿的依据。但是农田保有的主体除了农户之外,还有村集体和承担农田保护责任较多的地方政府,这在本文中并未纳入考虑。并且相对于农户而言,这些集体和地方政府具有更强的组织能力和博弈能力,相应的受偿意愿会更高,因此,本文计算的区域内农田生态补偿量偏低。

参 考 文 献

[1] 马爱慧,张安录.跨区域生态补偿——以"两型"社会实验区为例[J].国土资源科技管理,2010,21(1):14-18.

[2] 杨欣,蔡银莺.农田生态补偿方式的选择及市场运作——基于武汉市383户农户问卷的实证研究[J].长江流域资源与环境,2012,21(5):591-596.

[3] 马爱慧,蔡银莺,张安录,等.两型社会建设跨区域土地生态补偿[J].中国土地科学,2010,24(7):66-70.

[4] 陈昱,方斌,葛雄灿.耕地保护区域经济补偿的框架研究[J].中国国土资源经济,2009,4:15-18.

[5] 吴晓青,洪尚群,段昌群,等.区际生态补偿机制是区域间协调发展的关键[J].长江流域资源与环境,2003,12(1):13-16.

[6] 张效军.耕地保护区域补偿机制研究[D].南京农业大学博士论文,2006.

[7] 牛海鹏,张安录.耕地保护的外部性及其测算——以河南省焦作市为例[J].资源科学,2009,31(8):1400-1408.

[8] 程明.北京跨界水源功能区生态补偿标准初探——以官厅水库流域怀来县为例[J].湖北经

济学院学报,2010,7(5):11-12.

[9] 王女杰,刘建,吴大千,等.基于生态系统服务价值的区域生态补偿——以山东省为例[J].生态学报,2010,30(23):6646-6653.

[10] William R,Mathis W. Urban ecological footprints:Why cities cannot be sustainable-And why they are a key to sustainability [J]. Environmental Impact Assessment Review,1996,16(4/6):223 -248.

[11] Mathis W,William R. Perceptual and structural barriers to investing in natural capital:Economics from an ecological footprint perspective [J]. Ecological Economics,1997,20:3-24.

[12] 李利锋,成升魁. 生态占用——衡量可持续发展的新指标体系[J]. 资源科学,2000,15(14):375-382.

[13] 张恒义,刘卫东,林育欣,等. 基于改进生态足迹模型的浙江省域生态足迹分析[J]. 生态学报,2009,29(5):2738-2748.

[14] 徐中民,张志强,程国栋,等. 中国1999年生态足迹计算与发展能力分析[J]. 应用生态学报,2003,14(2):280-285.

[15] 尹璇,倪晋仁,毛小苓.生态足迹研究评述[J].中国人口资源与环境,2004,14(5):45-52.

[16] 白艳莹,王效科,欧阳志云,等.苏锡常地区生态足迹分析[J].资源科学,2003,25(6):31-37.

[17] 闵庆文,余卫东,成升魁,等.仙居县城乡居民消费差异的生态足迹分析[J].城市环境与城市生态,2003,16(4):86-88.

[18] 杨振,牛叔文,常慧丽.基于生态足迹模型的区域生态经济发展持续性评估[J].经济地理,2005,25(4):542-546.

[19] 马爱慧,蔡银莺,张安录.基于土地优化配置模型的农田生态补偿及核算框架构建[J].中国人口.资源环境,2010,20(10):97-102.

[20] 李晓光,苗鸿,郑华,等.生态补偿标准确定的主要方法及其应用[J].生态学报,2009,29(8):4431-4440.

[21] 吴晓青,洪尚群,段昌群,等.区际生态补偿机制是区域间协调发展的关键[J].长江流域资源与环境,2003,12(1):13-16.

[22] 任艳胜,张安录,邹秀清.限制发展区农地发展权补偿标准探析——以湖北省宜昌、仙桃部分地区为例[J].资源科学,2010,32(4):743-751.

[23] Costanza R,Arge R,Groot R, et al. The value of world's ecosystem services and natural capital [J].Nature,1997,386:253-260.

[24] 谢高地,鲁春霞,冷允法,等.青藏高原生态资产的价值评估[J].自然资源学报,2003,18(2):189-195.

[25] 欧阳志云,王如松,赵景柱.生态系统服务功能及其生态经济价值评价[J].应用生态学报,1999,10(5):635-640.

[26] 赖力,黄贤金,刘伟良生态补偿理论、方法研究进展[J].生态学报 2008,28(6):870-2876.

[27] 顾岗,陆根法,蔡邦成.南水北调东线水源地保护区建设的区际生态补偿研究[J].生态经

济,2006(2):43-45.

[28] 刘青.江河源区生态系统服务价值与生态补偿机制研究[D].南京大学博士论文,2007.

[29] 赵荣钦,黄爱民,秦明周,等.农田生态系统服务功能及其评价方法研究[J].农业系统科学与综合研究,2003,19(4):267-270.

[30] 蔡银莺,李晓云,张安录.农地城市流转对区域生态系统服务价值的影响[J].农业现代化研究,2005,26(3):186-189.

[31] 陈源泉,高旺盛.基于生态经济学理论与方法的生态补偿量化研究[J].系统工程理论与实践,2007,(4):165-170.

[32] 臧俊梅,王万茂,陈茵茵.农地发展权价值的经济学分析[J].经济体制改革,2011,12(2):159-162.

[33] 邹钟星,祝平衡.土地发展权价格的测算方法[J].统计与决策,2009,(4):156-158.

[34] 任艳胜,张安录,邹秀清.限制发展区农地发展权补偿标准探析——以湖北省宜昌、仙桃部分地区为例[J]. 2010,32(4):743-751.

[35] Rosa H, Barry D, Kande S, et al. Compensation for Environmental Services and Rural Communities: Lessons from the Americas [J]. International Forestry Review, 2004,6(2): 187-194.

[36] Dorfman J H, Barnett B J, Bergstrom J C, et al. Searching for farmland preservation markets: Evidence from the Southeastern U.S. [J]. Land Use Policy,2009,26(1):121-129.

[37] 周建春.农地发展权的设定及评估[J].中国土地,2005(4):22-23.

[38] 任艳胜.基于主体功能分区的农地发展权研究[D].华中农业大学博士论文,2009.

[39] Rambonilaza M, Dachary-Bernard J. Land-use planning and public preferences: what can we learn from choice experiment method [J].Landscape and Urban Planning, 2007,83(4): 318-326.

[40] 中国 21 世纪议程管理中心.生态补偿原理与应用[M].北京:社会科学文献出版社,2009.

第七章　农田生态环境补偿政策的初期效应评估——以上海闵行区、江苏张家港市等发达地区为实证

第一节　发达地区农户参与农田生态补偿政策的响应状态分析

　　作为一项重要的环境经济政策,自 20 世纪 80 年代中期以来,农业生态补偿已成为发达国家激励乡村适宜景观地及优质农田保护的有效方式,有助于克服农田生态环境供给的不足、农业污染等负外部行为大量存在及保护主体规避保护责任和滋生寻租行为等现实矛盾[1]。基于我国特殊的土地基本国情,农田也承担着重要复杂的职责及功能,是构建生态良好的土地利用格局的重要组成。20 世纪 90年代后期以来,我国一些地区的土地利用总体规划中农田起到绿色生态屏障的重要作用,是构建生态良好的土地利用格局中的重要组成。尤其,在第三轮全国土地利用总体规划中更加突出农田作为生态屏障的重要功能,要求/在城乡用地布局中,将大面积连片基本农田、优质耕地作为绿心、绿带的重要组成部分,构建景观优美、人与自然和谐的宜居环境[2]。近年国内一些发达地区及城市,如成都市、上海市闵行区、佛山市南海区及浙江省海宁市等,也相继对农民保护耕地提供的直接补贴或经济补偿。但对补偿的对象及制度侧重点等方面仍存在明显的差异。其中,上海市和江苏省苏州市是试点市县中最早将基本农田和优质耕地与水源地、生态湿地、生态公益林等一起纳入生态补偿的范畴,明确确定建立农田生态补偿制度,以地方财政转移支付方式对农村基层组织及农民实行补偿。且突出补偿目的在于使因保护生态环境,经济发展受到限制的区域得到经济补偿,增强其保护生态环境、发展社会公益事业的能力,保障生态保护地区公平发展权,使地区间得到平衡发展。

　　农田生态环境补偿实践在我国刚刚试行,实施期效较短,以试行较早的上海闵行区为例,也就 3 年的时间;江苏省苏州市发布相关试行管理政策也就两年左右的时间,部分地区农户补偿资金还没有拿到。但在试行阶段,对其农户参与生态补偿的积极性、影响因素及初效应进行评估,有助于推进我国农田生态环境补偿政策的开展,为相关政府部门总结经验、提出改进措施等提供参考。国内关于农田生态环境补偿制度设计的相关研究较少,受实践探索期限短的影响关于农田生态补偿政策实施状况及效应的研究空白。现有研究主要集中在以下 4 个方面:不同视角与

方法下的农田生态补偿标准测算[3-7];农户受偿意愿下的农田生态标准测算[1,8];农田生态补偿方式的选择与市场运作[9-10];农田生态服务价值核算与影响因素分析[11-13]等。上述内容主要针对农户受偿意愿、补偿政策标准以及影响因素等问题进行了研究,但是农田生态保护与补偿过程中的利益主体是农户,农户对农田生态保护的态度和补偿政策的响应才是关键,也是最能反映补偿政策实施效益的指标。为此,本节以率先开展农田生态补偿政策的上海浦江镇、苏州市金港镇和乐余镇为例证,通过实地调研获取基础数据,分析农户对农田生态环境保护与补偿政策的响应状态及差异性,期待为完善农田生态补偿制度提供参考依据。

一、调研区域与研究方法

1. 调研区域

选取上海市闵行区浦江镇、苏州张家港市金港镇和乐余镇作为此次调研的典型村镇。上海市闵行区 2008 年率先出台农田生态环境补偿政策,2011 年全区农田生态环境补偿(补贴)资金总额达 3934.98 万元,涉及浦江、马桥、华漕、梅陇、吴泾 5 个镇的 67 个行政村,基本农田面积 4.91 万亩。调研选取的浦江镇基本农田面积占全区的 76.78%,2011 年农田生态环境补偿资金 3019.50 万元,覆盖 42 个行政村。闵行区 2011 年基本农田生态补偿标准为 800 元/亩,其中 300 元的补贴用于村庄内部公共社区服务支出,其余 500 元以现金补贴方式直接发放到户。张家港市 2011 年 8 月出台《关于建立生态补偿机制的意见(试行)》,对辖区内的 53 万亩基本农田给予每年每亩不低于 400 元的生态补偿。其中,调研选取的金港镇和乐余镇在辖区内基本农田分布较多。由此可见,上海浦江镇、苏州金港镇、乐余镇均处在农田生态环境补偿政策实施的初级阶段,该地区的农户正在感受农田生态补偿政策所带来的影响,对农田生态补偿政策的初效应感受最直接也最深刻,研究该地区的农户对农田生态保护与补偿政策的响应具有一定的典型性和代表性。

2. 研究方法

课题组 2012 年 7~8 月在上海市闵行区浦江镇、苏州张家港市金港镇、乐余镇开展实地调研,采取随机抽样与典型调查相结合的方式,调查范围覆盖浦江镇的 15 个行政村,分别为勤俭村、镇北村、联民村、联星村、汇东村、汇南村、汇北村、汇中村、新风村、塘口村、跃农村、跃进村、丁连村、北徐村、光继村;金港镇的 10 个行政村,包括新圩村、老圩村、双中村、柏林村、袁家桥村、孙姚庄村、渡口村、福民村、新套村、德积村;乐余镇的 8 个行政村,为庆丰村、扶海村、闸西村、红星村、向群村、乐余村、东沙村、常丰村。

抽样调查结合了调研区域农户的性别、年龄、文化程度、土地承包经营权属、身份类型、职业类型、收入状况、农田生态补偿状况,以及对农田生态保护与补偿政策

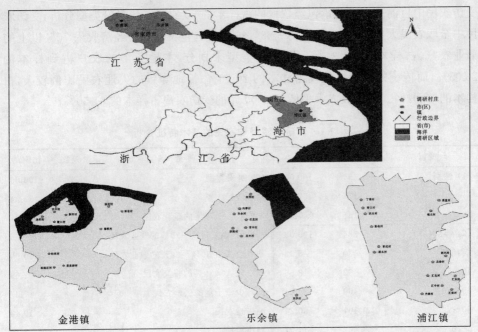

图 7-1　调研区域及样本分布

的响应状况等。采取入户面对面访谈的方式随机抽取调研样本。主要调研内容：
①受访农民的基本特征，包括性别、年龄、文化程度、是否本地人、是否村干部、是否
党员、是否享有土地承包经营权等；②受访农户的身份类型、职业类型、户均耕地面
积、以及收入状况；③农田生态环境补偿前后受访农户各方面认知变化，包括对农
田生态保护的认知、对农田生态补偿政策态度及政策实施初效的认知，对补偿政策
实施偏好的认知等。调研设计问卷 350 份，回收有效问卷 334 份，有效率为
95.43%；在 334 户有效样本中，户均 4.01 人，户主平均年龄 57.26 岁，平均受教育
年限为 6.46 年，家庭经济收入年均 2 万元以上的占 79.34%，其中农业收入在 1 万
元以下的占样本的 82.32%，人均耕地面积 0.51 亩，可见农业收入已经不是维持农
户生计的主要经济来源。在有效问卷中有 333 份对农田生态保护的态度和认知进
行了响应，有 198 份问卷对农田生态补偿政策的实施初效应进行了响应，分别占样
本的 99.70% 和 59.28%。上述调研问卷经核实后，输入自建数据库，利用 SAS 9.2
软件对样本数据进行了统计分析。

3. 样本特征

受访农民的性别、年龄、文化程度及生计方式等基本特征见表 7-1。调研样本
的性别比例适中，符合随机抽样的要求；年龄在 40～70 岁之间的居多，占样本的
78.44%；文化程度多在小学和初中水平，占 87.13%；97.31% 的受访农民是本地人，
户主的比例占样本的 51.50%；86.23% 的农民未曾担任过村干部，92.22% 是非党员；

受访农民中目前享有土地承包经营权的占样本的 80.24%。从身份类型分析,受访农民中全职农民人数最多,占样本的 32.34%;其次是非农收入占经济收入 70% 以上的兼业农户,占样本的 29.34%。从职业类型来划分,本地务工的农户占到样本的 26.05%,而传统的全职粮农仅占样本的 20.66%;征地导致的失地农民比例较大,占样本的 38.02%。经济收入水平低于 1000 元的受访农户占样本的 51.50%。

表 7-1 调研区域受访农民的基本特征分析

变量	频数	比例/%	变量	频数	比例/%
(1) 性别	334	100.00	(9) 身份类型	334	100.00
男	176	52.69	全职农民	108	32.34
女	158	47.31	非农收入≥70%的兼业农民	98	29.34
(2) 年龄(岁)	334	100.00	非农收入占 50%~70%的兼业农民	9	2.69
≤40	30	8.98	非农收入占 30%~50%的兼业农民	3	0.90
40~50	62	18.56	非农收入<30%的兼业农民	9	2.69
50~60	99	29.64	拥有少量土地的失地农民	58	17.37
60~70	101	30.24	纯失地农民	35	10.48
>70	42	12.57	城市居民	14	4.19
(3) 文化程度	334	100.00	(10) 职业类型	334	100.00
小学及以下	189	56.59	全职种粮农	69	20.66
初中	102	30.54	果农	3	0.90
高中及以上	43	12.87	养殖农	3	0.90
(4) 本地人	334	100.00	菜农	8	2.40
是	325	97.31	本地务工	87	26.05
否	9	2.69	外出务工	7	2.10
(5) 村干部	334	100.00	乡村干部	16	4.79
现在是	13	3.89	乡村教师	4	1.20
曾经是	33	9.88	个体商贩	5	1.50
未任过	288	86.23	私营业主	5	1.50
(6) 党员	334	100.00	部分或完全失地的农民	26	38.02
是	26	7.78	(11) 收入状况	334	100.00
否	308	92.22	≤1000	172	51.50
(7) 户主	334	100.00	1000~2000	105	31.44
是	172	51.50	2000~3000	36	10.78
否	162	48.50	3000~4000	9	2.69
(8) 土地承包经营权	334	100.00	4000~5000	6	1.80
是	268	80.24	500~6000	2	0.60
否	66	19.76	>6000	4	1.20

二、农户参与农田生态环境保护及补偿政策的认知及响应状况

1. 农户对农田生态环境保护功能的认知程度分析

从农民对加强农田生态环境保护的重要性认知调查可见，农田生态环境保护的重要性及观念已经普遍得到绝大多数农民的认同。84.98％的农户认为农田生态环境保护很重要，2.40％及12.61％的农民认为农田生态环境保护不重要和无所谓。同时，从受访农民参与农田生态补偿政策的意愿来看，47.47％的农户支持当地实施的农田生态补偿政策，愿意将自家农田划入农田生态补偿范畴；分别有8.08％和44.44％的农户表示对农田生态补偿政策不支持和无所谓。从支持和不支持（包含无所谓）农田生态补偿政策的两类农民群体的比较检验（表7-2）表明，两类群体的农民在年龄、教育程度、收入水平及职业分化程度上有明显差异，且支持农田生态补偿政策的农民对农田生态环境保护重要性的认知程度明显高于不支持补偿政策的农民。但多数农民均认识到农田生态环境的改善能够带来净化空气、涵养水源、调节气候、保持水土、维持生物多样性等生态效益及功能，支持和不支持补偿政策的两类农民在农田生态环境的上述效益及功能的认识上均具有较强的认同感，不具有显著差异性。其中，支持农田生态环境保护政策的农民有62.50％认为农田具有净化空气、调节气体的功能，较不支持农田生态保护政策的农民相比该认知比例仅高出5.68％；支持农田生态保护政策的农民有50％认为农田具有净化水质、涵养水源的功能，比不支持的农户仅高出3.97％；支持农田生态保护政策的农民认为农田具有保护土壤、防止水土流失的认知比例为39.42％，比不支持的农户高1.92％；支持农田生态保护政策的农民认为农田生态保护能维护生态多样性的认知比例为46.55％，比不支持的农户高9.05％。

表7-2　支持与不支持农田生态补偿政策的两类农民对农田生态环境功能的认知比较

	比较指标	支持	不支持	tValue	Pr>|t|
	① 农田生态保护是否重要（重要＝1，不重要及不清楚＝0）	0.8812	0.7222	2.80	0.0063**
农田生态环境功能	② 净化空气、调节气候功能（5＝非常重要，4＝比较重要，3＝一般，2＝不太重要，1＝不重要）	3.5714	3.3333	1.83	0.0691
	③ 涵养水源功能（同②）	3.4226	3.3478	0.52	0.6002
	④ 保护土壤、防止水土流失功能（同②）	3.2857	3.2826	0.44	0.6582
	⑤ 维护生物多样性（同②）	3.494	3.3043	1.53	0.1276

续表

比较指标		支持	不支持	tValue	Pr＞|t|
补偿政策实施成效	① 提高农民经济收入（5＝很好，4＝较好，3＝一般，2＝较差，1＝很差）	3.5429	3.1727	2.11	0.0366*
	② 提高农民种田积极性（同上）	3.7714	3.3237	2.52	0.0154*
	③ 提高农民维护农田设施积极性（同上）	3.7429	3.3597	2.11	0.0401*
	④ 促进粮食增产（同上）	3.2286	2.7626	2.77	0.0080**
农户个体特征	① 年龄	56.671	60.42	−5.54	＜.0001***
	② 教育程度	6.5795	5.72	1.64	0.1057
	③ 村干部（是＝1，否＝0）	0.1272	0.2	−4.08	＜.0001***
	④ 土地承包权（有＝1，无＝0）	0.8021	0.8	0.05	0.9582
	⑤ 收入水平	1372.8	1082.5	2.02	0.0458*
	⑥ 身份类型	3.3879	2.6863	2.07	0.0417*

注：*** 、** 、* 分别表示 1%、5% 和 10% 的显著水平。

2. 农户参与农田生态环境补偿政策的响应态度及原因分析

农田生态补偿政策是政府通过财政转移支付的手段，对因保护和恢复农田生态环境及其功能、经济发展受到限制的区域给予一定的经济补偿，从而实现区域经济的协调发展。实地调研表明，愿意自家农田划入生态补偿范畴的农民中，有57.48%的农民基于"从事农业生产的收入过低，补偿资金可以提高收入"的原因，所占比例最高；认为"农地用途不固定，划入补偿范围可以继续从事农业耕作"的比例为25.90%；认为"划入补偿范围不容易被征收，可以长久保有土地"的比例为14.17%；认为"保有农田可以维护国家粮食安全"等的比例占2.36%。可见，农民愿意接受农田生态补偿政策的主要原因中，提高农业比较效益、稳定农业耕作及保有农田是关注的重点，通过提高农民个体经济利益、增加农民收入的同时，才能实现补偿政策实现维护国家及地区粮食安全的目的。而对自家农田划入农田生态补偿范畴表示"不支持"和"无所谓"的农民中，有47.47%的农民担忧补偿政策会对作物种植类型及土地未来转换用途产生限制，从影响家庭经济收入，说明对于生计类型仍缺乏多元化的农民而言，农业耕作是其主要的收入来源，他们担忧补偿政策在土地发展权限限制上会对家庭未来生计及土地用途产生影响；此外，有37.52%的农民担心补偿政策实施后获得的实际收益降低，有5.82%的农民担心补偿后土地难以被征收，表明农民对农田生态补偿效益的未来预期及补偿政策导致的土地发展权受限存有一定的顾虑，重视补偿政策的实施效果的宣传有助于增强农户对补偿政策的响应态度。从支持和不支持农田生态补偿政策的两类农民群体对农田生态补偿政策的实施效果的认知分析（表7-2）表明，支持政策的农民认为农田生态补偿政策的实施在提高农民经济收入、提高农民种田积极性、维护农田积极性以及促进粮食增产方面有较好的作用,且该认知程度明显高于不支持政策的农民群体。同时,在农田生态补偿政策刚刚实施、补偿款项尚未落实的苏州张家港市的农民对于农田生态补偿政策未来不确定性远高于上海市闵行区的农民,主要表现在农民对补偿资金发放的公开、公正性,补偿资金来源稳定性及政策实施的持续性方面的关注。

3. 农户参与农田生态保护与补偿政策响应状态的区域差异

受地区经济条件、农田生态补偿政策试行时效长短及农户在教育程度、生计类型等个体特征方面存有差异性的影响,上海市闵行区和苏州张家港市两个典型区域的农民在农田生态环境功能、参与农田生态补偿政策的积极性及对农田生态保护政策实施成效等方面的响应状态表现出一定的区域差异。调研时,上海闵行区已试行农田生态补偿有 3 年多的时效,农民每年可得到 500~800 元/亩的补偿金,且逐年有一定比例的增幅;而江苏省苏州张家港市则刚试行农田生态补偿政策 1 年多,相关管理条例正在制定和出台,尚未发放农田生态补偿款项。从农民"是否知道当地正在实施农田生态补偿政策"的分析结果比较可见,上海市闵行区农民知道当地正在实施农田生态补偿政策的认知均值为 0.310,明显高于江苏省苏州张家港市农户的0.0794。整体而言,两个典型区域虽已初步探索实施农田生态补偿政策,但多数农民均不清楚农田生态补偿政策,难以区分收到的农田生态补偿款项与农业补贴资金的差异,普遍对农田生态补偿政策的缘由、目的认识不清楚;即便是在已经对农民发放农田生态补偿资金的上海闵行区,多数农民承包经营的土地已经通过村集体集中流转到农业企业,不直接从事农业生产经营,多数农民不关心补偿资金的类型,以为每年得到的农田生态补偿资金仅是农业补贴资金或农田转租收入的增加;而在尚未发放补偿款、多数农民仍从事农业经营的江苏省苏州张家港市,农民对政府正探索实施的农田生态补偿政策基本不清楚,仅有极少数担任村干部的农民表示听说过。同时,从两个区域农民的基本特征(表 7-3)比较可见,上海市闵行区的农民持有土地承包经营权的比例相对较低,非农生计资产分化程度要明显高于江苏省苏州张家港市的农民,非农兼业类型比例偏高。从两个地区农民参与农田生态补偿政策的态度比较分析表明,上海市闵行区受访农民中有 51.39%的比例支持当地正在开展的农田生态补偿政策、愿意将自家农田纳入农田生态补偿范畴,分别有 38.89%和 9.72%的农民表示无所谓和不支持;而江苏省苏州张家港市的农民中有 45.24%愿意自家农田划入农田生态补偿区,47.62%和 7.14%的农民则表示无所谓和不支持。分析结果表明,已放发补偿资金的上海市闵行区的农民支持补偿政策的比例远高于补偿政策正在初步制定、补偿款项尚未发放的江苏省苏州张家港市的农民,且上海市闵行区对政策持无所谓态度的人数也明显低于江苏省苏州张家港市的农民,但闵行区受访农民中不支持农田生态补偿政策的比

表 7-3　上海和江苏两个地区的受访农户对农田生态补偿政策的认知差异比较

	补偿政策认知指标	上海	苏州	t Value	Pr>|t|
农田生态环境保护认知	① 知道当地正实施农田生态补偿政策（知道＝1,不知道及不清楚＝0）	0.310	0.0794	5.74	<.0001***
	② 农田生态环境效益功能的认知（同①）	0.7647	0.7944	−0.63	0.5297
	③ 加强农田生态环境保护的必要性（必要＝1,不必要及不清楚＝0）	0.7143	0.832	−2.21	0.0279*
	④ 农田生态环境保护是否重要（是＝1,否＝0）	0.8151	0.8645	−1.15	0.2494
补偿政策实施成效认识	① 提高农民经济收入	2.8202	2.7294	0.63	0.5303
	② 提高农民种田积极性	2.3371	2.9882	−4.96	<.0001***
	③ 提高农民维护农田设施积极性	2.2697	2.8706	−4.61	<.0001***
	④ 促进粮食增产	3.0562	3.2353	−1.40	0.1626
农民基本特征差异	① 年龄	55.815	58.033	−1.60	0.1113
	② 教育程度	7.2689	5.9953	3.05	0.0025**
	③ 村干部	0.1849	0.1121	−1.74	0.0832
	④ 土地承包经营权	0.6891	0.8645	3.61	0.0004***
	⑤ 收入水平	1314.1	1179.4	0.86	0.3901
	⑥ 身份类型	3.7647	3.3178	3.72	0.0015**

注：***、**、*分别表示 1%、5%、10%的显著水平。

例略高于生计类型多样化程度较低、主要依赖农耕为生的张家港市的农民。从两个区域农民支持和不支持农田生态补偿政策的主要成因（图 7-2、图 7-3）来看,也反映出相似问题。上海市闵行区和江苏苏州张家港市的农民支持农田生态补偿政策的首要原因均缘于农田生态补偿可"直接获得补贴资金,提高家庭经济收入",且闵行区支持补偿政策的农民中有 57.53％的比例因此持支持态度,比例明显高于江苏省苏州张家港市的农民（45.59％）;江苏苏州张家港市的居民在关注补偿政策可以有效地"激励农民稳定地从事农业生产"和"保护耕地不易被征收、征用"等方面的比例高于上海市闵行区的农民,说明以依赖农业种植为生、非农收入来源较低的苏州张家港市的农民,更加关注政策在维护农业生产和保护耕地方面的作用。上海市闵行区受访农民中持无所谓和不支持补偿政策态度的,有 62.5％担忧补偿政策会影响到农民家庭的实际收入来源;而江苏苏州张家港市的农民多担忧土地未来的种植类型和发展权限会受到管制,从而影响家庭经济收入。且从两个地区农民关于农田生态补偿政策执行效果的 t 检验比较表明,苏州张家港市的农民认为补偿政策的实施在提高农民种田积极性、激励农民维护农田基础设施和促进粮食增产方面会发挥成效的比例要明显高于上海闵行区,而闵行区的农民认为补偿政策的实施成效体现在提高农民经济收入方面的比例则明显高于张家港市的农民。

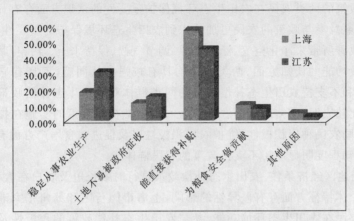

图 7-2　受访农民支持农田生态补偿政策的主要原因

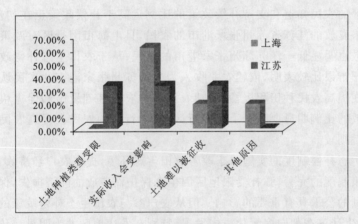

图 7-3　受访农民不支持农田生态补偿政策的主要原因

四、结论与政策建议

通过分析上海闵行区和江苏省苏州市张家港市两个发达地区农户参与农田生态环境保护与补偿政策的响应状况表明,现行的农田生态环境保护与补偿政策在试行初期难免存在一些问题,尚不能完全达到农田生态补偿政策实现环境保护与经济利益双赢的目标,仍有作为农业补贴政策延升的缩影,有待进一步加以调整和完善。研究结果表明:

(1)受访农民中有 47.47％支持当地实施的农田生态补偿政策,愿意将自家农田划入农田生态补偿范畴,8.08％和 44.44％的农户表示对农田生态补偿政策不支持和无所谓。从支持和不支持(包括无所谓)两类群体的个体特征比较表明,两类群体在年龄、教育程度、收入水平及职业分化程度上有所差异;支持和不支持农田生态补偿政策的两类农民在农田生态环境保护重要性的认识方面存有显著的差异性,支持及愿意参与政策的农民更加认识到农田生态环境保护的重要性;但在农田生态环境改善所带来净化空气、涵养水源、调节气候、保持水土、维持生物多样性等生态效益及功能的认知方面,两类群体均具有较强的认同感,不具有显著的差异性;从支持和不支持农田生态补偿政策的两类群体对农田生态补偿政策的实施效果的认知比较表明,支持政策的农民认为农田生态补偿政策的实施在提高农民经济收入、激励农民种田积极性、维护农田积极性以及促进粮食增产方面有较好的作用,且该认知程度明显高于不支持政策的农民群体。

(2)受地区经济条件、农田生态补偿政策试行时效长短及农户在教育程度、生计类型等个体特征方面存有差异性的影响,上海市闵行区和苏州张家港市两个典型区域的农民在农田生态环境功能、参与农田生态补偿政策的积极性及对农田生态保护政策实施成效等方面的响应状态有一定的区域差异。已放发补偿资金的上海市闵行区的农民知道和支持补偿政策的比例远高于补偿政策正在初步制定、补偿款项尚未发放的江苏省苏州张家港市的农民,且上海市闵行区对政策持无所谓态度的人数也明显低于江苏苏州张家港市的农民;从于农田生态补偿政策执行效江苏省苏州市果比较表明,依赖农业收入为生的苏州张家港市的农民认为补偿政策的实施在提高农民种田积极性、激励农民维护农田基础设施和促进粮食增产方面具有成效的比例明显要高于上海闵行区,而闵行区的农民在提高农民经济收入方面的比例则较高。

农田生态补偿制度的实施对于改善农田生态环境,提高农户经济收益,推动区域补偿政策制度的完善,弥补受限地区因生态保护而造成的经济损失,保障区际之间发展权利的公平具有重要的影响。但从农户参与农田生态补偿政策的响应状态来看,农户生计正在朝向多元化方向发展,特别在发达地区尤为明显。传统耕作模式和农户生计方式早已随地区经济发展水平、农户个体特征的改变而改变。但是农田生态补偿政策只对具有小规模农田的低收入、大龄农户具有一定激励作用,对于种粮大户而言,补偿政策尚存缺陷。如何在激励前者保有种植农田的基础之上,更多兼顾后者的利益,通过补偿制度的优化来提高政策的实施效率,实现农田生态补偿政策义务共尽,效益共享,不仅是本文后续关注的重点,也是相关政策管理部门亟待解决的关键。农田生态环境补偿制度的设计要因地制宜,在补偿对象、补偿标准和补偿方式的选择上要充分考虑异质地块、空间差异、个体特征等因素的影响。尤其要根据农户响应政策上的个体与区域差异,明确接受农田生态补偿政策农户的责任,加强对农民生计方式多元化的认识,完善现有农田生态补偿政策实施成效的监督管理,切实实现为推动现有农田生态补偿政策的有效实施及相关管理政策的改进提供参考依据。同时,要完善有效的政策实施成效评价考核及跟踪体系,评价国内现有典型地区农田生态环境补偿政策的实施成效、补偿效应及影响因素,根据补偿地区农户、基层组织在生计方式、个体特征等属性差异和空间分异所带来的实施成效的差异性,有针对性地调整农田生态环境补偿的方案。

第二节 农户生计多样性对农田生态补偿政策响应的 SEM 研究

农户生计多样性是一种重要的生存发展策略。目前,生计多样性研究在国外已经成为一个热门话题,在发展中国家的规模化农场中广泛开展起来[14]。其中,Ellis 以撒哈拉以南地区为例,对农户的生计进行研究,认为生计多样性是农村家庭为了生存和提高自身生活水平而建立的一个多元化投资组合行为,是一种重要的生计策略[15]。Cinner 等人采用家庭生计投资组合方式,结合网络分析方法,以天然渔业资源为例,对渔民生计进行了分析[16]。Bebbington 构建了一个分析框架来研究可持续性农村生计对降低农村贫困的影响[17]。此外,Ellis 对发展中国家低收入人群的生计多样性进行了研究,认为季节性、风险、劳动力市场、信贷市场、资产策略和应对策略是影响生计多样性的主要决定性因素[18]。Koczberski 等人对发展中国家土地安置计划研究后发现,在人口压力不断增大的同时,农户通过寻找新的非农收入来源、增加农产品产量、收购额外的土地或者选择迁徙的方式来发现新的生计策略[19]。McCusker 等人的研究还发现农户生计多样性政策的实施会受到地理区位和自然资源环境的限制[20]。Batterbury 通过对农村生计系统的研究,得出如何通过生计系统来对本地的政策约束和机会做出响应,从而更广泛的增加农户收入[21]。Sherbinin 等人对农村家庭人口、生计和环境之间的联系进行了回顾与综合,通过构建生计框架来研究环境因素与人口因素之间的多路径关系,有效证明了环境因素对家庭生计决策的影响,并建议农户家庭应在不同时期采用不同的自然资源管理战略[22]。Ellis 等人还对非洲的坦桑尼亚、马维拉、乌干达、肯尼亚等地的农村生计与降低贫困战略进行了研究,发现资源匮乏与非农就业技能缺失是生计多样性难以实现的主要影响因素[23-25]。相比而言,国内近年也开始重视对于农户生计多样性的研究,借鉴国外的可持续生计框架,结合参与式农村评估方法(PRA),将青藏高原、三江平原等特殊地区的农户生计和替代生计作为研究的新思路,探讨退耕还林还草还湖、生态退耕等政策背景下农户的生计问题。其中,阎建忠等人利用 PRA 方法对青藏高原区域农牧民如何实现生计多样性展开实地调研,认为生计多样性是农牧民普遍采取的一种生计策略,与拥有的生计资产量和海拔高度密切相关[26]。苏芳等人利用 DFID 模型中的"生计五边形"对农户参与生态补偿行为意愿的影响因素进行了分析,探讨农户参与生态补偿的意愿与自然资本、人力资本、物质资本、金融资本和社会资本之间的内在关系[12]。李翠珍等人利用非系统聚类方法分析了不同资源类别的农户生计多样性特征对土地利用的影响,认为土地利用的低效率有效推动了农户生计多样性的发展[27]。张春丽等人对退耕还湿政策上的农户意愿响应进行了研究,发现区域位置、年龄结构和耕地拥有量是影响退耕还湿支持意愿的主要因素[28]。张卫萍运用关联分析模型对退耕还林补偿政策与农户响应之间的关系进行了分析,发现预期经济效益才是影响农户意愿的关键[29]。

虽然自 20 世纪 80 年代以来,农田生态补偿制度已经发展成为发达国家激励农户保护优质农田与农村生态景观的有效手段[30]。现有农田生态保护与补偿过程中的利益主体是农户,农户对农田生态保护的态度和补偿政策的响应才是关键。但是农户的自身特征、生计特征也在不断变化,却很少有人从农户自身属性、家庭的基本特征、生计多样性特征以及周围环境条件角度入手分析变量因素对农户农田生态补偿政策的参与意愿与政策效果响应的影响。因此本章从发达地区农户生计多样性角度入手,分析前者与农户参与意愿和政策效果响应之间的关系,并结合结构方程模型尝试构建农户生计多样性与政策参与意愿和政策效果响应之间的理论研究框架,利用发达地区农户调研数据,通过 SPSS 软件对样本数据进行信度效度检验与因子分析,利用 AMOS 软件进行结构方程模型的检验,对农户生计多样性与农户参与意愿和政策效果响应之间的关系做进一步的研究,从而揭示农户生计多样性对农田生态补偿政策响应的影响机理。

一、模型设定与因子分析

1. 模型设定

结构方程模型(Structural Equation Modeling,SEM)是一种借助变量的协方差矩阵来对多个变量相互关系进行统计分析的数理计量方法[31]。主要研究观测变量与潜变量之间的因果关系。SEM 具有可以同时处理多个变量相关关系的优势,特别是针对于同一变量在相关关系中既是自变量又是因变量的情况,处理数据行之有效[32])。

本节选用结构方程模型来研究农户生计多样性特征与农户农田生态补偿政策支持意愿与实施效果的响应之间的联系。采用结构方程模型的主要原因在于农户对农田生态补偿政策的实施效果与支持意愿的响应属于潜变量。潜变量不易调查与观测,同样不方便采用传统方法进行统计处理,但却可以用一些外生变量来间接的测量,而结构方程模型恰好能处理这类问题。常用来做结构方程分析的软件主要有 LISREL、CALIS、SAS、PLS、EQS,但李茂能曾指出用 Amos 软件对相关矩阵数据进行结构分析,可以将相关矩阵自动转变为协方差矩阵,有效避免其他软件分析时产生的数据不收敛、矩阵非正定等情况[33]。所以本节选用数理统计软件

SPSS 16.0 的 Analyze-Factor 模块对调研数据样本进行信度效度检验与探索性因子分析,利用 AMOS 18.0 软件进行验证性因子分析与结构方程模型的检验。为保证模型分析的有效性与准确性,本节将样本数据分为两部分,分别进行模型的适配度检验与结构方程的验证。

2. 变量说明

(1)自变量选取。

结合已有参考文献与调查问卷内容,本文从以下 4 个方面挑选自变量:

① 农户的基本特征变量,从性别、年龄、性别、文化程度、党员、村干部、婚姻状况、享有土地承包经营权以及个人收入状况等方面考虑。

② 农户的家庭特征变量,包括农地资源禀赋量、农田生态补偿面积比例、家庭经济状况、家庭农业劳动力比例、家庭劳动力比例、家庭土地承包经营权比例、是否具有非农就业技能。

③ 农户生计多样性特征变量,主要从多样性与分化程度两个方面考虑,包括农户身份多样性、职业多样性、职业分化程度、农户家庭经济分化程度和村庄产业类型,其中分化程度参照社会分层测量的方法,分为水平分化和垂直分化,对应表7-4 中职业分化与经济分化。职业分化程度用家庭非农就业人口比例表示,经济分化程度采用恩格尔系数表示,即家庭食品支出的比例。

表 7-4 解释变量的说明

潜变量类别	解释变量名称	解释变量自定义
农户基本特征	性别	男=1,女=0
	年龄	实际年龄
	文化程度	大专及以上=4,高中=3,初中=2,小学及以下=1
	党员	是=1,否=0
	村干部	是=1,否=0
	婚姻状况	有配偶=1,无配偶=0
	享有土地承包经营权	是=1,否=0
	个人收入状况	实际收入
农户家庭特征	农地资源禀赋量	家庭实际承包地面积
	农田生态补偿面积比例	家庭实际接收补偿的土地面积占土地总面积的比例
	家庭经济状况	家庭实际年收入
	家庭农业劳动力比例	家庭实际农业劳动力人数占家庭总人口的比例
	家庭劳动力比例	家庭实际劳动力人数占家庭总人口的比例
	家庭土地承包经营权比例	家庭劳动力中享有土地承包经营权的人数占家庭总人口的比例

潜变量类别	解释变量名称	解释变量自定义
农户生计多样性特征	是否具有非农就业技能	是=1,否=0
	职业多样性	纯粮农=1,果农=2,养殖农=3,菜农=4,外来务工=5,外出务工=6,乡村干部=7,乡村教师=8,个体商贩=9,私营业主=10,失地农民=11,本地打工=12,其他(家庭主妇等)=13
	身份多样性	全职农民=7,非农收入大于70%的兼业农民=6,非农收入占50%~70%的兼业农民=5,非农收入占30%~50%的兼业农民=4,非农收入小于30%的兼业农民=3,拥有极少量土地的失地农民=2,纯失地农民=1
	职业分化程度	家庭非农就业人口占家庭总人口的比例
	经济分化程度	家庭食品支出占家庭总支出的比例
	村庄产业类型	完全以农业为主=4,农业为主,兼顾少量非农业=3,非农业为主,兼顾少量农业=2,完全以非农业为主=1
农户村庄发展特征	被征地比例	实际被征地面积占土地总面积的比例
	征地频繁程度	全部被征=4,常有征地=3,偶尔征地=2,基本没有=1
	交通通达度	村庄到相邻城镇的实际交通距离
	村庄经济状况	比较富裕=4,中等富裕=3,一般=2,比较贫困=1

④ 农户所属村庄发展特征变量,包括被征地比例、征地频繁程度、交通通达度、村庄经济状况。

(2) 因变量选取。

在结构方程模型中,选取两个指标作为农户响应的二阶潜变量,即农户对农田生态补偿政策实施效果的响应和支持意愿的响应。其中,农户对农田生态补偿政策的支持意愿的响应分为两种可能,参与或者不参与,这是一个二分类变量,取值介于[0~1]之间,定义因变量 $y=1$ 为农户愿意参与农田生态补偿政策的施行,对其做出响应。$y=0$ 表示农户不愿意参与农田生态补偿政策的施行,对其没有做出响应。农户对农田生态补偿政策实施效果的响应,包含对农田生态补偿政策的认知、对实施效果的认知、对农地功能的认知以及对农田生态保护的认知 4 个方面,用上述指标的均值作为响应的分值,来反映农户响应上的差异,其值介于[1~3]之间,其中数值越高,响应意愿越强烈。

(3) 信度效度检验。

本文分别对样本数据进行了信度与效度检验,得到农田生态补偿政策实施前后农户各项特征的可信度值,结果如表 7-5 所示。其中信度检验中,Cronbach Alpha 的值为 0.831,满足 Alpha 大于 0.7 的标准[34]。这表明样本数据的信度检验是可靠的,即调查问卷结果符合模型有效性与一致性的要求。效度检验中采用 KMO 检验与 Bartlett 球形检验两种方法。KMO 检验值为 0.854,符合大于 0.7 的标准[34]。Bartlett 球形检验值 0.000,检验值在 Sig.<0.01 时表现为极显著,所以效度检验结果验证了相关系数矩阵之间差异存在的显著性,满足继续进行因子分析的要求。

表 7-5 KMO 和 Bartlett's 效度检验

名称	检验方法		计算结果	参考标准
信度检验	Cronbach's Alpha 检验		0.831	>0.7[25]
效度检验	KMO 检验		0.854	>0.7[25]
	Bartlett's d 球形检验	χ^2	3638.592	
		df	190	
		Sig.	0.000	Sig.<0.01***

(4) 探索性因子分析。

选用 SPSS16.0 的 Analyze-Factor 模块对农户生计多样性对农田生态补偿的响应进行探索性因子分析。依据解释变量在任何特征因子上的载荷均要小于 0.5,或者在多个特征因子上的载荷大于 0.4 的选择标准对解释变量进行了筛选,从农户基本特征中剔除不显著的性别、年龄、文化程度三个指标,从农户生计多样性中剔除身份多样性指标,从农户村庄发展特征中剔除村庄经济状况指标,最终得到符合参考标准的 19 个解释变量,见表 7-6。探索性因子分析时,经过标准化方差正交旋转后,得到 19 个解释变量汇成的 4 个有效因子,4 个因子的特征根与累计贡献率的值均在可接受范围之内。从汇聚的结果来看,4 个特征因子包含的指标个数分别为 5 个、6 个、5 个、3 个,符合每个特征因子至少包含 3 个指标的检验标准[31]。4 个特征因子包含的指标分别从农户个人信息、家庭信息、生计多样性状况和农户所在村庄的发展情况 4 个方面反映对农田生态补偿政策实施效果与支持意愿的响应,所以 4 个特征因子可以直接命名为农户基本特征、农户家庭特征、农户生计多样性特征和农户村庄发展特征,见表 7-6。

表 7-6 筛选出的符合标准的解释变量

一阶潜变量	观测变量	一阶潜变量	观测变量
	党员		农地资源禀赋量
	村干部		农田生态补偿面积比例
农户基本特征	婚姻状况	农户家庭特征	家庭经济状况
	享有土地承包经营权		家庭农业劳动力比例
	个人收入状况		家庭劳动力比例

一阶潜变量	观测变量	一阶潜变量	观测变量
农户生计 多样性特征	是否具有非农就业技能	农户村庄 发展特征	家庭土地承包经营权比例
	职业多样性		被征地比例
	职业分化程度		征地频繁程度
	经济分化程度		交通通达度
	村庄产业类型		

（5）验证性因子分析。

采用 AMOS 18.0 就农户生计多样性对农田生态补偿政策的响应进行验证性因子分析，参照上文探索性因子分析的结果，结合建立的一阶验证性模型，对上文数据进行模型的适配度检验，结果如表 7-5 所示，显示良好。其中一阶潜变量对应各观测变量的标准化路径系数（表 7-7）均符合大于 0.5 的标准[35]

表 7-7 一阶潜变量对应各观测变量的标准化路径系数

一阶因子（潜变量）	变量 1	变量 2	变量 3	变量 4	变量 5	变量 6
农户基本特征	0.750	0.791	0.880	0.860	0.720	
农户家庭特征	0.964	0.889	0.760	0.237	0.810	0.530
农户生计多样性特征	0.958	0.900	0.860	0.740	0.810	
农户村庄发展特征	0.886	0.720	0.740			
参考标准	>0.5	>0.5	>0.5	>0.5	>0.5	>0.5

从表 7-8 中的 4 项特征因子验证结果来看，Cronbach α 值检验结果介于 0.749～0.867 之间，满足大于 0.7 的标准，检验结果良好。组合信度 CR 值介于 0.745～0.866 之间，符合标准。4 项特征因子的 AVE 值即均方差提取值也介于 0.549～0.734 之间，满足要求。P 值显示验证结果在 5% 的水平上显著。这也进一步证明了探索性因子分析的准确性。

表 7-8 判别效度检验

一阶因子（潜变量）	Cronbach a 值	组合信度 CR	AVE 值	P 值
农户基本特征	0.758	0.745	0.644	0.006**
农户家庭特征	0.749	0.866	0.549	0.035**
农户生计多样性特征	0.867	0.841	0.734	0.005**
农户村庄发展特征	0.860	0.827	0.617	0.000**
参考标准	>0.7[34]	>0.5[36,37]	>0.5[38]）	—

注：** 表在 5% 水平上显著

三、农户生计多样性对农田生态补偿政策的响应分析

1. 研究假设

基于以上分析,本文以反映农户个人及家庭信息的指标为观测变量,以农户基本特征、家庭特征、生计多样性特征以及农户所在村庄的发展特征为一阶潜变量,以农户对农田生态补偿政策实施效果与支持意愿为的响应二阶潜变量,并结合本文研究目的,提出以下假设:

假设 1-1 农户基本特征对农户农田生态补偿政策支持意愿响应具有正向显著影响。

假设 1-2 农户家庭特征对农户农田生态补偿政策支持意愿响应具有正向显著影响。

假设 1-3 农户生计多样性特征对农户农田生态补偿政策支持意愿响应具有正向显著影响。

假设 1-4 农户村庄发展特征对农户农田生态补偿政策支持意愿响应具有正向显著影响。

假设 2-1 农户基本特征对农户农田生态补偿政策实施效果的响应具有正向显著影响。

假设 2-2 农户家庭特征对农户农田生态补偿政策实施效果的响应具有正向显著影响。

假设 2-3 农户生计多样性特征对农户农田生态补偿政策实施效果的响应具有正向显著影响。

假设 2-4 农户村庄发展特征对农户农田生态补偿政策实施效果的响应具有负向显著影响。

2. 实例验证

在因子分析的基础上,为了进一步验证农户基本特征、家庭特征、生计多样性特征以及农户所属村庄发展经济特征对农田生态补偿政策的支持意愿与政策实施效果的影响是否具有整体上的显著性,特此构建农户生计多样性对农田生态补偿政策响应的结构方程模型,运行结果见图7-4。对于结构方程模型的判别结果并无一致性的标准,从基本适配度、整体适配度和模型内在结构适配度三个方面对模型结果予以衡量判断[37]。又因为本文的数据变量均为常态样本,处理后不存在类别和名目上的差异,所以采用最大似然估计的参数估计方法[39]。

(1)基本适配度指标,样本数据误差均在5%显著水平以内,一阶潜变量对应各观测变量的标准化路径系数满足大于0.5的标准,且符合所有解释变量的标准

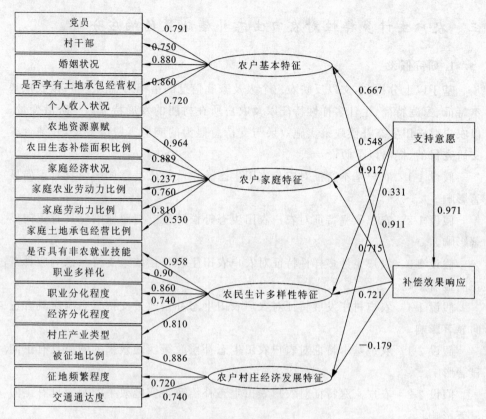

图 7-4　农户生计多样性与农田生态补偿政策响应路径

误小于 1.96，这表明结构方程模型的基本指标适配指标显示良好。

（2）整体适配度指标，主要分为绝对拟合指数、相对拟合指数、简约拟合指数三个方面，其中从绝对拟合指数中筛选出 RMSEA、RMR、GFI*、NFI 4 个指标，从相对拟合指数中筛选出 TLI、CFI、RFI、IFI 4 个指标，从简约拟合指数中选出 PNFI、PCFI、AGFI、PGFI 4 个指标，选用上述指标的主要原因在选用受样本数据影响较小的指标。具体评价指标与参考标准详见表 7-9。

表 7-9　模型评价指标及拟合结果

评价项目	适配指标	参考标准	计算结果
绝对拟合指标	RMSEA	<0.08	0.018
	GFI*	>0.9	0.922
	RMR	<0.08	0.021
	NFI	>0.9	0.941

评价项目	适配指标	参考标准	计算结果
相对拟合指标	TLI	>0.9	0.924
	CFI	>0.9	0.844
	RFI	>0.9	0.938
	IFI	>0.9	0.941
精简拟合指数	PNFI	>0.5	0.898
	PCFI	>0.5	0.805
	AGFI	>0.8	0.926
	PGFI	>0.5	0.880

（3）模型内部结构适配度指标，选用个别项目信度与潜变量组合信度指标来评价模型[38]。个别项目信度采用 SMC 值作为判别依据，本文模型结构中 SMC 值满足大于 0.5 的标准[37]。潜变量组合信度满足大于 0.6 的标准[36]，证明潜变量中所包含的所有观测变量具有内部一致性。

从结构方程模型的检验结果来看，农户的基本特征、家庭特征、多样性特征以及村庄发展特征对于农户对农田生态补偿政策的支持意愿以及补偿政策实施效果的响应的路径系数如表 7-10 所示，路径系数在 5% 水平下全部显著，表明一阶潜变量对二阶潜变量载荷均具有较好的解释能力。其中一阶潜变量对农户在农田生态补偿政策上的支持意愿解释能力分别为农户生计多样性特征、农户基本特征、农户家庭特征和农户村庄发展特征。一阶潜变量对农户在补偿政策效果的响应方面的解释能力依次为农户基本特征、农户生计多样性特征、农户家庭特征以及农户村庄发展特征。农户对补偿政策的支持意愿也对农户在补偿政策效果上的响应具有正向的解释能力。

表 7-10 模型评价指标与路径检验结果

变量	影响方向	路径系数	显著性
农户基本特征→支持意愿	+	0.667	0.000
农户家庭特征→支持意愿	+	0.548	0.000
农户生计多样性特征→支持意愿	+	0.912	0.041
农户村庄发展特征→支持意愿	+	0.331	0.008
农户基本特征→政策实施效果	+	0.911	0.003
农户家庭特征→政策实施效果	+	0.715	0.017
农户生计多样性特征→政策实施效果	+	0.721	0.015
农户村庄发展特征→政策实施效果	−	−0.179	0.041
支持意愿→政策实施效果	+	0.971	0.000

3. 结果分析

从因子分析与结构方程模型的检验结果来看,表7-7与表7-10的模型检验结果均验证了上述假设,具体分析如下:

假设1-1　农户基本特征对农户农田生态补偿政策支持意愿具有正向影响,路径系数为0.667,在5%的水平下显著,即基本特征越显著的农户,对于农田生态补偿政策的支持意愿就越显著。农户的基本特征包括党员、村干部、婚姻状况、享有土地承包经营权状况、个人收入状况,从表7-10的路径系数可知,农户基本特征与上述指标之间呈正相关,所以对于婚姻状况良好、家庭关系稳固、享有土地承包经营权、现在或曾经担任过村干部、个人身份是党员、个人收入状况良好的受访农户对于农田生态补偿政策支持意愿的响应越显著,党员和村干部是农田生态补偿政策开展实施的主要推动者,有着更高的农田生态保护意识,对补偿政策的细节也更了解,支持意愿也就更强烈,响应程度也就更高,这与现实状况相符。性别、年龄与文化程度并未通过路径系数的检验标准,可能的解释是性别和年龄的调查数据分布过于集中,样本数据之间出现了趋同现象,不能很好地反映现实状况,因而通不过检验。

假设1-2　农户家庭特征对农户农田生态补偿政策支持意愿的影响在5%的水平下显著,路径系数为0.548,即家庭特征越显著的农户,对于农田生态补偿政策的支持意愿就越显著。从表7-10可知,实施农田生态补偿政策之后,农户的支持意愿与农地资源禀赋量、农田生态补偿面积比例等变量成正相关。除农户家庭经济状况以外,其他观测变量值路径值均在0.5以上,符合标准。其中,如果农地资源禀赋量等指标数值越高,比例越重,则表示农地对受访农户的生计和生活的影响程度也就越重,农户对农地的依赖程度也就越高,自然对补偿政策的关注程度也就越多。而农田生态补偿政策恰好能够保证在不改变现有农地用途的前提下,增加农民的农业收益,符合农户的预期,所以农户对农田生态补偿政策的支持意愿也就越高,对补偿政策也越支持。

假设1-3　农户生计多样性特征对农户农田生态补偿政策支持意愿具有正向的影响,路径系数为0.912,在5%的水平下显著,即生计多样性特征表现越明显的农户,对于农田生态补偿政策的支持意愿就显著。农户生计多样性特征主要包括农户是否具有非农就业技能、职业多样性、职业分化程度、经济分化程度、产业类型等因素。其中是否具有非农就业技能的相关程度最高,其次是职业多样性、职业分化程度、产业类型和经济分化程度。这表明农户生计多样性特征越分化、职业多样化越显著、非农就业技能越强、农户村庄产业类型越多则对农户农田生态补偿政策支持意愿的影响越显著。农户生计多样性表明由于小规模的农地经营模式带来的经济收益越来越低,不足以维持农户家庭基本生活开支,有越来越多的农户从农业种植中抽身出来,投身到其他行业中去。农地不再是家庭主要收入的主要载体,但补偿政策可在一定程度上会补贴家庭收入,自然会得到农户的支持与响应。

假设1-4 农户村庄发展特征对农户农田生态补偿政策支持意愿的正向影响在5%的水平下显著,路径系数为0.331,即农户村庄发展特征越显著,则对农田生态补偿政策的支持意愿就越显著。其中农户的村庄发展特征包括被征地比例、征地频繁程度和交通通达度,且与这3项指标呈正相关。这表明对于农户所在村庄而言,被征地面积的比例越高、征地次数越频繁、村庄交通设施越便利、经济发展状况越好,则农户对于农田生态补偿政策支持意愿的响应就越显著。村庄发展状况一定程度上体现村内农户基本生活水平,发展越快的村庄,农户生计多样性越分化,从事其他职业的可能性越大,收入也就越高,对于新事物的关注和接受程度也就越高,同时补偿政策还可以增加收入,农户支持意愿自然强烈。

假设2-1 农户基本特征对农户农田生态补偿政策实施效果响应具有正向的影响,路径系数为0.911,且在5%的水平下显著,即基本特征越明显的农户,对于农田生态补偿政策实施效果响应就越积极。农户对农田生态补偿政策实施效果的响应分为对农田生态补偿政策的认知、对实施效果的认知、对农地功能的认知以及对农田生态保护的认知4个方面。而农户基本特征又与党员、村干部等观测变量呈正相关,所以婚姻状况良好、家庭关系稳固、享有土地承包经营权、收入状况良好、担任过村干部的受访党员对于农田生态补偿政策实施效果认知的4个方面的响应会越显著。主要原因在于党员村干部是政策在基层的推行者,也是政策实施效果的最先反馈者,能够更深刻的了解农地的功能、更全面的认知补偿政策的效果与深远影响。

假设2-2 农户家庭特征对农户农田生态补偿政策实施效果响应的影响在5%的水平下显著,路径系数为0.715,即家庭特征越显著的农户,对农田生态补偿政策实施效果的响应也就越显著。如表7-10所示,农户家庭特征所包含的农地资源禀赋量、农田生态补偿面积比例等观测变量与农户家庭特征之间也具有正相关性,所以农地资源禀赋量、农田生态补偿面积比例等观测变量对于农户在农田生态补偿政策实施效果上的响应也具有正向影响。这表明对于家庭拥有农地数量较多,家庭劳动力、农业劳动力比例较高的,接受补偿的农地比例与享有土地承包经营权的人数比重较大的农户而言,他们对于政策实施效果的响应更明显。

假设2-3 农户生计多样性特征对农户农田生态补偿政策实施效果的响应具有正向的影响,且在5%的水平下显著,路径系数为0.721。农户生计多样性特征主要在职业分化特征等5个方面体现,所以农户生计多样性特征越显著,对农田生态补偿政策实施效果的响应也就越积极。具体而言,农户生计表现得越多样化,非农就业技能越强,看待事物的角度,接受新鲜事物的能力越高,对待农田生态保护的重要性、补偿政策的必要性、政策的关注程度、政策的激励效应等方面的认知也就深刻,表现在认知上为对农地功能认知更详细,对补偿政策认知更深刻,对政策的长远影响认知更全面。

假设2-4　农户村庄发展特征对农户农田生态补偿政策实施效果响应的负向影响在5％的水平下显著,路径系数为－0.179。这就表明村庄发展特征越显著,农户对农田生态补偿政策实施效果的响应也就越不显著。主要原因在于村庄发展特征显著就表示村庄经济等各方面发展迅速,特别是在上海、苏州等调研地区,村庄发展起来的主要经济来源是征地,是将农业用地转为非农用地进行建设,所以对于村庄发展良好的地区,农户多数已经不在从事农业生产,部分家庭已经不在经营农地,所以对于农田生态补偿政策具体实施效果为消极的响应。

综上所述,从农户的基本特征、家庭特征、生计多样性特征和村庄发展特征等方面对农户在农田生态补偿政策的支持意愿与补偿政策实施效果上的响应进行了分析。从表7-10路径分析的结果来看,农户生计多样性特征是影响农户支持意愿的主要因素,即农户非农就业技能越高、职业类型越多样化、职业、经济分化程度以及产业类型越分化都会影响农户在补偿政策支持意愿上的响应。同时农户的基本特征、家庭特征以及村庄发展特征也都是影响农户在农田生态补偿政策支持意愿上显著因素。农户对于农田生态补偿政策实施效果的响应方面,农户基本特征和农户生计多样性特征的影响程度最显著,这就表明对于基本特征越显著、生计多样性特征越突出的农户,他们在补偿政策实施效果上的响应也就越积极。其次是农户家庭特征,对补偿政策的响应也是正向积极的。但农户所在村庄的发展特征对于补偿政策实施效果的响应则是反向的。调查中还发展,农户对补偿政策的支持意愿也反映了农户内心的真实态度,它对农户在农田生态补偿政策实施效果的响应上具有正向的影响,即对农田生态补偿政策支持意愿越强烈的农户,在补偿政策实施效果上的响应也就越强烈。

四、研究结论与讨论

1. 结论

本章利用上海浦江镇、苏州金港镇、乐余镇的样本数据,结合结构方程模型(SEM)对发达地区农户生计多样性与农户在农田生态补偿政策上的响应进行了研究,就农户生计多样性特征与农户对政策的支持意愿、补偿政策实施效果响应之间的关系进行假设与验证。结果表明:

(1) 农户在农田生态补偿政策上的支持意愿与农户基本特征、家庭特征、生计多样性特征、村庄发展特征呈正相关,其中农户生计多样性响应最显著,其次分别为农户基本特征、家庭特征以及村庄发展特征。农户在农田生态补偿政策上的响应与农户基本特征、家庭特征、生计多样性特征呈正相关,与农户村庄发展特征呈负相关。其中农户基本特征与生计多样性特征最显著，其次分别是家庭特征和村庄发展特征。农户在农田生态补偿政策上的支持意愿与补偿政策的响应之间呈正相关。

（2）农户生计多样性对农户在农田生态补偿政策上的支持意愿与政策实施效果响应的影响是最显著或较高程度显著，这说明农户生计多样性对提高农户对补偿政策的支持意愿和政策实施效果的响应具有积极的作用。又因衡量政策实施效果的指标有对农田生态补偿政策的认知、对实施效果的认知、对农地功能的认知以及对农田生态保护的认知等 4 个方面，所以农户生计多样性对提高农户对补偿政策的认知，对政策实施效果的反馈与认知，以及增强对农地功能和农田生态保护的必要性与重要性的认知之间均具有积极的作用。

（3）此外农户基本特征与党员、村干部、婚姻状况、是否享有土地承包经营权、个人收入状况 5 项变量之间高度相关，其中婚姻状况和是否享有土地承包经营权两个变量最显著；农户家庭特征与农地资源禀赋量、农田生态补偿面积比例、家庭经济状况、家庭劳动力比例、家庭土地承包经营权比例等变量之间呈高度相关，其中农地资源禀赋量影响最显著，而家庭农业劳动力比例的影响并不十分显著；农户生计多样性特征与农户是否具有非农就业技能、职业类型的多样性、职业分化程度、经济分化程度、村庄产业类型之间呈高度相关，其中与农户是否具有非农就业技能的相关性最强；农户村庄发展特征与村庄被征地比例、征地频繁程度和交通通达度之间呈正相关，与被征服比例的相关性最高。

2. 讨论

（1）农户生计多样性受到调研区域自然资源与社会经济发展状况的限制与影响，而生计多样想的转变会对农户在补偿政策支持意愿和政策实施效果的响应上产生影响，结构方程模型只能探讨变量之间联系，具体变量之间的影响程度的大小，模型并不能给出合理的答案，所以想要观测变量之间的影响程度还需采取技术上的进一步操作。

（2）本文在研究发达地区农户生计多样性对农田生态补偿政策响应过程中，部分观测变量没能通过方程的检验标准，这就表明部分调研样本指标并未能反映出农民对政策参与意愿上的差异。可能存在的原因是样本调研区域和调研范围的趋同。后续如何筛选符合模型标准的观测指标，如何选择合理的潜变量指标都将值得深思。

参 考 文 献

[1] 蔡银莺，张安录.基于农户受偿意愿的农田生态补偿额度测算——以武汉市的调查为实证[J].自然资源学报，2011，26（2）：177-189.

[2] 中华人民共和国国土资源部.全国土地利用总体规划纲要(2006-2020)[EB/OL]. http://www.mlr.gov.cn/xwdt/jrxw/200810/t20081024_111040.htm.

[3] 蔡银莺,张安录.消费者需求意愿视角下的农田生态补偿标准测算——以武汉市城镇居民调查为例[J].农业技术经济,2011,6:43-52.

[4] 谭秋成.丹江口库区化肥施用控制与农田生态补偿标准[J].中国人口.资源与环境.2012,22(3):124-129.

[5] 马文博,李世平,陈昱.基于CVM的耕地保护经济补偿探析[J].中国人口.资源与环境.2010,20(11):107-111.

[6] 张落成,李青,武清华.天目湖流域生态补偿标准核算探讨[J].自然资源学报.2011,26(3):412-419.

[7] 马爱慧,蔡银莺,张安录.基于选择实验法的耕地生态补偿额度测算[J].自然资源学报.2012,27(7):1154-1163.

[8] 蔡银莺,张安录.武汉城乡人群对农田生态补偿标准的意愿分析[J].中国环境科学.2011,31(1):170-176.

[9] 杨欣,蔡银莺.农田生态补偿方式的选择及市场运作——基于武汉市383户农户问卷的实证研究[J].长江流域资源与环境.2012,21(5):591-596.

[10] 杨欣,蔡银莺.国内外农田生态补偿的方式及其选择[J].中国人口.资源与环境,2011,21(12):472-477.

[11] 付静尘.丹江口库区农田生态系统服务价值核算及影响因素的情景模拟研究[D].北京林业大学,2010.

[12] 苏芳,尚海洋,聂华林.农户参与生态补偿行为意愿影响因素分析[J].中国人口.资源与环境,2011,21(4):119-128.

[13] 李芬,甄霖,黄河清,等.鄱阳湖区农户生态补偿意愿影响因素实证研究[J].资源科学,2010,32(5):824-830.

[14] Ellis F. Rural livelihoods and diversity in developing countries[M]. Oxford University Press,2010.

[15] Ellis F. Household strategies and rural livelihood diversification[J]. The Journal of Development Studies,1998,35(1):1-38.

[16] Cinner J E, Bodin Ö. Livelihood diversification in tropical coastal communities: a network-based approach to analyzing "livelihood landscapes"[J]. PloS ONE,2010,5(8):e11999.doi:10.1371/journal.pone.0011999

[17] Bebbington A. Capitals and capabilities: a framework for analyzing peasant viability,rural livelihoods and poverty[J]. World development, 1999,27(12):2021-2044.

[18] Ellis F. The determinants of rural livelihood diversification in developing countries[J]. Journal of Agricultural Economics,2008, 51(2):289-302.

[19] Koczberski G, Curry G N. Making a living: Land pressures and changing livelihood strategies among oil palm settlers in Papua New Guinea[J]. Agricultural Systems,2005,85(3):324-339.

[20] McCusker B,Carr E R.The co-production of livelihoods and land use change：Case studies from South Africa and Ghana[J]. Geoforum,2006,37(5)：790-804.

[21] Batterbury S. Landscapes of diversity：a local political ecology of livelihood diversification in south-western Nigeria[J]. Cultural Geographies，2001,8(4)：437-464.

[22] Sherbinin A D，VanWey L，McSweeney K，et al. Rural household demographics,livelihoods and the environment[J]. Global Environmental Change,2008,18(1)：38-53.

[23] Ellis F，Mdoe N. Livelihoods and rural poverty reduction in Tanzania［J］. World Development,2003，31(8)：1367-1384.

[24] Ellis F，Kutengule M,Nyasulu，A. Livelihoods and rural poverty reduction in Malawi[J]. World Development，2003,31(9)：1495-1510.

[25] Ellis F,Freeman H A. Rural livelihoods and poverty reduction strategies in four African countries[J]. Journal of development studies,2004，40(4)：1-30.

[26] 阎建忠,吴莹莹,张镱锂,等.青藏高原东部样带农牧民生计的多样化[J].地理学报,2009,64(2)：221-233.

[27] 李翠珍,徐建春,孔祥斌.大都市郊区农户生计多样性及对土地利用的影响——以北京市大兴区为例[J].地理研究,2012,31(6)：1039-1049.

[28] 张春丽,佟连军,刘继斌.湿地退耕还湿与替代生计选择的农民响应研究—以三江自然保护区为例[J].自然资源学报,2008,23(4)：566-573.

[29] 张卫萍.退耕还林补偿政策与农户响应的关联分析——以冀西北地区为例[J].中国人口资源与环境,2006,16(6)：66-69.

[30] Engel S, Pagiola S, Wunder S. Designing payments for environmental services in theory and practice：An overview of the issues[J]. Ecological Economics,2008,65(4)：663-674.

[31] 侯杰泰,张雷,等.结构方程模型及应用[M].北京：教育科学出版社,2004.

[32] 黄俊英.多变量分析[M].台北市中国企业经济研究所.华泰书局,2000.

[33] 李茂能.结构方程模式软件 Amos 之简介及其在测验编制上之应用[M].台北心理出版社,2006.

[34] DeVellis R F. Scale Development：Theory and Applications[M]. SAGE Publications,1991.

[35] Hair J,Black B,Babin B,et al. Multivariate Data Analysis[M]. Prentice Hall, 2005.

[36] Fornell C, Larcker F. Evaluating structural equation models with unobservable variables and measurement error[J]. Journal of Marketing Research, 1981,18(1)：39-50.

[37] Bagozzi R P，Yi Y. On the Evaluation of Structural Equation Models[J]. Journal of the Academy of Marketing Science,1988,16(1)：74-94.

[38] 郭亭君.以信任观点探讨部落格使用者分享意图之研究[D].台湾逢甲大学,2009.

[39] 邱皓政.结构方程模式[M].台北市.双叶书廊,2003.

第八章　研究结论、政策建议及讨论

第一节　研究结论

在系统梳理农田生态环境补偿研究现状、发展动态及实践探索经验的基础上，本书分析了规划及土地用途管制背景下农民、地方政府等相关主体利益非均衡的表现、制度缺陷及经济诱因；界定农田生态补偿的内涵、对象及理论基础，构建农田生态补偿的核算框架；以武汉"两型社会"实验区为例证，从农田生态补偿标准的测算、补偿方式选择及市场运作、补偿发展权移转及资金分配等方面设计激励相容的农田生态环境补偿制度，为实现农田生态环境的有效配置及监管提供参考借鉴；以将农田纳入生态补偿重点范畴的试点区域——上海市闵行区、江苏省苏州市张家港市为例证，分析经济发达的优化发展地区在实施和执行农田生态补偿政策时农户参与的响应状态及影响因素，评估现行农田生态补偿制度的初期激励效应，为推动现有农田生态补偿政策的有效实施及相关管理政策的改进提供参考依据。研究的主要结论及观点包括：

农田生态补偿政策的提出缘于农业生产诱发的环境问题的显现，以及人们对农田生态景观的日益重视。20世纪80年代中期以来，农业环境政策已成为西方发达国家激励乡村适宜景观地保护的有效方式，有利于克服农田生态环境供给的不足，鼓励农户逐渐向绿色农业、生态农业或有机农业的方向发展。通常这些手段本质上是自愿的，农民参与管理得到相应财政补贴和经济补偿。例如，美国施行的环境质量激励项目(Environmental Quality Incentives Program)、湿地保护项目(WRP)和保护地计划(CRP)；美国和加拿大的北美野生动物管理计划(North American Wildlife Management Plan)；欧盟执行的环境敏感地项目(ESA)和硝酸盐敏感地项目(NSA)；以及英国的森林地保护计划(Farm Woodland Scheme)、特殊科研地保护(SSSI)和乡村资助计划(CSS)等。在我国，基于特殊的土地基本国情，农田承担着重要复杂的职责及功能，不仅是国家生存安全和社会稳定的基石，还是构建生态良好的土地利用格局的重要组成。尤其，自我国国民经济和社会发展"十一五"规划以来，农田生态补偿制度的构建具有开拓意义和突破性，国家的一些重要文件相继提出建立耕地及基本农田保护的补偿机制，四川省成都市、上海市闵行区、江苏省苏州市、广东省佛山市及浙江省海宁市等一些发达地区也积极探索农田保护补偿或生态补偿的实践模式，将农田纳入"生态补偿"的范畴及领域。如何结合我国的政策背景和土地基本国情,借鉴国外成功经验,探索符合我国国情国力的农田生态补偿机制迫在眉睫。该研究迎合社会发展的现实需求,探索性地解决了农田生态补偿制度及政策设计的一些关键问题,为推动我国农田生态补偿机制的构建提供参考借鉴,为推动农田能够较早地纳入我国生态补偿的重点范畴有重要的研究意义和应用价值。

一、规划管制下农民等相关主体福利非均衡及土地发展权受限分析

规划管制给农田、森林、文化古迹、自然保护区、环境敏感地等土地发展受限地区相关权利群体所带来的福利损益效应,发达国家早在 20 世纪中期就有关注,认为规划管制会导致不同土地利用分区利益群体福利的非均衡,给发展受限地区相关群体带来福利损失及发展机会的限制。采取禁止性或限制性强的规划管制制度,严格限制或剥夺管制区域相关群体使用资源和空间的权利,如未提供相应的补偿和经济援助,将侵害生态建设区和保护区内群体利益,导致不同分区利益群体福利非均衡,违背环境公平。20 世纪 90 年代以来,针对耕地资源流失速度加快的基本形势,我国实施土地利用总体规划、土地用途管制及基本农田保护区规划等严厉的管制制度及措施不断强化对优质农田的保护及管理。基本农田实行严格的管制政策及保护措施,保护区的设立一定程度上使得区域内土地发展权利受到限制,给管制区域农民、农村集体经济组织等相关群体带来机会及利益损失。例如,以武汉市城乡交错区五里界镇基本农田保护区为例证,实地调研分析农民对于基本农田规划管制下土地发展权受限的认知、态度及差异,运用期望值函数测算出禁止农田建房、建坟、发展林果业、挖塘养鱼及闲置等土地用途管制对农民土地发展权所带来的受限损失。研究表明:①尽管基本农田保护政策在我国已施行近 20 年,但仍多停留在制度层面,农民的规划知情权及参与程度不够,存在农户不知情被动参与、缺乏经济激励机制的现实状况。②规划管制对于农民土地发展权的影响主要体现在土地用途的管制和生产自主性的限制上,从禁止占用基本农田建房、建坟、改园、取土、挖塘、闲置等土地用途管制出发,测算出规划管制给农民土地发展权带来的平均机会损失为 20 680 元/ hm²;以农户认识相对淡薄、日常管制工作中发生频率较高的禁止农田发展林果业、挖塘养鱼及闲置荒芜活动的限制性损失为依据,农民土地发展权的年均机会损失在 3763.35~5426.47 元/ hm²,为确定基本农田保护的经济补偿标准提供直接的参考依据。因此,借鉴发达国家和地区保护优质农田的成功经验,从制度层面上探究和构建基本农田保护的补偿机制,提出基本农田保护的适宜经济补偿标准,切实维护农民基本权益,建立可操作的量化模式,对于加强基本农田保护工作、促进土地资源可持续管理至关重要。

二、农田生态环境补偿标准的确定——以武汉市农民和城镇居民为实证

生态环境补偿标准的确定是补偿机制构建研究的核心和难点，决定补偿制度的可行性和有效性，理论源于外部性内在化原理和公共物品的理论。补偿的内容通常包括4个方面：①对生态系统本身保护(恢复)或破坏的成本进行补偿；②通过经济手段将经济效益的外部性内在化；③对个人或区域保护生态系统和环境的投入或放弃发展机会的损失的经济补偿；④对具有生态价值的区域或对象进行保护性投入和资助。实践操作中，是以内化外部性为原则，从生态环境的外部效益和外部成本的内在化两方面着手制定补偿标准。其中，对外部经济性的补偿依据是保护者为改善生态服务功能所付出的额外的保护与相关建设成本，以及为此而牺牲的发展机会的成本；对破坏行为的外部不经济性的补偿依据是，恢复生态服务功能的成本和因破坏行为造成的被补偿者发展机会成本的损失。运用多方法(条件价值评估法、选择实验模型)、从多视角(耕作方式转变、保护属性界定)较为全面地测算出农田生态补偿的额度。

(1) 从农田外部不经济性的内在化出发，构建模拟的交易市场和政策工具，从生产者和消费者共同自愿协商的角度，测算出市场主体对转变生产经营方式、改善农田生态环境的受偿意愿，以补偿农户转变操作方式提供不同组合或更高水平的农田生态环境服务而损失的收益。化肥及农药施用量在分别减少50%、100%等不同限制强度下，农户愿意供给农田生态服务并接受补偿的人数比例在69.32%～85.25%，城镇居民需求农田生态服务并赞同政府提供补偿的比例在80.22%～85.16%。不同施用限制下农户认为政府应提供3928.88～8367.00元/(hm² · a)的经济补偿，城镇居民愿意政府向农户提供3354.75～8016.9元/(hm² · a)的补偿。从模拟的农产品交易市场出发，农户愿意供给化肥、农药施用限制的农产品的人数比例在54.29%～82.12%，城镇居民愿意以较高的价格购买环境友好农产品的人数比例在71.98%～82.42%。以稻米为例，农户愿意高出普通稻米1.65～2.66元/kg的价格生产环境友好农产品，价格增幅42.52%～68.45%；城镇居民愿意以高出普通稻米0.78～1.82元/kg的价格购买农产品，高出普通稻米均价20.08%～46.92%。在国家发展"两型"农业，鼓励农民或农业企业转变生产方式，从事有机农业、生态农业或绿色农业时，基于城乡居民供需意愿的补偿标准有一定的科学性，可为尽快制定出符合"保护者受益"及"受益者补偿"原则的农田生态补偿机制及政策，鼓励农民从事保护性的耕作方式，减少农业污染行为，解决农田生态环境供给不足等提供参考借鉴。

(2) 选择实验模型(CE)通过受访者对问题的选择能转化成效用问题，从而将异质性受访者多属性决策问题转化成价值量支付问题，揭示出环境价值偏好。通

过农田生态补偿项目实施的目的和我国耕地保护现状确定耕地面积、耕地肥力与质量、耕地周边景观与生态环境和耕地保护的支付费用为农田生态保护政策的 4 个属性。运用多项式 Logit 效用选择模型,核算出耕地面积、耕地肥力和生态环境属性价值及其四个属性组合方案中最优方案意愿支付的价值量。以武汉市民的调查为实例,从利益相关者的视角应用选择实验法模拟和构建农田生态补偿政策及其交易市场,测算出武汉市民对不同耕地保护属性水平的偏好及不同组合方案的福利水平价值变化差异,从而间接得出市民对农田生态补偿的支付意愿及额度。研究结果表明:对保护耕地资源而言,市民更关注耕地周边生态景观与生态环境属性,并愿意为耕地周边景观与生态环境的改善每年支付 154 元;众多属性组合中,市民愿意支付的最佳组合为方案 7,其支付意愿为每年 247 元。不同组合方案的福利水平价值差异化,为农田生态补偿机制建设中确定具有一定弹性的生态补偿标准提供参考依据。

三、农田生态环境补偿方式选择及市场运作

选择交易成本低、兼顾公平与效率又易于操作的补偿方式,实现农田生态产品的市场运作,不仅直接关乎生态补偿的效果,也是生态补偿机制能够成功实施的关键。从权利取得、权利转移、权利弥补三个方面归纳梳理了生态补偿的实施方式,及其在国内外关的相关研究进展及实践情况。其中,权利取得包括征收、协议赎买、土地储备、以地易地、设定地役权等形式,权利移转有土地发展权移转 TDRs 和土地发展权征购 PDRs,权利弥补包括现金补贴、赋税减免、财政转移支付等形式。目前国外采用的生态补偿方式除农地外,在湿地、林地、生物多样性和自然资源保护方面均有涉及,补偿方式主要包括权利取得、权利转移和权利弥补。我国的生态补偿还处于起步阶段,目前实践的领域仅限于农业和林业用地,补偿的方式也主要集中在权利弥补这一方式上。同时,利用问卷调查资料,分析了武汉市农户对不同农田生态补偿方式的认知、选择以及其影响因素,在此基础上指出了政府补偿方式在农田生态补偿领域的缺陷及引进市场方式的建议。研究表明:①武汉市农户对农田生态补偿的认知程度较低,仅有 10.71％的受访农户听说过生态补偿、生态危机等概念;②49.02％农户对现行的现金补偿方式不太满意,认为补偿金额太低,94.65％的受访者更倾向于接受更高额度的现金补偿方式;③农户对现金、实物、技术(智力)、政策等农田生态补偿方式的选择偏好受其性别、年龄、家庭人口、家庭年收入、家庭中需抚养人口数和文化程度的显著影响。研究提出构建农田生态补偿的交易平台、完善生态环境物品数量化的体系设计和管理模式的多样化是推进农田生态补偿的市场化运作的关键。同时,鼓励地方及基层政府尝试建立基本农田发展权移转交易市场、农田经济补偿示范园区等平台及多样化的模式,推动基本农田经济补偿的市场化运作,变单纯以政府土地整理资金倾斜、财政资金转移等为主

导的政府补偿模式,向多主体参与、多资金来源、多样化管理的政府与市场相结合的混合补偿模式转变。

四、农田生态环境补偿发展权转移及资金分配——以武汉城市圈为例证

规划及生态环境管制一定程度限制土地发展的权限,影响保护区管理制度的有效性及建设目标的实现。在补偿方式选择和确定的基础下,将可转移发展权制度引入生态补偿领域、拓宽应用范围是创新农田生态环境补偿机制的一项重要内容,既能满足公共利益的需求,又能协调私人利益的冲突,有利推进生态补偿的市场运作。以武汉城市圈为例证,运用了生态足迹模型和粮食安全模型对武汉城市圈 48 个县域地区进行了农田生态补偿区域的划分,依据计算出的盈亏结果划分出农田生态补偿受偿区和支付区。并运用生态服务价值和发展权模型对城市圈县域间的农田生态补偿资金总额进行测算,依据基于农户受偿意愿视角所测算的农田生态补偿标准计算了武汉城市圈的县域内农田生态补偿的资金总量。从补偿给区域内农民的角度出发,武汉城市圈需筹集农田生态补偿的资金总量在 46.31～49.95 亿元,占 2008 年武汉城市圈财政收入总额 230.88 亿元的 20.06%～21.63%。依据生态系统服务价值法计算出整个武汉城市圈县域间所涉及的补偿资金转移额度为－5.64 亿元,表明武汉城市圈如实施县域补偿移转,支付区域除向受偿区移转所需的补偿资金外,还需要向为城市圈提供农田生态服务的其他区域提供 5.64 亿元的补偿支付;从发展权的角度计算出县域间的补偿资金转移额度的上限为－215.85 亿元(以粮食安全法的农田盈亏量为基础),下限为－185.36 亿元(以生态足迹的农田盈亏量为基础),表明基于土地发展权移转的角度,城市圈县域间通过财政补偿资金的移转,能够实现县域间补偿资金分配的平衡,同时还需向城市圈以外的区域提供 185.36～215.85 亿元的补偿资金。

五、农田生态环境补偿政策实施的农户响应状态及初效应

农田生态补偿制度的实施成效及制度实施后对不同群体的福利效应是近年研究热点,相关研究较多地集中在补偿政策对弱势群体福利效应的影响及消除贫困的作用。以我国试行农田生态补偿政策的两个典型地区——上海闵行区、江苏省张家港市优化发展地区为实证,通过对调研区 334 户农户的实地调查走访,得出农户参与农田生态保护与补偿政策的响应状态。并重点从发达地区农户的生计资产多样性角度入手,利用结构方程模型分析农户生计多样性对农户在补偿政策的支持意愿、补偿政策的实施效果响应方面的影响及差异性。研究表明:①农户对农田生态保护与补偿政策的响应存在较大的差异性,不同的地理位置、个体特征和认知

水平都会导致他们对农田生态保护与补偿政策态度的差异。例如,年龄在 60 岁以下、具有大专及以上学历、户均耕地面积在 4 亩以上、月收入超过 4000 元的本地打工农户对于农田生态保护的响应度更高;年龄小于 40 岁,具有高中学历、户均耕地面积介于 2～4 亩之间、月收入在 3000～4000 元以内的全职粮农,对农田生态补偿政策的响应度最高。②农户基本特征、家庭特征、生计多样性特征、村庄发展特征在 5% 的水平下对农户在农田生态补偿政策上的支持意愿具有正向影响;农户基本特征、家庭特征、生计多样性特征在 5% 的水平下,对农户在补偿政策实施效果上的响应具有正向影响,农户村庄发展特征在 5% 的水平下对其具有负向影响。③农户生计多样性特征是影响农户补偿政策支持意愿最主要的因素,是影响补偿政策实施效果响应的次要因素。这表明补偿政策实施后,农户生计多样性特征对于提高农户对补偿政策支持意愿与政策实施效果响应方面具有积极的作用。把握三者之间关系有利于政府制定和完善现有农田生态补偿政策,为引导农户生计多样性发展提供参考。

第二节 政策建议

农田承担着重要且复杂多样的职能,不仅提供食物、纤维等实物产品,是"口粮田"、"保命田",还提供开敞空间、景观、文化服务等非实物型生态服务,是区域重要的生态屏障。同时,对农田实行严格的管制措施,在一定程度上使区域内土地的发展权利受到影响,给管制区域农民、基层组织及地方政府等相关群体带来机会及利益损失。因此,借鉴发达国家和地区保护优质农田的成功经验,从制度层面上探究和构建农田生态环境的补偿制度,切实维护农民等相关主体的基本权益,建立可操作的量化模式,对于加强基本农田保护工作、促进土地资源可持续管理、保障国家粮食和生态环境安全至关重要。

一、借鉴现有的成功经验及实践模式,在更多的需求区域推广构建农田生态环境补偿的激励机制及平台

(1)落实基本农田保护区规划公示、签订保护责任书等实效措施,进一步强化农民对农田保护区规划知情权及参与程度,化无知情权被动参与为有激励性积极参与。实地调研表明,农民对自家农田是否被纳入基本农田保护区的规划知情权不清是影响其参与程度的直接原因。建议在全国第二次土地调查基本农田保护数据库建设工作的基础上,以乡镇为单位公示基本农田保护区规划,并以农户家庭为单位签订基本农田保护的责任书,进一步明确基本农田保护责任与经济补贴的对应关系,改变农民被动参与规划的状况。同时,按"谁破坏谁付费、谁保护谁受益"

的原则,向对基本农田有破坏的单位和个人征收税费,向保护基本农田的单位和个人建立补偿移转激励政策。

(2)农田生态环境补偿制度的设计要因地制宜,在补偿对象、补偿标准和补偿方式的选择上要充分考虑异质地块、空间差异、个体特征等因素的影响。例如,在地方财政实力充裕、经济发达、土地流转频繁的地区,可借鉴广东省佛山市、上海市等地经验,由地方财政出资,给予农民、基层组织直接经济补偿,激励农民及基层组织参与农田生态环境补偿及土地流转等相关政策的积极性;对经济欠发达地区,进一步加大中央政府基本农田建设、土地整治等专项财政资金的转移支付力度,支持地方农田水利及基础设施建设,采取以奖代补、以补代投的做法,激励农民及基层组织农业耕种及加大农田基础建设投入的积极性;对一些经济发达、耕地占补平衡任务重的地区,鼓励地方加大财政转移支付及探索农田发展权移转交易市场等多模式,建立地方政府官员政绩与农田保护绩效相挂钩的考核制度,激励地方政府加大农田生态环境保护力度。

二、建立多种融资渠道的农田生态补偿制度,强化部门监督监控职能

(1)生态补偿的纵、横向财政转移制度相结合。

财政支出作为我国目前生态补偿重要的资金来源,在退耕还林、天然林保护等重要的生态补偿项目中都发挥了基础性的重要作用。其主要分为纵向财政支出和横向财政支出,农田生态补偿中,纵、横向使用的范围划清楚:全国性的生态服务理所当然应由中央政府财政支出来解决,而具有地域属性的生态服务应该由区域内所有受益者共同承担[1]。

在纵向财政支出中,由于从中央政府到各部门和地方政府的利益的不完全一致性,产生层层的寻租行为。因此,除了明细资源的产权外,为了协调自然资源各级代理机构的目标,督促它们恪尽职守,国家还需设立相应的协调、监督机构。同时应更多地运用横向的方式,不仅减少财政压力,也促使地方政府重视生态补偿工作没有地区之间横向补偿的财政体制保障。可以借鉴德国以州际财政平衡基金模式实现横向转移的方法,在我国经济和生态关系密切的同级政府间建立区际生态转移支付基金,通过辖区政府之间的相互协作,实现生态在区域间的有效交换。

(2)建立多种融资渠道的农田生态补偿制度,增强政策机制的运行效果,并强化部门监督监控职能。

制度让一个或更多经济人增进自身福利而不使其他人福利减少,或让经济人在他们的预算约束下达到更高的目标水平。农田生态补偿制度建立后注重增强农田生态补偿的现实操作性,减少制度成本、提高实施效率。建立多元化融资渠道,为生态补偿提供持续的资金支持。我国生态补偿的融资方式应该向国家、集体、非

政府组织和个人共同参与的多元化融资机制转变,拓宽生态环境保护与建设投入渠道。中央财政拨款、发行生态彩票、开征生态税等建立农田生态保护基金,尝试采取具有科学性、可操作性生态补偿模式,增强政策机制的运行效果。英国通过激励和监督并举的方式达到保护农田的目的,因此,农田生态补偿政策建立后,必须建立监督机构对生态资金的落实及生态环境保护情况进行监督管理,不断对监督管理情况进行总结反馈,建立起一个"重实绩、奖优罚劣"的绩效评价体系,使生态补偿政策真正起到激励生态环境保护行为,是农田生态补偿制度能否顺利建立与实施的保障。

目前,我国现有的环境物品数量化技术和货币化技术不成熟,针对生态破坏的环境物品数量化的技术尤其稀缺,而无论是开放的市场贸易和一对一交易都依赖于可分割的具体数量的商品形式。在农田生态补偿方面,生态环境物品进行标准化的系统研发使得农田生态系统提供的可供交易的生态环境服务能够被标准化为可计量的、可分割的商品时,开放的市场贸易形式便可以在农田生态补偿领域广泛推广;一对一的补偿方式引入农田生态补偿时,农田生态服务使用权的清晰量化是前提,具体操作可以参照排污权,农田生态服务的使用者必须向所有者申请或购买使用权,农田生态服务的经营者还可以把自己所有或申请、购买获得的使用权出卖给其他农田生态服务使用的需求者,最终实现农田生态服务这一基本商品的市场运作。

除了在财政转移支付过程中加强监管以节流外,还应拓宽农田生态补偿的资金来源。在资金来源的多样化中,生态环境税是一个至关重要的方面。我国的环境税费制度已具备一定的基础,目前开征的与环境有关的税种包括排污费、土地损失补偿费、矿产资源补偿费、农田占用税[2]。但是伴随着我国市场经济的发展,我国现行的传统的环境税费制度逐渐显现出其不适应性,其对资源生产和消费的抑制作用十分有限。现有的税种体系中不利于环境保护的税种未能及时消除,同时伴随着经济发展,一些有利于生态和环境保护的税种也未能及时立项,例如目前世界上实行增值税的110个国家中,只有中国和其他6个比较落后的发展中国家仍在实行生产型增值税。对农药、农膜实行低税率,在某种程度上刺激了农药(尤其是剧毒农药)、农膜的过度使用,造成了多重污染(水、大气、土壤污染)和生态破坏。此外在征收标准和征收体系上也存在问题,如在退耕还林补偿中,全国仅分南方和北方两个补偿标准,这样的补偿方式在一些地区导致了"过补偿"现象,而在另一些地区却是"低补偿"[3]。因此,弹性的、可供农户与政府进行博弈的农田生态补偿标准的设计就尤为重要。

此外还应坚持税收的中性原则,即国家通过对纳税人进行补贴、补偿或以减少其他类型税收的方式,使纳税人获得与其所征收的生态税等值的款项,目的是在不增加纳税人税收负担总体水平的基础上增加生态税收[4]。实践表明,生态税在征收过程中,不可避免会产生负面影响,对此,西方国家的做法是通过各种税收返还或补贴的方式来减缓相关企业、部门极低收入家庭的税收负担。

三、鼓励多模式探索,推进农田生态环境补偿的市场化运作

鼓励地方及基层政府尝试建立基本农田发展权移转交易市场、农田经济补偿示范园区等平台及多样化的模式,推动基本农田经济补偿的市场化运作,变单纯以政府土地整理资金倾斜、财政资金转移等为主导的政府补偿模式,向多主体参与、多资金来源、多样化管理的政府与市场相结合的混合补偿模式转变。

从国外生态补偿的实践看,政府与市场之间并不是完全对立的。单靠政府主导的生态补偿远远不够解决经济发展与环境发展日益尖锐的矛盾。基于市场的支付手段不断显示出其强大的优越性。但同时,市场机制也不能脱离政府的强力管理而存在,它需要政府在市场补偿的过程中发挥其职能,纠正市场偏差和市场失灵,担当补偿政策立法等法律保障等角色[5]。两种方式不分主次,相辅相成,在现阶段市场机制不成熟的情况下,政府的作用和模式应该首先到位,并积极培育相关市场,引入市场模式。

我国现行的农田生态补偿的资金来源主要有政府财政支出和生态基金两种形式,在已实施的退耕还林、天然林保护基金等生态保护项目中,但是融资渠道多元化和补偿方式多样化是我国生态补偿进一步发展的基础[6]。建立多元化融资渠道,可以为生态补偿提供持续的资金支持。我国农田生态补偿的融资方式应该向国家、集体、非政府组织和个人共同参与的多元化融资机制转变,拓宽生态环境保护与建设投入渠道。中央财政拨款、发行生态彩票、开征生态税等建立农田生态保护基金,尝试采取具有科学性、可操作性生态补偿模式,增强政策机制的运行效果,还可以尝试多引入国际组织或环境保护非政府组织的贷款或捐助。

在农田生态补偿中的应用可以借鉴碳排、水权的配额交易模式,建立农业生态补偿示范区,允许范区内不同的生产者之间可就农资的施用种类和施用强度的配额进行交易,生态标记模式则应该在加强对农田生态领域领域已有的生态标记的宣传、推广和管理的同时,还要保证生态标记制度在认证体制方面的权威性。此外,在保证标记质量的情况下,应推动将越来越多的农产品纳入此项计划,推进我国农业生产方式的逐步转变。开放的市场贸易补偿方式需要较为完善的信贷、监测和交易规则,法律措施,其在农田生态补偿中的推广还有赖于政府制定出初始的游戏规则,制定出一个机制完全的、可供交易的平台。

四、注重现有补偿政策的实施效果跟踪评价,根据影响因素有针对性地适时调整方案

即建立有效的政策实施成效评价考核及跟踪体系,评价国内现有典型地区农

田生态环境补偿政策的实施成效、补偿效应及影响因素,根据补偿地区农户、基层组织在生计方式、个体特征等属性差异和空间分异所带来的实施成效的差异性,有针对性地适时、适地调整农田生态环境补偿的方案。例如,根据本书中对上海市闵行区和江苏省苏州市的调研表明,农户生计多样性特征影响参与农户补偿政策的响应状况。因而,在设计农田生态补偿制度时,需要综合考虑补偿区域农户现有生计方式及补偿后所引起的生计方式的变化。

第三节　研究讨论

(1) 主体功能区划及农田生态环境补偿在我国均是新生事物,研究具有一定的探索性。2011 年 6 月 8 日我国首个全国性国土空间开发规划——《全国主体功能区规划》才由国务院正式公布,规划的效力尚不明确;苏州市 2010 年 8 月出台《关于建立生态补偿机制的意见(试行)》,在全国率先实行基本农田生态补偿机制,实施期限较短。为此,研究选题具有一定的难度和挑战性,尤其表现在研究目标的实施成效尚未显现或时效不足。因此,从现实情况来看,两者作为新生事物都仅仅刚公布及刚试行一、二年,要分析主体功能区划和农田生态补偿制度的实施效应及福利影响,有一定的难度,仅能作为政策实施的初效应评估。在比较分析其执行成效及福利影响时存在时效不够、成效尚未明确体现等现实的问题,使项目执行存在难度,具有探索性。因此,文中对于主体功能区划框架的影响,以现有实施期限较长、较为成熟的基本农田保护区规划及土地利用总体规划等规划制度作为替代;调研涉及的区域也以武汉"两型社会"实验区和上海、江苏等优化发展区为例证。

(2) 我国农田生态补偿的实践探索及创新试点集中在地方财政实力充裕、经济发达较大的东南沿海优化开发、重点开发区及改革配套综合试验区,这些地区积极试验示范、探索建立耕地及基本农田保护的补偿制度及财政移转支付模式,提高地方政府、农村基层组织及农民等直接利益主体参与耕地及基本农田保护的积极性,减轻耕地占补平衡的压力。对于经济落后、地方财政困难、承担我国农田保护责任的农业省市及粮食主产区,短期内实施农田生态补偿政策仍存在难度。为此,本研究在分析发达地区实施农田生态补偿实践经验和实施初效应时,集中在以武汉"两型社会"实验区农田生态实偿标准、补偿方式及运作、补偿发展权移转及资金分配等制度设计问题的探索和调研分析,且以武汉城市圈为例证探索基于土地发展权和生态系统服务价值的农田生态补偿支付区和受偿区县域之间财政资金的移转分配,及县域内地方政府支付给农民的生态补偿资金额度。对于经济落后的限制发展、禁止发展地区农民、基层组织及地方政府参与农田生态补偿政策及制度设计有待于未来进一步开展研究,并已初步制定了相关研究计划。

(3) 从多方法、多视角测算了农田生态环境补偿的标准,但应用的方法均为假想市场法中的条件价值法和选择实验法,存在方法本身偏差的影响。研究过程中尽可能通过人员的培训、增加信息的准确及充分性、剔除无效样本、增加样本的代表性等相关方法尽可能地规避偏差,但仍受假想市场法存在的各种偏差的影响,结果仍仅是一种近似和参考值。尤其农田生态补偿的核算具有异质性,受异质地块、空间差异及个体特征差异的影响,为此测算结果应用到其他区域需要考虑异质因素。同时,在实证方面,相关学者已证实信息不对称会产生道德风险,增加风险补偿及信息租金,增强监管的难度,在文中尚未考虑信息不对称问题,有待在后续研究中加强。

参 考 文 献

[1] 李宁,赵伟.我国区域生态补偿实践中的制度改进问题[J].东北师大学报(哲学社会科学版),2008,234(4):11-16.

[2] 万晓红,秦伟.德国农业生态补偿实践的启示[J].江苏农村经济,2010,297(3):71-76.

[3] 陶然,徐志刚,徐晋涛.退耕还林、粮食政策与可持续发展[J].中国社会科学,2004,6:25-38.

[4] 郑雪梅.中国生态财政制度与政策研究[M].西南财经大学出版社,2009.

[5] 葛颜祥,吴菲菲,王蓓蓓,等.流域生态补偿:政府补偿与市场补偿比较与选择[J].山东农业大学学报(社会科学版),2007,35(4):48-53.

[6] 孔凡斌.生态补偿机制国际研究进展及中国政策选择[J].中国地质大学学报(社会科学版),2010,10(2):2-5.